火力发电工程安全强制性条文实施指导大纲检查记录表

胡铎　高国平　主编

中国水利水电出版社
www.waterpub.com.cn
·北京·

内容提要

本书主要介绍了综合管理、安全防护设施和劳动防护用品，文明施工，环境影响与节能减排，施工用电，特种设备，小型施工机械及工具，脚手架及承重平台，梯子，高风险作业，季节性与特殊环境施工，起重与运输，焊接、切割与热处理，防腐、防火与防爆，拆除作业，土建一般规定，建筑机械，土石方，爆破，桩基及地基处理，混凝土结构，特殊构筑物，砖石砌体，装饰装修，其他，安装一般规定，热机安装，电气和热控安装，金属检验，修配加工，调整试验及试运行一般规定，锅炉专业，汽机专业，电气专业，热控专业，化学专业等工作的检查记录表填写内容。

本书是从事火力发电工程工作的技术人员、管理干部以及相关人员认真学习、落实责任和对照检查的必备用书。

图书在版编目（CIP）数据

火力发电工程安全强制性条文实施指导大纲检查记录表 / 胡铎，高国平主编. -- 北京 : 中国水利水电出版社，2024. 10. -- ISBN 978-7-5226-2852-3

Ⅰ. TM621

中国国家版本馆CIP数据核字第2024C440R4号

书　　名	火力发电工程安全强制性条文实施指导大纲检查记录表 HUOLI FADIAN GONGCHENG ANQUAN QIANGZHIXING TIAOWEN SHISHI ZHIDAO DAGANG JIANCHA JILUBIAO
作　　者	胡　铎　高国平　主编
出版发行	中国水利水电出版社 （北京市海淀区玉渊潭南路1号D座　100038） 网址：www.waterpub.com.cn E-mail：sales@mwr.gov.cn 电话：（010）68545888（营销中心）
经　　售	北京科水图书销售有限公司 电话：（010）68545874、63202643 全国各地新华书店和相关出版物销售网点
排　　版	河北铭记文化发展有限公司
印　　刷	清淞永业（天津）印刷有限公司
规　　格	210mm×285mm　16开本　15印张　464千字
版　　次	2024年10月第1版　2024年10月第1次印刷
定　　价	**86.00**元

凡购买我社图书，如有缺页、倒页、脱页的，本社营销中心负责调换

编写组

主　　编：胡　铎　高国平

副 主 编：任继德　武志福　周志国

编写人员：白永军　孙　武　李智华　毕良荣　薛振理

编写人员所在单位：

中国能源建设集团山西电力建设第二工程有限公司

中国电力工程顾问集团中南电力设计院有限公司项目管理咨询公司

山西煤炭进出口集团河曲能源有限公司

黑龙江润华电力工程项目管理有限公司

内蒙古京泰发电有限责任公司

晋控电力山西同赢热电有限公司

中国能源建设集团山西电力建设有限公司

中国能源建设集团安徽电力建设第二工程有限公司

中国能源建设集团山西省电力勘测设计院有限公司

主编简介

胡铎，中共党员，教授级高级工程师，中国能源建设集团山西电力建设第二工程有限公司安监部原副主任兼工程项目总监。曾在人民日报、中国发布网、人民时代、凤凰新闻、今日头条、腾讯新闻、今日湖北、湖北日报、新浪新闻、东方新闻、网易新闻、大鱼新闻、新浪官方微博、搜狐新闻、山西黄河新闻、华北电力报、山西电力报、山西工人日报及中国电力建设协会主办的《电力建设安全技术刊物》等，多次公开发表新闻报道及安全论文，并且在国家能源局山西能源监管办公室、北京华电万方管理体系认证中心、北京京能集团、华电集团、山西电力咨询公司、内蒙古安全应急研究院等机构担任外聘安全专家。

前　言

为更好贯彻落实国家能源局《电力建设安全工作规程　第1部分：火力发电》（DL 5009.1—2014）（以下简称“本安全工作规程”）相关强制性标准，有幸邀请到行业内外权威专家、学者共同组织编制了火力发电工程安全强制性条文实施指导大纲检查记录表，详细罗列了实施指导大纲检查记录表及相关内容核查方式、方法。安全强制性条文是指为了保障职工人身安全、财产安全以及法律、法规规定必须强制执行的标准。这些标准直接关系到职工的生命财产安全，在任何情况下都必须执行。安全强制性条文通常涉及人员安全、设备安全、现场安全、用电安全、机械安全、危大工程安全、高处作业安全等。

本书在编写结束后，多名安全专家组织评价认为本书基本符合本安全工作规程的强制性标准内容，检查方法较为详细、有针对性，对各级建设单位、总承包单位、设计院、监理单位、施工单位等单位的安全监管人员，开展对本单位安全工作规程的强制性标准执行核查具有一定的指导意义。不少单位已下发至工程项目中使用，效果良好。本书正式出版后，希望广大读者提出合理化建议，我们给予及时改进。

编者

2024年8月

目　录

1.综合管理、安全防护设施和劳动防护用品

火力发电工程安全强制性条文实施指导大纲检查记录表

单位名称（项目部）：　　　　　　　　　　　　编号：Q/CSEPC-AG-DL5009-4-001

标段名称		专业名称		
施工单位		项目经理		
序号	强制性条文内容	执行情况		相关资料
		√	×	
《电力建设安全工作规程　第1部分：火力发电》（DL 5009.1—2014） 1.1 综合管理、安全防护设施和劳动防护用品				
1.1.1	通用规定： **1** 施工现场安全防护设施应与工程进度同步。 **2** 安全防护设施和劳动防护用品的采购、检验、发放、使用、监督、保管等应有专人负责，并建立台账。 **3** 安全防护设施和劳动防护用品应从具备相应资质的单位采购，特种劳动防护用品生产许可证、产品合格证、安全鉴定证、安全标识应齐全。 **4** 安全防护设施应经验收合格后方可投入使用。 **5** 劳动防护用品应定期抽查检验，不合格的应及时报废、销毁。 **6** 安全防护设施和劳动防护用品色标应符合国家安全色的相关规定，严禁随意涂刷、更改。 **7** 进入施工现场人员必须正确佩戴安全帽，高处作业人员必须正确使用安全带、穿防滑鞋；长发应放入安全帽内。 **8** 暴风雪及台风、冰雹、暴雨等极端天气或发生地震、塌陷等异常地质情况后，应组织对安全防护设施进行检查、修理完善，并重新验收。 **9** 不得随意挪动、拆改安全防护设施。确因施工必须挪动或拆改安全防护设施时，必须上报主管部门，并应采取相应的措施。			**1** 现场检查安全防护设施与工程进度同步。 **2** 查采购、检验、发放、使用、监督、保管等应有相应记录。 **3** 查安全防护设施和劳动防护用品从具备相应资质的单位采购，相应安全标识应齐全。 **4** 安全防护设施经验收合格后投入使用。 **5** 查班组安全管理台账，有劳动防护用品定期抽检查记录。 **6** 安全防护设施和劳动防护用品色标应符合国家安全色的相关规定。 **7** 现场检查施工人员能正确佩戴使用安全防护用品。 **8** 恶劣天气后组织对安全防护设施进行检查、修理完善，并重新验收。 **9** 现场检查，拆改安全防护设施有相应报批手续。

续表

序号	强制性条文内容	执行情况		相关资料
		√	×	
1.1.2	安全防护设施应符合下列规定： **1** 临边作业： **1）** 深度超过1m（含）的沟、坑周边，屋面、楼面、平台、料台周边，尚未安装栏杆或栏板的阳台、窗台，高度超过2m（含）的作业层周边，必须设置防护栏杆。 **2）** 分层施工的建（构）筑物楼梯口和梯段边必须安装临时护栏。顶层楼梯口应随工程结构进度安装正式防护栏杆。 **3）** 各种垂直运输接料平台、施工升降机，除两侧应设防护栏杆外，平台口应设置安全门或活动防护栏杆。 **2** 防护栏杆： **1）** 防护栏杆材质一般选用外径为48mm，壁厚不小于2mm的钢管。当选用其他材质材料时，防护栏杆应进行承载力试验。 **2）** 防护栏杆应由上、下两道横杆及立杆柱组成，上杆离基准面高度为1.2m，中间栏杆与上、下构件的间距不大于500mm。立杆间距不得大于2m。坡度大于1∶22的屋面，防护栏杆应设三道横杆，上杆离基准面不得低于1.5m，中间横杆离基准面高度为1m，并加挂安全立网。 **3）** 防护栏杆应能经受1000N水平集中力。当栏杆所处位置有发生人群拥挤、车辆冲击或物件碰撞等可能时，应加大横杆截面或减小立杆间距。 **4）** 安全通道的防护栏杆宜采用安全立网封闭。 **3** 孔、洞： **1）** 人与物有坠落危险的孔、洞，必须设置有效防护设施。 **2）** 楼板、屋面和平台等面上短边小于500mm（含）且短边尺寸大于25mm和直径小于1m（含）的各类孔、洞，应使用坚实的盖板盖严，盖板外边缘应至少大于洞口边缘100mm，且应加设止档。盖板宜采用厚度4～5mm的花纹钢板。			现场检查安全防护设施符合相应安规要求： **1** 临边作业： **1）** 现场检查临边栏杆符合规范要求。 **2）** 分层楼梯口和梯段边设置标准化栏杆。 **3）** 现场检查垂直运输接料平台、施工升降机平台口按标准化设置安全门防护。 **2** 防护栏杆： **1）** 防护栏杆材质符合强制性标准。 **2）** 临边栏杆搭设符合标准要求。 **3）** 防护栏杆防碰撞符合要求。 **4）** 通过现场检查防护栏杆设置安全立网符合要求。 **3** 孔、洞： **1）** 检查现场孔洞防护设施符合规范要求。 **2）** 现场检查安全设施符合要求。 **3）** 直径大于1m或短边大于500mm的洞口都已按规范设置安全设施。 **4）** 现场检查楼板、平台与墙的空洞均已按规范要求设

续表

序号	强制性条文内容	执行情况		相关资料
		√	×	
1.1.2	3）直径大于1m或短边大于500mm的各类洞口，四周应设防护栏杆，装设挡脚板，洞口下装设安全平网。 4）楼板、平台与墙之间的孔、洞，在长边大于500mm时和墙角处，不得铺设盖板，必须设置牢固的防护栏杆、挡脚板和安全网。 5）下边沿至楼板或底面低于1m的窗台等竖向洞口，应加设防护栏杆。 6）墙面竖向落地洞口，应加装防护栏杆或防护门，防护门网格间距不应大于150mm。 7）施工现场通道附近的各类孔、洞，除设置防护设施和安全标志外，夜间尚应设警示红灯。 4 井道： 1）电梯井、管井必须设置防止人员坠落和落物伤人的防护设施，并加设明显警示标志。 2）应在电梯井、管井口外侧设置防护栏杆或固定栅门，井内每隔两层且不超过10m设置一道安全平网。 3）施工层的下一层的井道内设置一道硬质隔断，施工层以及其他层采用安全平网防护，安全网应张挂于预插在井壁的钢管上，网与井壁的间隙不得大于100mm。 5 安全通道及防护棚： 1）场内通道处于建（构）筑物坠落半径内或处于起重机起重臂回转范围内时，应设置安全通道。 2）建筑、安装结构施工各操作层宜设置安全通道，安全通道应满铺脚手板，设置挡脚板，通道宽度不小于1m。 3）安全通道存在高处坠物风险时应搭设防护棚。 4）建（构）筑物、施工升降机出入口及物料提升机地面进料口，应设置防护棚。 5）防护棚应采用扣件式钢管脚手架或其他型钢材料搭设。 6）防护棚顶层应使用脚手板铺设双层防护，当坠落高度大于20m时，应			置防护。 5）低于1m的窗台和竖立的洞口防护栏杆，符合要求。 6）现场检查竖向落地洞口加装防护栏杆和防护门符合要求。 7）现场检查通道附近各类孔洞防护设施设置的安全标志警示灯符合要求。 4 井道： 1）现场检查电梯井、管道井设置的防护设施、警示灯符合要求。 2）电梯井、管道井口设置的防护栏杆和固定栅门及安全平网符合规范。 3）井道内设置的硬隔断符合要求。 5 安全通道及防护棚： 1）现场检查建筑物坠落半径设置的安全通道符合规范要求。 2）建筑、安装操作层的安全通道铺设宽度符合要求。 3）现场检查安全通道存在高处落物风险时搭设防护棚。 4）施工升降机防护棚符合规范要求。 5）防护棚符合要求。 6）防护棚符合要求。 7）现场无大型安全通道。 8）带电线路符合要求。

续表

序号	强制性条文内容	执行情况		相关资料
		√	×	
1.1.2	加设厚度不小于5mm的钢板防护。 **7**）大型的安全通道、防护棚及悬挑式防护设施必须制定专项施工方案。 **8**）带电线路附近设置的安全防护棚严禁采用金属材料搭设。			
1.1.3	劳动防护用品应符合下列规定： **1** 特种劳动防护用品应经安全生产技术部门检查验收合格方可使用。 **2** 劳动防护用品使用前应对其防护功能进行检查、试验。 **3** 劳动防护用品有定期检测要求的应按照其产品的检测周期进行检测试验。 **4** 劳动防护用品的使用年限应按国家现行相关标准执行。			劳动防护用品： **1-4** 劳动防护用品符合要求，建立安全防护设施台账、劳保用品台账。

施工单位：	总承包单位：	监理单位：	建设单位：
年 月 日	年 月 日	年 月 日	年 月 日

注：本表1式4份，由施工项目部填报留存1份，上报监理项目部1份，上报总承包项目部1份，上报建设单位1份。

2.文明施工

火力发电工程安全强制性条文实施指导大纲检查记录表

单位名称（项目部）：　　　　　　　　　　编号：Q/CSEPC-AG-DL5009-4-002

标段名称		专业名称	
施工单位		项目经理	

<table>
<tr><td rowspan="2">序号</td><td rowspan="2">强制性条文内容</td><td colspan="2">执行情况</td><td rowspan="2">相关资料</td></tr>
<tr><td>√</td><td>×</td></tr>
<tr><td colspan="5">《电力建设安全工作规程　第1部分：火力发电》（DL 5009.1—2014）
2.1 文明施工</td></tr>
<tr><td>2.1.1</td><td>通用规定：
1 施工组织设计、施工方案应明确文明施工要求。
2 总平面布置应合理、紧凑，符合国家消防、职业健康、环境保护等法律法规要求。
3 临时建筑工程应有设计，并经审核批准后方可施工；竣工后应经验收合格方可使用。
4 临时设施应布置合理，宜统一、规范、美观。
5 施工现场应定期清扫、清理，保持整洁。
6 每班施工结束后应清理作业场所，做到“工完、料尽、场地清”。
7 现场厕所、垃圾通道、垃圾箱等设施应明确维护单位和责任人。
8 严禁穿拖鞋、凉鞋、高跟鞋或带钉的鞋，以及短袖上衣、裙子或短裤进入施工现场。
9 严禁酒后进入施工现场。</td><td></td><td></td><td>1 查施工组织设计、施工方案有对文明施工明确要求。
2 总平面布置应合理、紧凑，符合国家消防、职业健康、环境保护等法律法规要求。
3 临建筑工程经审核批准后施工；经验收合格方可使用。
4 临时设施应布置合理，宜统一、规范、美观。
5 查施工现场定期清扫、清理，保持整洁。
6 查现场做到“工完、料尽、场地清”。
7 现场卫生等设施由综合管理部安排专人负责。
8 施工人员着工作服进入施工现场。
9 无酒后进入施工现场。</td></tr>
<tr><td>2.1.2</td><td>围挡封闭应符合下列规定：
1 城镇区域施工应按相关规定实行封闭式管理。
2 现场施工、办公、生活区域的围挡宜使用金属或砌块等硬质材料。
3 围挡不得用于挡土、承重，不得倚靠围挡堆物、堆料，不得利用围挡做墙面设置临时工棚、食堂和厕所等。</td><td></td><td></td><td>1 施工现场封闭式管理符合要求。
2 现场施工、办公、生活区域符合管理要求。</td></tr>
</table>

续表

序号	强制性条文内容	执行情况		相关资料
		√	×	
2.1.3	施工场地应符合下列规定： **1** 施工现场主要入口的醒目位置应设置明显的工程概况、消防保卫、安全生产、文明施工、管理人员名单及监督电话、施工现场总平面图等图牌。 **2** 施工现场出入口应设置门卫，有条件的应设置门禁系统，严禁无关人员进入。 **3** 施工现场应划分文明施工责任区域，明确责任。 **4** 现场应设置醒目的安全警示、应急信息等标志牌，并统一规划、定期维护。 **5** 排水设施应统一规划，保持畅通。穿越道路的排水沟应敷设涵管或设置盖板。 **6** 施工现场的力能管线敷设应合理，投用后不得任意切割或移动。 **7** 施工现场及其周围的悬崖、陡坎、深坑及高压带电区等危险区域应设置防护设施及安全标志。 **8** 坑、沟、孔洞等应铺设与地面平齐的盖板或设置可靠的围栏、挡脚板及安全标志。危险场所夜间应设红灯示警。 **9** 坑、沟边的堆土不得占用道路，应及时清理。 **10** 上道工序移交下道工序的工作面应保持整洁。 **11** 施工现场严禁流动吸烟。 **12** 施工现场应提供合格的饮用水，盛水容器应设专人管理。 **13** 施工现场应设置满足人员数量要求的厕所，宜采用水冲式，设专人维护。			**1** 施工现场主要入口的醒目位置有相应图牌。 **2** 施工现场出入口设置门卫，汽轮机施工位置设置门禁系统。 **3** 查施工现场有责任牌划分文明施工责任区域，明确责任。 **4** 现场设置的安全警示、应急信息等标志牌，统一规划、定期维护。 **5** 查现场排水设施符合相应规范。 **6** 施工现场的力能管线使用挂架敷设并有过路保护。 **7** 施工现场及其周围危险区域设置相应防护设施及安全标志。 **8** 坑、沟、孔洞等设置可靠的围栏、挡脚板及安全标志。危险场所夜间设红灯示警。 **9** 坑、沟边的堆土未占用道路且及时清理。 **10** 上道工序移交下道工序的工作面应保持整洁。 **11** 施工现场设信息亭吸烟点，严禁流动吸烟。 **12** 施工现场设信息亭，提供合格的饮用水，盛水容器应设专人管理。 **13** 现场水冲式厕所满足要求，设专人维护。
2.1.4	道路应符合下列规定： **1** 施工现场的道路应畅通，路面应平整、坚实、清洁。 **2** 临时道路及通道宜采取硬化路面，并尽量避免与铁路交叉。主干道两侧应设置限速等符合国家标准的交通标志。 **3** 混凝土搅拌站、砂石堆放场、材料加工场等区域地面应在场地使用前进行硬化处理。 **4** 主厂房周围的道路在施工准备阶段应筑成环形并与附属建（构）筑物的道路连通。双			**1** 施工现场道路符合标准。 **2** 施工现场道路五通一平，主干道设置限速牌标志，符合标准规范。 **3** 混凝土搅拌站、砂石堆放场、材料加工场地硬化，符合要求。 **4** 主厂房周围道路符合规范要求。

续表

序号	强制性条文内容	执行情况		相关资料
		√	×	
2.1.4	车道的宽度不得小于6m，单车道的宽度不得小于3.5m；在道路上方施工的栈桥或架空管线，其通行空间的高度不得小于5m。 **5** 现场道路两侧应设置畅通的排水沟渠系统。各种器材、废料、堆土等应堆放在排水沟外侧500mm以外。 **6** 运输道路应尽量减少弯道和交叉。载重汽车的弯道半径一般不得小于15m，并应有良好的瞭望条件。有行车盲区的转弯处应设广角镜。 **7** 现场道路跨越沟槽时应搭设两侧带有安全护栏的便桥。人行便桥的宽度不得小于1m；手推车便桥的宽度不得小于1.5m；机动车便桥应有设计，其宽度不得小于3.5m。 **8** 现场道路不得任意开挖或切断，因工程需要必须开挖或切断道路时，应经主管部门批准，开挖期间应有保证安全通行的措施。 **9** 现场的机动车辆应限速行驶。危险地区应设“危险”“禁止通行”等安全标志，夜间应设红灯示警。场地狭小、运输繁忙的地点应设临时交通指挥人员。			**5** 现场道路两侧要求禁止堆放物件。 **6** 运输道路符合所述要求。 **7** 现场道路越沟槽时及时设置安全护栏的便桥，符合要求。 **8** 现场道路因工程需要必须开挖或切断道路时，提前申请断路作业票，经主管部门批准后，确保道路畅通。现场机动车辆均按速行驶，符合要求。
2.1.5	材料、设备管理应符合下列规定： **1** 材料、设备应按施工总平面布置规定的地点定置堆放整齐，标识清晰，便于搬运，符合消防要求。 **2** 材料、设备不得紧靠建（构）筑物的墙壁堆放，应留有500mm以上的间距。 **3** 易燃易爆物品、有毒有害物品及放射源等应分别存放在与普通仓库隔离的专用库内，并按有关规定严格管理。汽油、酒精、液氨、油漆及其稀释剂等挥发性易燃物品应密封存放。 **4** 酸类及有害人体健康的物品应放在专设的库房内或场地上，并做出标记。库房应强制通风。 **5** 有车辆出入的仓库，其主要通道的宽度不得小于2.5m；各材料堆之间的通道不得小于1.5m。 **6** 设备、材料开箱应在指定地点进行，废料及时清理运走。 **7** 设备、材料安装就位前均应进行清洁，安装后采取成品保护措施。 **8** 不得任意在设备、结构、墙体或楼板上开孔或焊接临时结构。确因施工需要，应经主管部门书面批准，并使用专用工具施工。 **9** 现场领用的材料和待安装设备应堆放整			**1** 现场检查材料、设备定置化堆放整齐，标识清晰，便于搬运，符合消防要求。 **2** 材料、设备与（构）筑物的墙壁有500mm以上的间距建。 **3** 危险品设有相应库房按有关规定严格管理。 **4** 无酸类有害人体健康的物品。 **5** 有车辆出入的仓库，通道的宽度符合安规要求。 **6** 设备、材料开箱应在指定地点进行，废料及时清理运走。 **7** 设备、材料安装就位前均进行清洁，安装后采取成品保护措施。 **8** 现场检查无任意在设备、结构、墙体或楼板上开孔或焊接临时结构现象。 **9** 现场领用的材料和待安装设备应堆放整齐、有序，标识应清楚。

续表

序号	强制性条文内容	执行情况		相关资料
		√	×	
2.1.5	齐、有序，标识应清楚，不得妨碍通行。 **10** 保温材料应随用随领，并应有防散落的措施。 **11** 起重用钢丝绳等工器具和氧气橡胶软管、乙炔橡胶软管、电焊机二次线，在作业完毕后应定置存放或及时收回。 **12** 电源线应规范布置，工作结束宜及时盘绕回收。			**10** 保温材料应随用随领，并应有防散落的措施。 **11** 钢丝绳等工器具和橡胶软管、电焊机二次线，在作业完毕后定置存放。 **12** 电源线规范布置，工作结束后及时盘绕回收。
2.1.6	废料、垃圾处理应符合下列规定： **1** 施工现场应设置废料、垃圾及临时弃土堆放场并定期清理。 **2** 作业场所应保持整洁，废料应及时回收，垃圾应及时清除。 **3** 建（构）筑物内应设置垃圾容器或垃圾通道，每天有专人清理，严禁抛掷。 **4** 垃圾应分类存放，严禁生活垃圾与施工垃圾混放。			**1** 施工现场废料、垃圾临时堆放场能够定期清运。 **2-3** 建筑物内的垃圾箱每天能够专人按时清理。 **4** 垃圾分类存放，符合管理要求。
2.1.7	现场办公与住宿应符合下列规定： **1** 办公、生活场所应按功能进行合理规划，办公、生活等临时设施标准、标识宜统一，所用材料应符合环保、消防要求。 **2** 办公室内布局应合理，文件资料分类存放，保持室内清洁。 **3** 严禁在尚未竣工的建（构）筑物内设置员工集体宿舍。 **4** 宿舍应具备防火、隔热、保温功能，设置可开启式窗户，保持室内通风。 **5** 宿舍夏季应有防暑降温和灭蚊蝇措施，冬季应有取暖措施，不宜使用电热毯取暖，严禁使用明火取暖。 **6** 食堂应设置独立的制作间、储藏间和燃料存放间，应设置隔油池、密闭式泔水桶，并及时清运。 **7** 食堂、盥洗室、浴室的下水管线应设置过滤网。 **8** 食堂应符合卫生防疫要求，配备排风、冷藏、消毒、防鼠、防蚊蝇等设施，并定期对饮用水进行检测和对饮食卫生进行检查。 **9** 化粪池应做抗渗处理。 **10** 施工现场应配备医药箱、绷带、止血带等急救器材，有条件的施工现场可设置医疗站。 **11** 生活区及食堂的卫生、环境应符合项目所在地的有关规定。			**1** 办公、生活场所按功能进行合理规划，办公、生活等临时设施标准、标识宜统一，所用材料符合环保、消防要求。 **2** 办公室内布局应合理，文件资料分类存放，保持室内清洁，符合要求。 **3** 此项未出现。 **4** 宿舍具备防火、隔热、保温功能，设置可开启式窗户，保持室内通风，符合要求。 **5** 检查宿舍夏季防暑降温、冬季取暖措施，符合要求。 **6-8** 食堂设置符合卫生防疫要求。 **9** 化粪池符合要求。 **10** 项目部设置专业的医疗站。 **11** 生活区及食堂的卫生、环境符合项目所在地的有关规定。

续表

施工单位： 年 月 日	总承包单位： 年 月 日	监理单位： 年 月 日	建设单位： 年 月 日

注：本表1式4份，由施工项目部填报留存1份，上报监理项目部1份，上报总承包项目部1份，上报建设单位1份。

3.环境影响与节能减排

火力发电工程安全强制性条文实施指导大纲检查记录表

单位名称（项目部）：　　　　　　　　　　编号：Q/CSEPC-AG-DL5009-4-003

<table>
<tr><td>标段名称</td><td colspan="2"></td><td>专业名称</td><td colspan="2"></td></tr>
<tr><td>施工单位</td><td colspan="2"></td><td>项目经理</td><td colspan="2"></td></tr>
<tr><td rowspan="2">序号</td><td rowspan="2" colspan="2">强制性条文内容</td><td colspan="2">执行情况</td><td rowspan="2">相关资料</td></tr>
<tr><td>√</td><td>×</td></tr>
<tr><td colspan="6">《电力建设安全工作规程　第1部分：火力发电》（DL 5009.1—2014）
3.1 环境影响与节能减排</td></tr>
<tr><td>3.1.1</td><td colspan="2">通用规定：
1 施工组织设计应制定环境保护和节能减排措施。
2 在有粉尘或有害气体的室内或容器内作业，应设通风装置，配备满足要求的劳动防护用品。
3 出现突发环境污染事件时，应消除污染并采取防止环境二次污染的措施。
4 文明施工各项措施的实施不得对生态环境、健康、安全造成损害。</td><td></td><td></td><td>1 已编制环境保护和节能减排措施，符合要求：
《环境管理大纲》（GPEC-JXP-EMS-001）
《环保管理》（GPEC-JXP-EMS-002）
2 现场实体检查，符合要求，见检查记录。
3 已编制相应文件，符合要求：
《环境应急管理规定》（GPEC-JXP-EMS-003）
《环境事故管理规定》
（GPEC-JXP-EMS-004）
4 现场实体检查，符合要求，见施工记录。</td></tr>
<tr><td>3.1.2</td><td colspan="2">对工程建设过程环境影响控制应采取以下措施：
1 土方作业应采取防止扬尘措施，土方、渣土运输应采用密闭式车辆或采取覆盖措施，裸露的场地和集中堆放的土方应及时采取覆盖、固化或绿化等措施。
2 水泥等易飞扬的细颗粒材料应封闭存放，混凝土搅拌场应采取封闭、降尘措施。
3 城镇区域施工现场出入口应设置车辆冲洗设施。
4 施工现场的机械设备、车辆尾气排放应符合国家现行环保排放标准要求。</td><td></td><td></td><td>1 查现场过程记录，符合要求。
2 现场检查验收合格。
3 现场检查，符合要求，验收合格。
4 施工现场的机械设备、车辆尾气排放符合国家现行环保排放标准要求。
5 现场已分类存放，逐期处理，有记录。</td></tr>
</table>

续表

序号	强制性条文内容	执行情况		相关资料
		√	×	
3.1.2	**5** 严禁在施工现场焚烧各类废弃物。 **6** 拆除施工时，应对被拆除的建（构）筑物进行喷淋降尘并采取遮挡尘土的措施。 **7** 施工现场搅拌站应设置排水沟和沉淀池。 **8** 现场施工污水应经处理后达标排放。 **9** 危险和有害原料不得在作业场所存放时。确需存放时，应采取可靠的安全技术措施和防止环境污染措施。 **10** 存放油料、酸、碱等物品的库房地面应做防渗漏处理。使用时应采取防止环境污染措施，不得随意倾倒。 **11** 厂界噪声应进行监测，在噪声敏感区域施工时，噪声值应符合国家现行标准规定。在噪声超标场所作业应采取降噪和保护措施。 **12** 现场照明应合理布置，夜间照明应加装定向照明灯罩。电焊弧光应采取遮挡措施。 **13** 禁止采用溢流、渗井、渗坑、废矿井或稀释等手段排放有毒有害废水。			**6** 现场检查验收合格。 **7** 现场检查验收合格。 **8** 有相关检查记录。 **9** 现场危险和有毒原料设置单独存放区域，有记录。 **10** 现场存放区地面已做硬化处理，现场检查验收合格有记录。 **11** 现场验收符合国家现行标准规定，现场施工已采取降噪和保护措施，有记录。 **12** 现场施工照明符合要求，检查验收合格，有记录。 **13** 已设置单独的危废回收场所，现场检查符合要求，有记录。
3.1.3	对工程建设过程节能减排工作应做好以下措施： **1** 施工组织应合理安排施工顺序、工艺，充分利用共有资源，优先使用国家、行业推荐的节能、高效、环保的施工设备、机具和材料，推广应用节能减排新技术。 **2** 生产、生活区域应分别设定节能、节地、节水、节材控制指标，制定实施措施，定期检查。 **3** 禁止使用国家明令淘汰的高耗能设备和生产工艺。			**1** 施工组织设计符合规范要求，并按要求执行。 **2** 定期检查生产、生活区域应分别设定节能、节地、节水、节材控制指标，制定实施措施，符合要求。

施工单位： 年 月 日	总承包单位： 年 月 日	监理单位： 年 月 日	建设单位： 年 月 日

注：本表1式4份，由施工项目部填报留存1份，上报监理项目部1份，上报总承包项目部1份，上报建设单位1份。

4.施工用电

火力发电工程安全强制性条文实施指导大纲检查记录表

单位名称（项目部）：　　　　　　　　　编号：Q/CSEPC-AG-DL5009-4-004

<table>
<tr><td>标段名称</td><td colspan="2"></td><td>专业
名称</td><td colspan="2"></td></tr>
<tr><td>施工单位</td><td colspan="2"></td><td>项目
经理</td><td colspan="2"></td></tr>
<tr><td rowspan="2">序号</td><td colspan="2" rowspan="2">强制性条文内容</td><td colspan="2">执行情况</td><td rowspan="2">相关资料</td></tr>
<tr><td>√</td><td>×</td></tr>
<tr><td colspan="6">《电力建设安全工作规程　第1部分：火力发电》（DL 5009.1—2014）
4.1 施工用电</td></tr>
<tr><td>4.1.1</td><td colspan="2">通用规定：
1 施工用电的布设应符合国家现行相关电气设计规范和当地供电部门的有关规定，并按批准的施工组织设计实施。
2 施工用电设备、材料应符合国家、行业相关产品技术标准规定。
3 施工用电设备、材料的存储、使用过程中应有防潮、防水、防尘等措施。
4 施工用电设施的施工、验收和运行应严格按国家现行相关标准执行。
5 施工用电设施应经各相关单位验收，合格后方可投入使用。
6 施工用电设施安装、验收后，电气系统图、布置图及竣工检查验收资料应齐全、完整。
7 施工用电应明确管理部门、职责及管理范围。
8 施工用电管理部门应组织制订用电、运行、检查、维护等相关管理制度和安全操作规程。
9 施工用电设施应由电气专业人员进行安装、运行、维护，作业人员应持证上岗。
10 施工用电运行、维护人员作业前应熟悉作业环境，正确佩戴、使用合格电工劳动防护用品。
11 电气作业不得少于两人，必须设监护人。严禁监护人参与作业。
12 建设工程项目应建立施工用电安全技术档案。</td><td></td><td></td><td>1 检查施工用电符合国家现行相关电气设计规范和当地供电部门的有关规定，与施工组织设计同步。
2 现场检查验收，符合国家、行业标准。
3 施工用电设备防潮、防水、防尘等措施，符合要求。
4 施工用电设施的施工、验收和运行按国家现行相关标准，符合规范要求。
5-6 现场检查验收，符合要求。
7 施工用电检查，符合要求。
8 现场与资料检查，符合规范要求。
9 施工用电设施由电气专业人员进行安装、运行、维护，作业人员持证上岗，符合规定。
10 现场查看，符合要求。
11 监督检查时符合要求。
12 资料检查建立完善档案。</td></tr>
</table>

续表

<table>
<tr><th rowspan="2">序号</th><th rowspan="2">强制性条文内容</th><th colspan="2">执行情况</th><th rowspan="2">相关资料</th></tr>
<tr><th>√</th><th>×</th></tr>
<tr><td>4.1.2</td><td>
施工用电管理应符合下列规定：
1 施工用电应根据现场环境、负荷和总平面布置图进行设计、计算，选择变压器、配电装置、电缆或导线规格、型号，绘制电气系统图、平面布置图。
2 施工用电应制定用电安全技术措施和防火措施，用电设备五台及以上或用电负荷50kW及以上时，应编制施工用电组织设计。
3 施工用电的运行、维护班组应配备足够的绝缘工具。绝缘工具应定期进行试验，试验应符合表4.1.2的规定。
表4.1.2　常用电气绝缘工具试验一览表
<table>
<tr><th rowspan="2">序号</th><th rowspan="2">工器具名称</th><th rowspan="2">试验周期</th><th colspan="4">要求</th><th rowspan="2">说明</th></tr>
<tr><th>电压等级(kV)</th><th>持续时间(min)</th><th>交流耐压(kV)</th><th>泄漏电流(mA)</th></tr>
<tr><td>1</td><td>绝缘棒(0.7m)</td><td rowspan="3">一年</td><td>6.0～10.0</td><td>1.0</td><td>45.0</td><td>—</td><td></td></tr>
<tr><td>2</td><td>验电器(0.7m)</td><td>6.0～10.0</td><td>1.0</td><td>45.0</td><td>≤0.5</td><td></td></tr>
<tr><td>3</td><td>绝缘夹钳(0.7m)</td><td>10.0</td><td>1.0</td><td>45.0</td><td>—</td><td></td></tr>
<tr><td>4</td><td>绝缘手套</td><td rowspan="3">半年</td><td>高压</td><td>1.0</td><td>8.0</td><td>≤9.0</td><td></td></tr>
<tr><td>5</td><td>绝缘手套</td><td>低压</td><td>1.0</td><td>2.5</td><td>≤2.5</td><td></td></tr>
<tr><td>6</td><td>绝缘鞋(靴)</td><td>高压</td><td>1.0</td><td>15.0</td><td>≤7.5</td><td></td></tr>
</table>
4 施工用电管理部门或单位应定期对现场施工用电设施及其管理实施检查，对发现的问题及时处理，并做好记录。
5 雨季及冬季前应对施工用电设施进行全面的清扫和检查。在台风、暴雨、冰雹、沙尘暴等恶劣天气后，应进行专项检查和维护。
6 电动机械、工器具应设专人管理，定期检查、测试，经测试合格后方可使用。
7 长期放置不用的用电设备在重新使用前，应经必要的检修和安全性能测试。用电设备如不能修复或修复后达不到规定的安全性能时应报废，并在明显位置标识。
8 变配电室、室外配电盘柜及配电箱应加锁、设警告标志，附近应设置适用、适量的消防器材。
9 较大型或较复杂的施工用电设施安装、拆除时应制定专项方案或措施。
10 运行操作、检修、试验和变配电室的值班等工作按国家现行相关标准执行。
</td><td></td><td></td><td>
1 施工用电布置、符负荷与设计规格、型号一致，符合要求。
2 施工用电在布置施工前已编制技术措施与防火措施。
3 现场检查绝缘工具符合标准。
4 按要求定期对现场用电设备进行检查，问题及时处理并做记录。
5 雨季冬季专项检查施工用电，符合要求。
6 电动机械、工器具专人管理，符合要求。
7 对长期放置不用的用电设备在重新使用前，进行检测，符合要求。
8 变配电室、室外配电盘柜及配电箱加锁，并配有干粉灭火器。
9 较大型用电设施已编制专项方案。
10 查资料，查现场，符合要求。
</td></tr>
<tr><td>4.1.3</td><td>
施工用电设施应符合下列规定：
1 用电线路及电气设备的绝缘应合格，布线应整齐，设备的裸露带电部分应有防护措施。
2 高原、严寒地区和高温场所使用的施工用
</td><td></td><td></td><td>
1 现场检查，用电线路及电气设备绝缘合格，符合规范。
</td></tr>
</table>

续表

<table>
<tr><th rowspan="2">序号</th><th rowspan="2">强制性条文内容</th><th colspan="2">执行情况</th><th rowspan="2">相关资料</th></tr>
<tr><th>√</th><th>×</th></tr>
<tr><td rowspan="6">4.1.3</td><td>电设备防护等级及性能应适应环境特点。</td><td></td><td></td><td>2 此项不涉及高原严寒。</td></tr>
<tr><td>3 35kV及以下施工用电变压器的户外布置。
1）变压器采用柱上安装时，其底部距地面的高度不得小于2.5m；变压器安装应平稳牢固，腰栏距带电部分的距离不得小于200mm。
2）变压器在地面安装时，应装设在不低于500mm 的高台上，并设置高度不低于1.7m的栅栏。带电部分到栅栏的安全净距，10kV及以下的应不小于1m，35kV的应不小于1.2m。在栅栏的明显部位应悬挂“止步，高压危险”的警示牌。
3）变压器中性点及外壳的接地点应接触良好，连接牢固可靠，接地电阻不得大于4Ω。</td><td></td><td></td><td>3 施工现场采用全封闭式箱变，设置隔离栅栏，接地电阻符合规范要求。</td></tr>
<tr><td>4 配电盘柜应采用密闭防雨型，宜安装在变压器附近；馈电回路较多或容量较大时，应设配电室。</td><td></td><td></td><td>4 电源箱防雨型符合要求。</td></tr>
<tr><td>5 架空线路选择的路径应合理，避开易撞、易碰、易腐蚀场所和热力管道。架空线路应架设在专用电杆上，严禁架设在树木、脚手架及其他设施上。</td><td></td><td></td><td>5 现场检查，架空线路选择的路径合理，符合要求。</td></tr>
<tr><td>6 低压架空线路应采用绝缘导线。采用绝缘铜线时，导线截面积不得小于10mm²；采用绝缘铝线时，导线截面积不得小于16mm²。</td><td></td><td></td><td rowspan="2">6-12 现场检查，线路符合要求。</td></tr>
<tr><td>7 低压架空线路架设高度不得低于2.5m；交通要道及车辆通行处，架设高度不得低于5m，其他情况线路架设高度应符合表4.1.3-1、表4.1.3-2和表4.1.3-3的规定。
表4.1.3-1　线路交叉时的最小垂直距离
<table>
<tr><td>线路电压(kV)</td><td><1</td><td>1～10</td><td>35</td><td>110</td><td>220</td><td>500</td><td>750</td><td>1000</td></tr>
<tr><td>最小垂直距离(m)</td><td>1.0</td><td>2.0</td><td>2.5</td><td>3.0</td><td>4.0</td><td>6.0</td><td>9.0</td><td>16</td></tr>
</table>
表4.1.3-2　架空导线与地面的最小距离
<table>
<tr><td colspan="2">线路电压(kV)</td><td><1</td><td>1～10</td><td>35</td><td>110</td><td>220</td><td>500</td><td>750</td><td>1000</td></tr>
<tr><td rowspan="6">架空导线与地面的最小距离(m)</td><td>人员频繁活动区</td><td>6.0</td><td>6.5</td><td>7.0</td><td>7.0</td><td>7.5</td><td>14</td><td>19.5</td><td>27</td></tr>
<tr><td>非人员频繁活动区</td><td>5.0</td><td>5.5</td><td>6.0</td><td>6.0</td><td>6.5</td><td>11</td><td>15.5</td><td>22</td></tr>
<tr><td>极偏僻区</td><td>4.0</td><td>4.5</td><td>5.0</td><td>5.0</td><td>5.5</td><td>8.5</td><td>11</td><td>19</td></tr>
<tr><td>公路及主要道路</td><td>6.0</td><td>7.0</td><td>7.0</td><td>7.0</td><td>8.0</td><td>14</td><td>29.5</td><td>27</td></tr>
<tr><td>铁路轨顶</td><td>7.5</td><td>7.5</td><td>7.5</td><td>7.5</td><td>8.5</td><td>14</td><td>19.5</td><td>27</td></tr>
<tr><td>构筑物顶部</td><td>2.5</td><td>3.0</td><td>4.0</td><td>5.0</td><td>6.0</td><td>9.0</td><td>11.5</td><td>15.5</td></tr>
</table></td><td></td><td></td></tr>
</table>

续表

<table>
<tr><th rowspan="2">序号</th><th rowspan="2">强制性条文内容</th><th colspan="2">执行情况</th><th rowspan="2">相关资料</th></tr>
<tr><th>√</th><th>×</th></tr>
<tr><td>4.1.3</td><td>

表4.1.3-3　边导线在最大风偏时与构筑物之间的最小水平距离

<table>
<tr><td>线路电压(kV)</td><td><1</td><td>1～10</td><td>35</td><td>110</td><td>220</td><td>500</td><td>750</td><td>1000</td></tr>
<tr><td>最小水平距离(m)</td><td>1.0</td><td>1.5</td><td>3.0</td><td>4.0</td><td>5.0</td><td>8.5</td><td>11</td><td>15</td></tr>
</table>

8 几种线路同杆架设时，高压线应位于低压线上方，电力线应位于弱电线上方。线间距离应符合表4.1.3-4 的规定。

表4.1.3-4　同杆线路最小距离

<table>
<tr><th>杆型</th><th>直线杆(m)</th><th>分支（或转角）杆(m)</th></tr>
<tr><td>10kV与10kV</td><td>0.8</td><td>0.45/0.6</td></tr>
<tr><td>10kV与低压</td><td>1.2</td><td>1.0</td></tr>
<tr><td>低压与低压</td><td>0.6</td><td>0.3</td></tr>
<tr><td>低压与弱电</td><td>1.2</td><td>1.2</td></tr>
</table>

9 通信、广播等弱电线路与电力线路同杆架设时，弱电线路应悬挂在钢线上，悬挂点的间距不得大于1m，钢线应可靠接地。

10 在电杆上进行作业前，应确认电杆及拉线强度足够，埋设应牢固可靠，并应选用适合杆型的脚扣，系好专用安全带；在外墙、架构及电杆上作业时，地面应有专人监护、联络；登高工具应按表4.1.3-5 的规定进行检查、试验。

表4.1.3-5　登高工具的试验标准

<table>
<tr><th>名称</th><th>试验静拉力(kN)</th><th>试验周期</th><th>外表检查周期</th><th>试验时间(min)</th></tr>
<tr><td>安全绳（带）</td><td>2.25</td><td rowspan="4">半年</td><td rowspan="4">一个月</td><td rowspan="4">5</td></tr>
<tr><td>升降板</td><td>2.25</td></tr>
<tr><td>脚扣</td><td>1.00</td></tr>
<tr><td>竹（木）梯</td><td>1.80</td></tr>
</table>

11 线路需跨越现场铁路和道路时，应使用电缆落地穿管敷设。

12 钢筋混凝土电杆不得露筋，不得有环裂或弯曲。木杆、木横担不得有腐朽、劈裂。铁横担、铁抱箍不得锈蚀或有裂纹。组立后的电杆不得有倾斜、下沉及杆基积水等现象。

13 架空线路的转角杆、分支杆及终端杆的拉线应采取防护措施，并在距地面1.5m以下的部分设红、白相间标识示警。

14 现场直埋电缆的走向应沿主道路、组合场、固定的构筑物等的边缘沿直线敷设，埋深不得小于700mm，在电缆紧邻上、下、左、右侧均匀铺设不小于50mm厚的细沙或软土，覆盖混凝土盖板或砖块，覆盖宽度应超过电缆两侧各50mm。

15 通过道路的直埋电缆应采用保护套管，管</td><td></td><td></td><td>

13 现场直埋电缆符合规范要求。

14 通过道路的直埋电缆采用的保护套管，符合规范要求。</td></tr>
</table>

续表

序号	强制性条文内容	执行情况		相关资料
		√	×	
4.1.3	径不得小于电缆外径的1.5倍，且不得小于100mm。 **16** 直埋电缆应在转弯处、进入建（构）筑物等处设置明显的方位标志牌或标桩，直线段宜每隔30m设置标志牌或标桩。 **17** 直埋电缆的接头应高出地面200mm以上，并砌筑防雨电缆井。电缆沿构筑物架空敷设时，高度不得低于2m。 **18** 开关柜或配电箱应采用密封式。配电箱正面应有二次隔板和防水操作门，操作门应有自动闭合功能。 **19** 配电箱内各负荷回路应装设漏电保护 器。负荷开关和漏电保护器应按负荷容量选配。插座和插头应按电压、电流等级选配。严禁用单相三孔插座代替三相插座。 **20** 现场安装的配电盘柜或配电箱应平正、牢固，应有防积水和防止机械碰撞的措施。配电盘柜或配电箱附近不得堆放杂物，检修和操作通道应畅通。 **21** 配电盘柜或配电箱应坚固，其结构应具备防火、防雨的功能。箱、柜内的配线应绝缘良好，排列整齐，绑扎成束并固定牢固。导线剥切不得过长，压接应牢固。盘面操作部位不得有带电体明露。电源箱及操作门应有可靠接地。 **22** 进出配电盘柜、箱的导线应加绝缘防护措施并固定牢靠。 **23** 杆上或杆旁装设的配电箱应安装牢固并便于操作和维修。引下线应穿管敷设并做防水弯。 **24** 电气设备附近应配备适用于扑灭电气火灾的消防器材，设专人管理。发生电气火灾时，应先切断电源。 **25** 施工用电设施拆除： **1）** 参与拆除工作的作业人员应进行安全技术交底，并签字。 **2）** 计划拆除的设备和线路应进行验电，并采取接地措施，确认安全后方可拆除。 **3）** 拆除工作应统一指挥，从电源侧开始。 **4）** 用电设备拆除后，电源线不能拆除时，应与带电部位进行可靠断开和隔离。 **5）** 在带电体附近作业时，应采取绝缘遮			**15** 直埋电缆在转弯处、进入建（构）筑物等处设置明显的方位标桩，符合规范要求。 **16** 现场检查，符合要求。 **17** 开关柜或配电箱采用密封式。配电箱正面应有二次隔板和防水操作门，操作门应有自动闭合功能，符合规范要求。 **18** 现场检查，符合规范要求。 **19-21** 现场检查，配电盘与配电箱符合要求。 **22** 现场检查，符合要求。 **23** 现场检查，符合要求。 **24** 电气设备消防器材符合要求。 **25** 施工用电设施拆除时，经检查符合要求。

续表

序号	强制性条文内容	执行情况		相关资料
		√	×	
4.1.3	蔽和隔离措施，并设专人监护。 6）当一条直埋电缆沟中有若干电缆，其中有带电电缆时，严禁拆除作业。			
4.1.4	用电及照明应符合以下规定： **1** 电气设备及电线、电缆不得超负荷使用，电气回路中应有短路和过负荷保护装置。 **2** 热继电器和熔断器的容量应满足被保护设备的要求。熔丝应有保护罩，不得削小使用。严禁用其他金属丝代替熔丝。管形熔断器不得无管使用。 **3** 每台电动机械与电动工具应配置独立的负荷开关和漏电保护器。移动式电动机械应使用橡胶软电缆。严禁一个负荷开关接两台及以上的电气设备。 **4** 用电设备集中布置时应做到“一机一闸一保护”；用电设备分散使用时，每台用电设备应配置独立控制箱，做到“一机一闸一保一箱”。 **5** 用电设备的电源引线长度不得大于5m。距离大于5m时应设便携式开关箱，便携式开关箱至固定式配电盘柜或配电箱之间的引线长度不得大于40m，且应使用橡胶软电缆。 **6** 电源线路直接绑挂在金属构件上时，应加绝缘防护。靠近热源敷设时，应采取隔热措施。电源线固定应使用绝缘体绑扎。 **7** 连接负荷的电源线路外观及绝缘应良好，敷设及使用过程中，应有避免机械损伤和行人踩踏的措施。 **8** 刀闸型电源开关只用于电路隔离，不得直接用于控制电气设备。严禁隔离开关带负荷拉合。 **9** 严禁将电线直接勾挂在刀闸型电源开关的闸刀上。严禁将电线直接插入插座内使用。严禁带负荷插拔插头。 **10** 负荷开关应标明所接负荷名称。单相开关、插座应标明电压等级数值。 **11** 手动操作开启式空气开关、闸刀开关及管形熔断器时，应戴绝缘手套或使用绝缘工具。 **12** 熔丝熔断后，必须查明原因，排除故障后方可更换熔丝。更换熔丝、装好保护罩后方可送电。 **13** 现场的临时照明线路应相对固定，并经常检查、维修。照明灯具的悬挂高度应不低于2.5m，并不得任意挪动；低于2.5m时应设保护罩。			**1** 现场检查，符合要求。 **2** 现场检查，符合要求。 **3** 现场检查，符合要求。 **4** 现场检查，符合要求。 **5** 用电设备符合规范要求。 **6** 电源线路直接绑挂在金属构件上绝缘防护，符合要求。 **7** 现场检查，符合要求。 **8** 已按要求执行。 **9** 现场检查，符合要求。 **10** 现场检查，符合要求。 **11** 已按要求执行。 **12** 已按要求执行，并符合要求。 **13** 现场的临时照明线路固定，每日进行检查维护。照明灯具的悬挂高度高于

续表

序号	强制性条文内容	执行情况		相关资料
		√	×	
4.1.4	**14** 易燃、易爆环境中应采用相应等级的防爆或隔爆型电气设备和照明灯具，其控制设备应安装在安全的隔离墙外或与该区域有一定安全距离的配电箱或控制箱中。 **15** 散发大量蒸汽、气体或粉尘的场所应采用密闭型电气设备、隔爆型照明灯具。 **16** 在坑井、沟道、沉箱内或独立的高层构筑物上使用的照明装置，应采用独立电源。 **17** 特殊照明的金属支架应稳固，并采取接地或接零保护。支架不得带电移动。 **18** 严禁使用碘钨灯等高耗能灯具。 **19** 工棚内的照明线应采用绝缘线槽或绝缘保护管防护，电线、电缆穿墙时应装设绝缘套管。管、槽内的导线不得有接头。 **20** 潮湿环境中应使用防水型照明灯具，防护等级应满足潮湿环境的安全使用要求。 **21** 行灯的电压不得超过36V，潮湿场所、金属容器及管道内的行灯电压不得超过12V。行灯应有保护罩，其电源线应使用橡胶软电缆。 **22** 行灯照明电源必须使用双绕组安全隔离变压器，其一、二次侧都应有过载保护。行灯变压器应有防水措施，其金属外壳及二次绕组的一端均应接地或接零。不得使用自耦变压器。严禁将行灯照明的隔离变压器带进金属容器、金属管道或密闭容器内使用。 **23** 严禁在潮湿环境中使用0类和Ⅰ类手持式电动工具，应选用Ⅱ类或由安全隔离变压器供电的Ⅲ类电气设备。 **24** 锅炉炉膛内的工作照明采用220V的临时性固定灯具时，其电源侧必须装设漏电保护器，灯具应有保护罩，电源线应使用橡套软电缆，穿过受热面应加设绝缘保护，灯具装设高度应为施工人员不易触及的部位。 **25** 严禁用220V的灯具作为行灯使用。 **26** 在光线不足及夜间工作场所应有足够的照明，主要通道上应装设路灯。 **27** 在对地电压250V以下的电气设备和线路上带电作业时，应符合下列规定： **1**）被拆除或接入的线路，不得带有任何负荷。 **2**）应有满足工作人员及操作工具不同时触及不同相导体的绝缘遮蔽和隔离措施。 **3**）作业人员应站在干燥的绝缘物上，使			2.5m。 **14** 已按要求执行。 **15** 现场检查，符合要求。 **16** 已按要求采用独立电源。 **17** 特殊照明的金属支架稳固，并采接零保护，断电后移动支架。 **18** 施工现场采用LED灯，符合规范要求。 **19** 通电前检查，符合要求。 **20** 现场检查，潮湿环境中使用的照明灯具，防护等级满足潮湿环境的安全使用要求。 **21** 现场检查，符合要求。 **22** 符合相关规范要求。 **23** 现场检查，符合要求。 **24** 锅炉炉膛内的工作照明采用220V的临时性固定灯具，其电源侧必须装设漏电保护器，灯具应有保护罩，电源线应使用橡套软电缆，穿过受热面应加设绝缘保护，灯具装设高度应为施工人员不易触及的部位。 **25** 现场检查，符合要求。 **26** 现场检查，光线与夜间施工照明符合管理要求。 **27** 现场检查实体操作，符合要求。 **28** 现场检查，符合要求。

续表

<table>
<tr><th rowspan="2">序号</th><th rowspan="2">强制性条文内容</th><th colspan="2">执行情况</th><th rowspan="2">相关资料</th></tr>
<tr><th>√</th><th>×</th></tr>
<tr><td>4.1.4</td><td>用有绝缘柄的工具，穿绝缘鞋和全棉长袖工作服，戴手套和护目眼镜。
4）应设专人监护。
5）必须办理安全施工作业票。
28 电动机械及照明设备拆除后不得留有可能带电的部分。</td><td></td><td></td><td></td></tr>
<tr><td>4.1.5</td><td>接地及接零应符合下列规定：
1 施工现场采用低压侧为380/220V中性点直接接地的变压器时，器体与中性点应分别接地，工作零线和保护零线应分别安装。
2 当施工现场设有专供施工用的低压侧为380/220V中性点直接接地的变压器时，低压配电系统的接地型式应采用TN-S系统。
3 使用社区或农用电网作为施工电源时，局部可采用TN-C-S系统或TT系统。
4 TN-S系统中，配电变压器中性点应直接接地。所有电气设备的外露可导电部分应通过保护导体（PE）或保护接地中性导体（PEN）接地。
5 TN-S系统：
1）在总配电箱、分配电箱及架空线路终端处，其PE导体应做重复接地，接地电阻不宜大于10Ω 。
2）保护导体上不得装设开关或熔断器。
3）保护导体和相导体的材质应相同，保护导体的小截面应符合表4.1.5的规定。
表4.1.5 保护导体的最小截面
<table>
<tr><th>相线截面
(mm^2)</th><th>保护导体最小截面
(mm^2)</th></tr>
<tr><td>$S\leqslant16$</td><td>S</td></tr>
<tr><td>$16<S\leqslant35$</td><td>16</td></tr>
<tr><td>$S>35$</td><td>$S/2$</td></tr>
</table>
6 TN-C-S系统：
1）在总配电箱处电源侧应将保护接地中性导体（PEN）分离成中性导体（N）和保护导体（PE）。
2）中性导体和保护导体汇流排应跨接，并与接地体（网）直接连接；跨接导体的截面积不应小于保护导体汇流排的截面积。
3）当保护导体与中性导体从某点分开后不应再合并，且中性导体不应再接地。
7 TT系统：</td><td></td><td></td><td>1 器体与中性点应分别接地，工作零线和保护零线分别安装。
2 低压配电系统的接地型式应采用TN-S系统。
3 现场检查，符合要求。
4 配电变压器中性点直接接地。所有电气设备的外露可导电部分通过保护导体（PE）接地。
5 现场验收，符合要求。
6 送电前验收，符合要求。
7 发电机、变压器的接地</td></tr>
</table>

续表

序号	强制性条文内容	执行情况		相关资料
		√	×	
4.1.5	1）电气设备外露可导电部分应与单独设置的接地体连接，不得与变压器中性点的接地体相连接。 2）每一电气回路应装设漏电保护器。 3）中性导体不得做重复接地。 4）接地电阻值应符合$I_a \times RA \leq 25V$的要求。其中，RA——接地极和外露可导电部分连接的保护导体电阻值之和，单位为欧姆(Ω)；I_a——使保护电器自动动作的电流，单位为安培（A）。 **8** 施工现场，下列电气设备的外露可导电部分及设施均应接地。 1）发电机、变压器、箱式变电站、配电盘柜（箱）、控制盘（箱）、开关及其传动装置的金属底座和外壳。 2）屋内外配电装置的金属架构和钢筋混凝土架构，以及靠近带电部分的金属围栏和金属门。 3）电流互感器的二次绕组。 4）高压绝缘子和套管的金属底座。 5）电力电缆的中间接头、终端头的接线盒金属外壳、电缆金属保护层和金属电缆保护管。 6）电缆桥架、支架和井架。 7）架空线路的金属杆塔以及安装在线路杆塔上的电气设备的金属底座和外壳。 8）室内外配线的金属管道。 9）金属容器。 10）电动机、电焊机、电加热设备、电动机械等固定式、移动式、手持式用电机（器）具的金属底座和外壳。 11）起重机的金属底座、轨道。 12）金属工作平台、滑升模板金属操作平台等。 13）铁制集装箱式办公室、休息室、工具房及储物间的金属外壳。 14）安全电压以外的照明灯具的金属外壳。 15）杆塔接线。 **9** 接地装置敷设： 1）垂直接地体宜采用热浸镀锌 ϕ20光面圆钢、∠50mm×50mm×5mm规格角			装置，在地下敷设成围绕基础台的闭合环形。 **8** 龙门吊行驶的轨道两端各装设一组接地极，接地电阻于4Ω。轨道每隔20m增设一组接地极。轨道联结板处采用 ϕ12的圆钢连接。 **9** 现场检查，符合要求。

续表

序号	强制性条文内容	执行情况		相关资料
		√	×	
4.1.5	钢、ϕ50的镀锌钢管，长度宜为2.5m。垂直接地体不得采用螺纹钢。人工水平接地体宜采用热浸镀锌40×4扁钢或不小于ϕ10的圆钢。不得采用铝导体做接地体或接地线。 **2**）接地体的顶面埋设深度不宜小于600mm。垂直接地体之间和水平接地体之间的埋设间距不宜小于5m。 **3**）接地体（线）的连接应采用搭接式焊接，焊接必须牢固无虚焊。搭接长度应符合《电气装置安装工程接地装置施工及验收规范》（GB 50169）的规定。接至电气设备上的接地线，应用镀锌螺栓连接，并设防松螺帽或防松垫片。接地线可采用多股绝缘铜绞线或裸铜绞线并压接铜端子过渡，铜端子应搪锡。 **4**）接地体与配电箱中的接地母排连接时，应采用铜绞线的截面为16mm^2。接地线与各电气设备外露可导电部分连接时，采用铜绞线的截面参照表4.1.5的规定。 **10** 接地装置的接地电阻： **1**）单台容量超过100kVA或使用同一接地装置并联运行且总容量超过100kVA的电力变压器或发电机的工作接地电阻值不得大于4Ω；单台容量不超过100kVA或使用同一接地装置并联运行且总容量不超过100kVA的电力变压器或发电机的工作接地电阻值不得大于10Ω。 **2**）在TN系统中，保护接地线每一处重复接地装置的接地电阻值不应大于10Ω。 **11** 发电机、变压器的接地装置，宜在地下敷设成围绕基础台的闭合环形。 **12** 起重机械行驶的轨道两端应各装设一组接地体（极），接地电阻不得大于10Ω。较长轨道应每隔20m增设一组接地体（极）。轨道联结板处应有可靠电气连接。 **13** 当利用自然接地体接地时，应保证其有完好的电气连接。严禁利用易燃、易爆气体或液体管道作为接地装置的自然接地体。 **14** 易燃、易爆区域内的金属构件应可靠接地。当区域内装有用电设备时，接地电阻不得			**10** 对危险品库检查，符合要求。 **11** 现场检查，符合要求。 **12** 现场检查，符合要求。 **13** 现场检查，符合要求。

续表

序号	强制性条文内容	执行情况		相关资料
		√	×	
4.1.5	大于4Ω；当区域内无用电设备时，接地电阻不得大于10Ω。金属房间、箱体金属门应和门框用铜质软导线进行可靠电气连接。 **15** 施工现场配置的施工用氧气、乙炔管道，应在其始端、末端、分支处以及直线段每隔50m处安装防静电接地装置，接地电阻不得大于10Ω。相邻平行管道之间，应每隔20m用金属线相互连接。 **16** 输送易燃易爆介质的金属管道应可靠接地，不能保持良好电气接触的阀门、法兰等管道连接处，应有可靠的电气连接跨接线。			
4.1.6	防雷应符合下列规定： **1** 位于山区或多雷地区的施工用变电所、箱式变电站、配电室应装设防雷接地装置；高压架空线路及变压器高压侧应装设避雷器；自室外引入有重要电气设备办公室的低压线路宜装设电涌保护器。 **2** 施工现场和临时生活区内高度在20m及以上的钢脚手架、幕墙金属龙骨、正在施工的建（构）筑物以及塔式起重机、施工升降机等设施均应装设防雷保护装置。当以上设施在其他建（构）筑物或装置的防雷保护范围之内时，可不重复设置防雷保护装置。 **3** 起重吊装等机械设备或设施的防雷引下线可利用该设备或设施的金属结构体，但应保证可靠电气连接。 **4** 机械设备或设施上所有固定的动力、控制、照明、信号及通信线路，宜穿入钢管敷设。钢管与该机械设备或设施的金属结构体应做电气连接。 **5** 机械电气设备外露可导电部分所连接的PE线必须同时做重复接地，重复接地和机械的防雷接地可共用同一接地体，但接地电阻应符合重复接地电阻值的要求。 **6** 独立避雷针应设置集中接地装置，接地电阻不应大于10Ω。其与电力接地网、道路边缘、建（构）筑物出入口的距离不得小于3m。当小于3m时，应铺设使地面电阻率不小于50kΩ·m的50mm厚的沥青层或150mm厚砾石层。 **7** 避雷接地应做到可见、可靠、可测量；应根据当地气候条件，在雷雨季节前、后分别进行接地电阻测试。 **8** 集中接地装置若与电力接地网相连时，与接地网的连接点至变压器接地导体（线）与接地			**1** 现场检查，符合要求。 **2** 现场检查验收符合规范要求。 **3** 起重机械防雷接地符合要求规范。 **4** 现场检查金属结构体利用PE线跨接，并符合要求。 **5** 已按要求执行，接地电阻40Ω。 **6** 现场检查，符合要求。 **7** 符合要求。 **8** 集中接地装置若与电力接地网相连时，与接地网的连接点至变压器接地导体（线）与接地网连接点之间沿接地线的长度20m。 **9** 现场检查，符合要求。

续表

序号	强制性条文内容	执行情况		相关资料
		√	×	
4.1.6	网连接点之间沿接地线的长度不应小于15m。 **9** 山区、丘陵地区作业的移动式起重机处于其他防雷设施保护范围之外时，应安装独立的避雷装置。避雷线宜采用多股铜绞线。			

施工单位： 年 月 日	总承包单位： 年 月 日	监理单位： 年 月 日	建设单位： 年 月 日

注：本表1式4份，由施工项目部填报留存1份，上报监理项目部1份，上报总承包项目部1份，上报建设单位1份。

5.特种设备

火力发电工程安全强制性条文实施指导大纲检查记录表

单位名称（项目部）：　　　　　　　　　　　　　编号：Q/CSEPC-AG-DL5009-4-005

标段名称		专业名称		
施工单位		项目经理		

序号	强制性条文内容	执行情况		相关资料
		√	×	
《电力建设安全工作规程　第1部分：火力发电》（DL 5009.1—2014） 5.1 特种设备				
5.1.1	通用规定： **1** 建设、施工单位应建立特种设备安全、节能管理制度和岗位责任制。 **2** 特种设备使用单位应设置安全管理机构或者配备具备资格的专、兼职特种设备安全管理人员。 **3** 建设、施工单位应从具备相应资质的单位采购、租赁特种设备，同时索取以下资料： **1）**起重机械：型式试验报告、制造许可证、产品质量合格证明、使用维护说明以及安装技术文件。 **2）**场（厂）内专用机动车辆：产品质量合格证明、使用维护说明、车辆行驶证或特种设备检验机构颁发的检验合格证明。 **3）**锅炉、压力容器（含气瓶，下同）：制造许可证、产品质量证明、使用维护说明等技术文件。 **4）**压力管道：产品质量证明、检验合格证明。 **4** 从事锅炉、压力容器、压力管道安装、改造，电梯、索道、起重机械安装、改造、维修和场（厂）内专用机动车辆维修工作的施工单位，应取得特种设备安全监督管理部门颁发的许可证书。 **5** 从事锅炉、压力容器、压力管道、电梯、索道、起重机械和场（厂）内机动车辆安装、改造、维修人员，应取得与从事工种相适应的资格证书，并统一保管；电梯、起重机械、场（厂）内机动车辆司机资格证书应随身携带。			**1** 已建立特种设备安全、节能管理制度，并登记岗位责任制，符合要求。 GPEC/JXP/S2/018《特种设备施工告知及监检管理规定》。 **2** 有安全管理机构，并聘任具备相关资质的转、兼职特种设备安全管理人员。 **3** 所采购特种设备设备都自带相关文件及相应资质，均符合要求。 **1）**起重机械各种证件齐全，并建立机械管理台账。 **2）**场内机动车证件齐全。 **3）**锅炉各种证件齐全。 **4）**压力管道证件齐全，符合管理规定。 **4** 相关施工单位都有相应的特种设备安装资质，见下附件。 锅炉（压力容器）证书、压力管道证书、起重设备证书。 **5** 具备相关的资格证书，已统一报审，见报审文件；人员证书（维修除外）。 **6** 涉及特种设备安装的部

续表

序号	强制性条文内容	执行情况		相关资料
		√	×	
5.1.1	**6** 特种设备安装、改造、修理的施工单位应当在施工前将拟进行的特种设备安装、改造、修理情况书面告知直辖市或者设区的市级人民政府负责特种设备安全监督管理的部门。 **7** 特种设备在投入使用前或者投入使用后30日内，使用单位应向特种设备安全监督管理部门登记，取得使用登记证书。登记标志应当置于该特种设备的显著位置。 **8** 特种设备应经具备资质的检验机构检验合格方可使用。 **9** 特种设备使用单位应当对其使用的特种设备进行经常性维护保养和定期自行检查，并做出记录。特种设备使用单位应当对其使用的特种设备的安全附件、安全保护装置进行定期校验、检修，并做出记录。 **10** 特种设备使用单位应当建立特种设备安全技术档案。安全技术档案应包括以下内容： **1**）特种设备的设计文件、产品质量合格证明、安装及使用维护保养说明、监督检验证明等相关技术资料和文件。 **2**）特种设备的定期检验和定期自行检查记录。 **3**）特种设备的日常使用状况记录。 **4**）特种设备及其附属仪器仪表的维护保养记录。 **5**）特种设备的运行故障和事故记录。			位，安装前全部书面告知政府特种设备部门，已按要求执行。 **7** 特种设备使用前首先通过特种设备安全监督管理部门登记，并取得使用登记证书，现场才允许使用。 **8** 现场设备均按检验要求检验合格才投入使用。 **9** 现场检查符合使用要求，见现场检查记录。 **10** 已建立特种设备安全技术档案，相关内容均符合要求，见记录。
5.1.2	锅炉、压力容器、压力管道应符合下列规定： **1** 安装前应对其设备、材料及安全附件进行检查、试验，未经检验或检验不合格的严禁使用。 **2** 安装后应对其设备、材料及安全附件进行复查，未经复查或复查不合格不得投入使用。 **3** 锅炉、压力容器试验或使用前应对其内部进行检查，确认无异物方可封闭。压力管道封闭前应进行检查，使用前应吹扫或冲洗合格。 **4** 设备、系统试验前应对支撑部件进行检查，未经检查或检查不合格的不得进行试验。试验后，设备、系统及支撑部件应复查合格。 **5** 锅炉、压力容器、压力管道及其附件使用前应由有资质的单位检验合格。不合格的，不得投入使用。			**1** 对设备、材料及安全附件进行检查、试验，符合要求，见记录。 **2** 对设备、材料及安全附件进行复查，符合要求，见记录。 **3** 对内部进行检查，确认无异物方，压力管道封闭前进行检查，吹扫或冲洗合格，符合要求，见记录。 **4** 对支撑部件进行检查，符合要求，见记录。 **5** 使用前由有资质的单位检验合格，符合要求，见记

续表

序号	强制性条文内容	执行情况		相关资料
		√	×	
5.1.2	**6** 试验介质与设计介质不符时，应由原设计单位对设备、系统支撑部件进行核算，必要时采取加固措施。 **7** 压力管道与电缆严禁同沟敷设。 **8** 外露压力管道宜设置防砸防碰设施和警示标识。 **9** 输送、盛装易燃、易爆、有毒介质的压力管道、压力容器应安装防静电接地装置。 **10** 室外安装的输送、盛装易燃、易爆、有毒介质的压力管道、压力容器与电缆线路平行敷设净距离不得小于1m、交叉敷设净距离不得小于500mm，不能满足要求时，电缆应选用防爆型或采取防爆措施。 **11** 电缆与热力管道平行敷设净距离不得小于2m、交叉敷设净距离不得小于500mm，不能满足要求时，应采取可靠的隔离措施。 **12** 燃气管道应采用直埋式架空，不得设置管沟。			录。 **6** 一直遵从规定施工，均符合设计要求。 **7** 无同沟敷设现象。 **8** 设置防砸防碰设施和警示标识。 **9** 现场检查验收符合规定。 **10** 现场检查验收符合规定。 **11** 现场检查验收符合规定。 **12** 燃气管道应采用直埋式架空，符合规定。
5.1.3	电梯应符合下列规定： **1** 安装前应对电梯井道、预埋件或附着点和设备部件等进行检查，其位置尺寸、强度应符合制造单位安装技术文件规定。 **2** 设备安装过程中安全防护设施应齐全、可靠。 **3** 导轨、底部缓冲装置应经验收合格后方可进行轿厢安装。 **4** 轿厢、层门安装应齐全、完好，符合产品使用说明书的要求。 **5** 电梯保护接地应良好，与避雷装置应分别设置。 **6** 安全保护装置安装验收合格后，电梯方可通电空载试运行、调整安全装置。 **7** 电梯投入运行前负荷试验应合格。 **8** 在具有自动运行功能的电梯轿厢内，应安装紧急维修、报警电话，保持畅通。 **9** 在电梯内明显位置应张贴安全注意事项或安全操作规程、维修电话、检验合格标志。 **10** 速度大于2.5m/s的电梯应由具备资格的人员操作。 **11** 电梯运行中严禁开启轿厢门、层门，严禁采用非安全手段开启层门。			**1** 现场验收合格，符合制造单位安装技术文件规定。 **2** 安全防护设施齐全、可靠，见施工作业记录。 **3** 施工工序符合施工方案要求。 **4** 现场验收合格，见验收记录。 **5** 现场验收合格，符合规范要求，见验收记录。 **6** 符合要求。 **7** 试验合格，见记录。 **8** 设计符合要求，见施工图纸。 **9** 现场检查验收合格，符合要求。 **10** 电梯操作人员均持有特种操作资格证。 **11** 电梯运行操作符合相关规定，见记录。

续表

<table>
<tr><th rowspan="2">序号</th><th rowspan="2">强制性条文内容</th><th colspan="2">执行情况</th><th rowspan="2">相关资料</th></tr>
<tr><th>√</th><th>×</th></tr>
<tr><td>5.1.4</td><td>
施工升降机应符合下列规定：
1 安装前应对预埋件或附着点和设备部件等进行检查，其位置尺寸、强度应符合制造单位安装技术文件要求。
2 导轨架上部必须装设限位开关，且不得少于两道；导轨架顶部应设置一道机械极限限位；吊笼底部应装设缓冲装置或自动停止装置。导轨架、底部缓冲装置应经验收合格后方可进行吊笼安装。
3 施工升降机的层门、基础防护围栏、围栏登机门的高度应大于1.8m，层门和吊笼之间的距离应小于50mm。
4 施工升降机导轨架整体垂直度、固定支撑点的设置位置、设置固定支撑点的建（构）筑物强度均应符合产品技术文件要求，其中导轨架垂直度偏差应符合表5.1.4规定。
表 5.1.4　施工升降机垂直度偏差
<table>
<tr><td>导轨架架设高度<i>h</i>(m)</td><td><i>h</i>≤70</td><td>70<<i>h</i>≤100</td><td>100<<i>h</i>≤150</td><td>150<<i>h</i>≤200</td><td><i>h</i>>200</td></tr>
<tr><td>垂直度偏差(mm)</td><td>不大于导轨架架设高度的1/1000</td><td>≤70</td><td>≤90</td><td>≤110</td><td>≤130</td></tr>
</table>
5 施工升降机导轨架每段之间应连接牢固，固定支撑点应设置在建（构）筑物上，严禁设置在脚手架或设备上。
6 设备安装过程中安全防护设施应齐全、可靠。
7 吊笼门、层门、顶护栏、基础防护围栏、围栏登机门安装应齐全、完好，符合产品使用说明书的要求。
8 保护接地应良好，与避雷装置应分别设置。
9 各层门明显位置应设置楼层或标高标识。
10 安全保护装置安装验收合格后，施工升降机方可通电空载试运行、调整安全装置。
11 施工升降机投入运行前负荷试验应合格，并经具备资质的检验机构检验合格。
12 在施工升降机内明显位置应张贴安全操作规程、检验合格和登记标志。
13 施工升降机应由具备资格的人员操作。
14 施工升降机启动前应发出警示信号。
15 施工升降机在每班首次载重运行时，应从低层上升，当吊笼升离地面1～2m时应停车试验制动器的可靠性。
</td><td></td><td></td><td>
1 埋件及设备检查尺寸、强度，符合安装技术文件要求。
2 限位器安装符合要求，吊笼底部缓冲装置验收合格。
3 各层门、防护围栏高度符合要求。
4 现场检查验收整体导轨架垂直度符合要求。
5 导轨架连接点牢固支撑点在建筑物上规范。
6 安装过程安全防护措施齐全。
7 吊笼门、层门、顶护栏、基础防护围栏、围栏登机门安装应齐全、完好，符合说明书要求。
8 接地良好，避雷装置分别安装可靠。
9 各层标识齐全。
10-11 安全保护装置验收合格，负荷试验符合规范。
12 检验合格和登记标志、操作规程粘贴明显处。
13 操作人员资格有效期范围内。
14 升降机启动时，提前发警示信号，符合要求。
15 升降机在每班首次载重运行时，停车试验制动器的可靠性。
</td></tr>
</table>

续表

序号	强制性条文内容	执行情况		相关资料
		√	×	
5.1.4	**16** 施工升降机运行时，严禁以限位器的动作代替正常操作。 **17** 吊笼内乘人或载物时，不宜偏重。严禁超载运行。 **18** 遇大雨、六级及以上大风等恶劣天气时，严禁使用施工升降机；再次运行前，应对其进行全面检查。 **19** 施工升降机停止使用时，吊笼应放到最底层，切断电源，锁好笼门。 **20** 施工升降机应根据制造厂技术文件要求，进行坠落试验。一般情况下，每三个月进行一次坠落试验。 **21** 施工升降机防坠安全器使用期不应超过五年，每年应重新检验、标定。 **22** 运行中严禁开启吊笼门、层门。			**16-17** 现场检查无违规违章现象。 **18** 恶劣天气做到停止使用，符合管理要求。 **19** 升降机停止使用时，切断电源锁好笼门，符合管理要求。 **20** 升降机每三个月进行一次坠落试验，符合安全管理规范。 **21** 升降机防坠安全器按期检验，符合规定。 **22** 现场检查，无违章现象。
5.1.5	起重机械应符合下列规定： **1** 起重机械应有明确的额定载荷标识，由有资质的检验机构检验合格，方可投入使用。起重机械的制动、限位、联锁、保护等安全装置应齐全、灵敏、有效。 **2** 塔式起重机、门座起重机等高架起重机械应有可靠的避雷装置。 **3** 起重机轨道安装前，应对地基进行检查，轨道验收合格后，方可进行起重机安装。严禁在不合格的地基、轨道上安装起重机。 **4** 轨道应通过垫块与轨枕可靠连接，塔式起重机轨道每间隔6m应设一个轨距拉杆。钢轨接头处应有轨枕支承，不得悬空。 **5** 除铁路起重机外应在距轨道末端2m处设置止挡装置，止挡装置应能承受起重机可能产生的大冲击力。 **6** 轨道接地应符合本部分4.5.5条12款的规定。起重机械行驶的轨道两端应各装设一组接地体（极），接地电阻不得大于10Ω。较长轨道应每隔20m增设一组接地体（极）。轨道联结板处应有可靠电气连接。 **7** 起重机上应配备合格有效的灭火装置。操作室内应铺绝缘垫，不得存放易燃物品。 **8** 起重机械不得超负荷使用。 **9** 起重机行走范围内，不得有妨碍安全通过的障碍物。 **10** 在露天使用的门式起重机及塔式起重机的架构上不得安装增加受风面积的设施。			**1** 起重机械有明确的额定载荷标识，起重机械的制动、限位、联锁、保护等安全装置应齐全、灵敏、有效。 **2** 塔式起重机避雷装置可靠有效。 **3** 起重机轨道安装对地基进行检查，轨道验收合格。 **4-5** 轨道垫块与轨枕连接可靠，止挡装置符合要求。 **6** 轨道接地符合规范要求。 **7** 起重机上配备合格有效的灭火器无易燃物品。 **8** 遵守规定，符合要求。 **9** 现场检查符合要求。 **10** 符合要求，见运行记录。

续表

序号	强制性条文内容	执行情况 √	执行情况 ×	相关资料
5.1.5	**11** 冬季操作室内温度低于5℃时应有采暖设施，夏季操作室内温度高于35℃时应有降温设施。			**11** 操作室内温度符合安全管理要求。
	12 起重机作业时速度应均匀、平衡，落钩时应低速轻放。不得突然制动或在没有停稳时作反方向行走或回转。			**12** 起重机作业速度均匀、平稳操作合理。
	13 起重机应在各限位器限制的范围内作业，不得利用限位器的动作来代替正规操作。			**13** 现场检查无违规现象。
	14 起重机工作时，臂架、吊具、辅具、钢丝绳、缆风绳及载荷等，与输电线的最小距离应符合表5.1.5-1的规定。			**14** 起重机臂架、吊具、辅具、钢丝绳与电源距离符合安规距离。

表 5.1.5-1　起重机与架空输电导线的安全距离

输电线路电压V(kV)	<1	1～20	35～110	154	220	330
最小距离(m)	1.5	2.0	4.0	5.0	6.0	7.0

序号	强制性条文内容	执行情况 √	执行情况 ×	相关资料
5.1.5	**15** 起重机作业完毕后，应摘除挂在吊钩上的绳索，并将吊钩升起；油压或气压制动的起重机，应将吊钩降至地面，吊钩钢丝绳呈收紧状态。臂架型起重机起重臂应按产品使用说明书要求放置，刹住制动器，所有操纵杆放在空挡位置并切断主电源。			**15** 现场检查，操作程序符合要求。
	16 天气预报将有六级及以上大风时，应做好停止起重机作业及各项安全措施的准备；风力达六级及以上时应停止起重作业，将起重臂转至顺风方向并松开回转制动器，风力达到七级时，应将臂架放下，汽车起重机宜将支腿全部支出。			**16** 恶劣天气能够立即停止吊装作业。
	17 起重机械应在操作台至少设置一个紧急停止开关，当有紧急情况发生时应能紧急操作停止所有驱动机构。紧急开关应为红色且不能自动复位。			**17** 紧急停车开关符合规定规范。
	18 起重机械应严格按照产品说明书规定进行维护保养。			**18** 起重机械保养记录全面准时。
	19 起重机械每使用一年至少应作一次全面技术检验。对新装、拆迁、大修或改变重要技术性能的起重机械，使用前应按制造厂技术文件要求进行静载、动载试验。制造厂无明确规定时，应按下列规定进行试验： 1）静载试验：应将试验的重物起升至地面100mm处，悬空时间不小于10min。静载试验所用重物的重量，对于新安装的、经过大修的或改变重要性能的起重机，应为额定起重量的125%；对于定期进行技术检验			**19** 起重机械每年进行一次负荷试验符合管理规范要求。

续表

序号	强制性条文内容	执行情况		相关资料
		√	×	
5.1.5	的起重机，应为额定起重量的100%。试验中如发现结构有永久变形，则应修理加固或降低原定的额定起重量方可使用。桥式起重机、门式起重机在试验后，主梁值实有上拱度不应小于0.7*s*/1000（*s*为跨距）。 **2**）动载试验：应在静载试验合格后进行。试验时应吊着试验重物反复地升降、行走、回转、变幅，发现问题应及时处理。动载试验所用重物的重量应为额定起重量的110%。 **20** 电动起重机： **1**）电气设备由电工进行安装、检修和维护。 **2**）电气装置安全可靠，熔丝应符合规定。 **3**）电气装置在接通电源后不得进行检修和保养。 **4**）作业中如遇突然停电，应先将所有的控制器恢复到零位，然后切断电源。 **5**）电气装置跳闸后，应查明原因，排除故障后方可合闸，不得强行合闸。 **6**）漏电失火时，应立即切断电源，严禁用水浇泼。 **7**）保养起重机时，严禁液体、金属等杂物进入电气装置。 **8**）电动葫芦操作装置应放置在固定箱内并加锁，且有防雨措施；起吊时，手不得握在绳索与物体之间。 **9**）吊重物行走时，重物离地不宜超过1.5m。 **21** 流动式起重机： **1**）起重机停放或行驶时，其车轮、支腿或履带的前端、外侧与沟、坑边缘的距离不得小于沟、坑深度的1.2倍，小于1.2倍时应采取防倾倒、防坍塌措施。 **2**）作业时，起重机应置于平坦、坚实的地面上，机身倾斜度不得超过制造厂的规定。 **3**）作业时，臂架、吊具、辅具、钢丝绳及吊物等与架空输电线及其他带			**20** 电动起重机电气装置灵敏，操作规范符合安全管理规定规范要求。 **21** 流动式起重机： **1**）起重机停放与行驶符合管理规定。 **2**）起重机作业操作符合安全操作规程，无违规行为。 **3**）起重机作业操作符合安全操作规程，无违规行为。 **4**）现场检查，符合要求。 **5**）机械加油符合禁止明火规定。

续表

序号	强制性条文内容	执行情况		相关资料
		√	×	
5.1.5	电体之间不得小于安全距离，且应设专人监护。 **4**）长期或频繁地靠近架空线路或其他带电体作业时，应采取隔离防护措施。 **5**）加油时严禁吸烟或动用明火。油料着火时，应使用泡沫灭火器或砂土扑灭，严禁用水浇泼。 **6**）履带起重机行驶时，地面的接地比压要符合说明书的要求，必要时可在履带下铺设路基板，回转盘、臂架及吊钩应固定住，汽车式起重机下坡时不得空挡滑行。 **7**）履带起重机主臂工况吊物行走时，吊物应位于起重机的正前方，并用绳索拉住，缓慢行走；吊物离地面不得超过500mm，吊物重量不得超过起重机当时允许起重量的2/3。塔式工况严禁吊物行走。 **8**）汽车起重机行驶时，应将臂架放在支架上，吊钩挂在挂钩上并将钢丝绳收紧。 **9**）汽车起重机作业前应先支好全部支腿后方可进行其他操作；作业完毕后，应先将臂架放在支架上，方可收起支腿。汽车式起重机严禁吊物行走。			**6**）**-7**）现场检查，符合要求。 **8**）**-9**）现场检查，按操作规程操作，符合管理规定。
	22 塔式及门式起重机： **1**）两台塔式起重机之间的最小架设距离应保证处于低位的起重机的臂架端部与另一台起重机塔身之间至少有2m的距离，处于高位的起重机的低位置的部件（吊钩升至高点或高位置的平衡重）与低位起重机中处于最高位置的部件之间的垂直距离不得小于2m。 **2**）起重机在运行时，无关人员不得上下扶梯；操作或检修人员上下扶梯时，严禁手拿工具或器材。 **3**）两台起重机在同一条轨道上以及在两条平行或交叉的轨道上进行作业时，两机之间应保持安全距离，吊物之间的距离不得小于3m。 **4**）作业完毕后，应夹紧夹轨器，打好铁鞋和缆风绳。			**22** 塔式起重机： **1**）两台塔吊安全距离符合现场管理规定。 **2**）现场检查，无违章现象符合管要求。 **3**）现场检查，符合要求。 **4**）现场检查，符合要求。 **5**）现场检查，大风天气转向到顺风方向打开回转机构的锁定装置符合安规要求。 **6**）风力达到六级时塔式起重机风速仪自动报警符合规定。

续表

序号	强制性条文内容	执行情况		相关资料
		√	×	
5.1.5	5）塔式起重机作业完毕后，应将起重臂降至要求角度，锁定回转机构，如有大风时宜转向到顺风方向。对于可以360°回转的塔式起重机，应打开回转机构的锁定装置。 6）塔式起重机高度大于50m时，应安装风速仪，风力达到六级时应自动报警。 **23** 桥架型起重机： 1）任何人员不得在轨道上站立或行走。 2）起重机在轨道上进行检修时，应切断电源，在作业区两端的轨道上应安装钢轨夹，并设标识牌。使用同轨道的其他起重机不得进入检修区。 3）作业完毕后，应将吊钩升起，切断电源。厂房内的桥架型起重机应停放在登机爬梯处，且不得停放在运行机组的上方。 **24** 扒杆及地锚： 1）新扒杆组装时，中心线偏差不得大于总支承长度的1/1000；多次使用过的扒杆再重新组装时，每5m长度内中心偏差和局部塑性变形均不得大于40mm；在扒杆全长内，中心偏差不得大于总支承长度的1/200。 2）组装扒杆的连接螺栓应紧固可靠。 3）扒杆的基础应平整坚实，无积水。 4）扒杆的连接板，扒杆头部和回转部分等，应每年对其变形、腐蚀、铆、焊或螺栓连接进行一次全面检查；在每次使用前，也应进行检查。 5）扒杆至少应设四根缆风绳，人字扒杆应设两根缆风绳，向前倾斜的扒杆如不能设置前稳定缆风绳时，应在其后面架设牢固的支撑。 6）缆风绳与扒杆顶部及地锚的连接应牢固可靠。 7）缆风绳与地面的夹角一般不得大于45°。 8）缆风绳越过主要道路时，其架空高度不得小于7m。 9）缆风绳与架空输电线及其他带电体的安全距离应符合表5.1.5-2的规定。			**23-24** 现场检查，符合要求。

续表

<table>
<tr><th rowspan="2">序号</th><th rowspan="2">强制性条文内容</th><th colspan="2">执行情况</th><th rowspan="2">相关资料</th></tr>
<tr><th>√</th><th>×</th></tr>
<tr><td>5.1.5</td><td>

表 5.1.5-2　与架空输电线及其他带电体的最小安全距离

<table>
<tr><td colspan="2">电压(kV)</td><td><1</td><td>1～10</td><td>35</td><td>110</td><td>220</td><td>330</td><td>500</td><td>750</td><td>1000</td></tr>
<tr><td rowspan="2">安全距离(m)</td><td>沿垂直方向</td><td>6</td><td>6.5</td><td>7</td><td>7</td><td>7.5</td><td>8.5</td><td>14</td><td>19.5</td><td>27</td></tr>
<tr><td>沿水平方向</td><td>7</td><td>8</td><td>8</td><td>10</td><td>15</td><td>15</td><td>20</td><td>21</td><td>25</td></tr>
</table>

10）地锚的规格、设置应根据锚定设备的大受力进行计算确定。移动地锚不宜用于大型设备的锚定。
11）地锚的分布及埋设深度应根据地锚的受力情况及土质情况核算确定。
12）地锚坑在引出线露出地面的位置，其前面及两侧的2m范围内不得有沟、洞、地下管道或地下电缆等。
13）地锚坑引出线及其地下部分应经防腐处理。
14）地锚的埋设应平整，基坑无积水。
15）地锚埋设后应进行详细检查，试吊时应指定专人看守。
16）采用固定建（构）筑物、梁、柱作地锚时应经原设计部门核算确定。
25 卷扬机：
1）基座的设置应平稳牢固，上方应搭设防护工作棚，操作位置应有良好的视野。
2）旋转方向应与控制器上标明的方向一致。使用开式齿轮传动部分应设防护罩。
3）制动操纵杆在大操纵范围内不得触及地面或其他障碍物。
4）卷筒与导向滑轮中心线应对正。卷筒轴心线与导向滑轮轴心线的距离，对平卷筒应不小于卷筒长度的20倍，对有槽卷筒应不小于卷筒长度的15倍。
5）钢丝绳应从卷筒下方卷入，卷筒上的钢丝绳应排列整齐，作业时钢丝绳卷绕在卷筒上的安全圈数应不小于五圈；回卷后外层钢丝绳应低于卷筒突缘两倍钢丝绳直径的高度。钢丝绳不得与机架、地面摩擦，通过道路时，应设过路保护装置。
6）作业前应进行试车，确认卷扬机设置</td><td></td><td></td><td>**25** 卷扬机：
1）基座设置平稳牢固并搭设防护棚，视野开阔，符合要求。
2）现场检查控制器上标明的方向一致，传动部位设有防护罩。
3）现场检查操作杆操作周围无障碍物符合安全规范。
4）卷筒各项检查，符合各项管理安全标准。
5）钢丝绳排列整齐，无摩擦，过路防护设施符合管理要求。
6）卷扬机设置稳固，防护设施、电气绝缘、离合器、制动装置、保险棘轮、导向滑轮、索具检验合格，符合标准规范要求。
7）**-9**）现场检查，操作规范，无违规行为。</td></tr>
</table>

续表

序号	强制性条文内容	执行情况		相关资料
		√	×	
5.1.5	稳固，防护设施、电气绝缘、离合器、制动装置、保险棘轮、导向滑轮、索具等一切合格后方可使用。 **7**）运行中及吊物提升后，操作人员不得离开。 **8**）严禁向滑轮上套钢丝绳，严禁在卷筒、滑轮附近用手扶运行中的钢丝绳；作业时，不得跨越钢丝绳，不得在各导向滑轮的内侧逗留或通过。吊起的重物需在空中短时间停留时，卷筒应可靠制动。 **9**）运转中如发现有异常情况，应立即停机进行排除。			
5.1.6	场（厂）内专用机动车辆应符合下列规定： **1** 转向应灵活轻便，无摆振、抖动、阻滞现象。 **2** 制动系统、驻车系统应合格。行车前、涉水后应试验制动系统的有效性。停车后应检查驻车系统的有效性。 **3** 车辆灯光系统应齐全完好。转向灯、刹车灯、倒车灯应能正常使用。 **4** 离合器分离彻底，结合平稳，不打滑、无异响。 **5** 油门踏板释放后，应能自动复位。 **6** 轮辋螺栓、螺母应齐全紧固。 **7** 车辆的左右两侧后视镜应齐全完好。 **8** 车辆应配有合格灭火器。 **9** 厂（场）内机动车辆应经相关技术检验部门检验合格，悬挂合格标志。 **10** 载重量45t及以上自卸车驾驶室上部应安装安全可靠的防护装置。			**1** 现场检查转向灵活，无异常。 **2** 制动系统检查符合安全规定。 **3** 车辆灯光完好倒车正常。 **4** 离合器分离良好无异响。 **5-10** 现场检查各项符合管理规定要求。

施工单位：	总承包单位：	监理单位：	建设单位：
年 月 日	年 月 日	年 月 日	年 月 日

注：本表1式4份，由施工项目部填报留存1份，上报监理项目部1份，上报总承包项目部1份，上报建设单位1份。

6.小型施工机械及工具

火力发电工程安全强制性条文实施指导大纲检查记录表

单位名称（项目部）：　　　　　　　　　　编号：Q/CSEPC-AG-DL5009-4-006

<table>
<tr><td colspan="2">标段名称</td><td></td><td colspan="2">专业
名称</td><td></td></tr>
<tr><td colspan="2">施工单位</td><td></td><td colspan="2">项目
经理</td><td></td></tr>
<tr><td rowspan="2">序号</td><td rowspan="2" colspan="2">强制性条文内容</td><td colspan="2">执行情况</td><td rowspan="2">相关资料</td></tr>
<tr><td>√</td><td>×</td></tr>
<tr><td colspan="6">《电力建设安全工作规程　第1部分：火力发电》（DL 5009.1—2014）
6.1 小型施工机械及工具</td></tr>
<tr><td>6.1.1</td><td colspan="2">通用规定：
1 机具应由了解其性能并熟悉操作知识的人员操作。各种机具都应由专人进行维护，并应随机具挂安全操作规程。
2 机具的转动部分及牙口、刃口等尖锐部分应装设防护罩或遮栏，转动部分应保持润滑。
3 机具的电压表、电流表、压力表、温度计、流量计等监测仪表，以及制动器、限制器、安全阀、闭锁机构等安全装置，应齐全、完好。
4 机具应由专人负责保管，定期进行维护保养和鉴定。修复后的机具应经试转、鉴定合格后方可使用。
5 机具使用前应进行检查，严禁使用已变形、已破损或有故障的机具。
6 机具应按其出厂说明书和铭牌的要求使用。
7 电动工具、机具电源线应压接，保护接地或接零良好。
8 电动或风动机具在运行中不得进行检修或调整；检修、调整或中断使用时，应将其动力断开。不得将机具或附件放在机器或设备上。
9 不得站在移动式梯子上或其他不稳定的地方使用电动机具或风动机具。
10 使用射钉枪、压接枪等爆发性工具时，除符合说明书的要求外，尚应按爆破安全的有关规定执行。</td><td></td><td></td><td>1 机具由了解其性能并熟悉操作知识的人员操作。各种机具都应由专人进行维护，并随机具挂安全操作规程。
2 查工器具台账，机具由专人负责保管，定期进行维护保养和鉴定。修复后的机具应经试转、鉴定合格后方可使用。
3 机具使用前进行检查，性能合格方投入使用。
4 无站在移动式梯子上或其他不稳定的地方使用电动机具或风动机具现象。
5 严格按照说明书的要求使用各种工具。
6-8 现场检查规范使用符合规程规范。
9-10 现场检查无违章违规行为现象。</td></tr>
<tr><td>6.1.2</td><td colspan="2">小型施工机械应符合下列规定：
1 砂轮机：
1）砂轮机的旋转方向不得正对其他机器、设</td><td></td><td></td><td>砂轮机：
1 砂轮机的旋转方向符合此规定。</td></tr>
</table>

续表

序号	强制性条文内容	执行情况		相关资料
		√	×	
6.1.2	备。 2）安装砂轮时，砂轮与两侧板之间应加柔软垫片，严禁猛击螺帽。 3）砂轮片有缺损或裂纹时严禁使用，其工作转速应与砂轮机的转速相符。 4）砂轮机必须装设托架。托架与砂轮片的间隙应经常调整，最大不得超过3mm；托架的高度应调整到使工件的打磨处与砂轮片中心处在同一平面上。 5）砂轮机安全罩应完整，使用砂轮机时，操作人员应站在侧面并戴防护眼镜。 6）不得两人同时使用一个砂轮片；不得在砂轮片的侧面打磨工件；不得用砂轮机打磨软金属、非金属以及大工件。 7）严禁使用砂轮机切割物件。 8）砂轮片的有效半径磨损到原半径的1/3 时必须更换。 **2** 空气压缩机： 1）空气压缩机应保持润滑良好，压力表准确，自动启、停装置灵敏，安全阀可靠，并应由专人维护；压力表、安全阀及调节器等应定期进行校验。 2）严禁用汽油或煤油洗刷空气滤清器以及其他空气通路的零件。 3）输气管应避免急弯。打开送风阀前，应事先通知工作地点的有关人员。 4）出气口处不得有人工作，储气罐放置地点应通风，严禁日光暴晒或高温烘烤。 5）空气压缩机运行中出现下列情况时应立即停机进行检修： a.气压、机油压力、温度、电流等表计的指示值突然超出规定范围或指示不正常。 b.发生漏水、漏气、漏油、漏电或冷却液突然中断。 c.安全阀连续放气且无法调整或机械响声异常。 6）特种设备范围内的储气罐，应按其相关要求进行管理。 **3** 水泵： 1）水泵放置地点应坚实，安装应牢固、平稳，并有防雨措施。数台水泵并列安装时，泵与泵之间应有800～1000mm的间距。 2）联轴器的螺栓应牢固，外露的转动部分应			**2** 现场检查操作正确，符合管路要求。 **3** 砂轮机有缺损或裂纹时不得使用，符合要求。 **4** 砂轮机装设托架。托架与砂轮片的间隙符合此要求。 **5** 现场操作人员按规定操作。 **6** 现场人员操作符合此规定。 **7-8** 现场情况符合规定。 空气压缩机： **1** 空气压缩机保持润滑良好，压力表准确，自动启、停装置灵敏，安全阀可靠，并由专人维护；压力表、安全阀及调节器等应定期进行校验。 **2** 现场使用符合此条规定。 **3** 输气管避免急弯。打开送风阀前，事先通知工作地点的有关人员。 **4** 出气口处不得有人工作，储气罐放置地点通风，不得日光暴晒或高温烘烤。 **5** 现场使用空气压缩机严格按照此要求使用。 **6** 特种设备范围内的储气罐，有专人按其相关要求进行管理。 水泵： **1** 水泵放置地点符合此条规定。 **2** 联轴器的螺栓牢固，外露的转动部分装设防护装

续表

序号	强制性条文内容	执行情况		相关资料
		√	×	
6.1.2	装设防护装置。 3）水泵进、出水管支架应牢固。 4）升、降吸水管时应站在有防护栏杆的平台上，不得从正在运行的水泵上跨越。 5）水泵运行异常时，应立即停泵断电并可靠隔离，方可进行检修。 6）作业完毕后应将放水阀打开，冬季应做好防冻措施。 7）潜水泵首次投入运转4h后应停泵测试热绝缘电阻，且不小于0.5MΩ。 8）潜水泵运行时，严禁任何人进入被排水的坑、池内。 9）人员确需进入坑、池内工作时，应先切断潜水泵电源。 4 角向磨光机： 1）作业时，操作人员应戴防尘口罩、防护眼镜或面罩。 2）磨光机所有磨头、砂轮片外缘的安全线速度不得小于80m/s。 3）作业时，应与工件面保持15°～30°的倾斜位置。 4）更换磨头、砂轮片或检修时应切断电源。 5 其他机械： 1）滤油机及油系统的金属管道应采取防静电接地措施。滤油机应远离火源及烤箱，并有相应的防火措施。 2）真空泵应润滑良好，冷却水流量应充足，冬季应有防冻措施，并应由专人维护。 3）电动弯管机、坡口机、套丝机等应先空转，待转动正常后方可带负荷工作。运行中，严禁用手、脚接触其转动部分。 4）磁力吸盘电钻的磁盘平面应平整、干净、无锈，进行侧钻或仰钻时，应采取防止失电后钻体坠落的保护措施。 5）使用电动扳手时，应将反力矩支点靠牢并扣好螺帽。 6）使用钻床时严禁戴手套，袖口应扎紧；钻具、工件均应固定牢固。薄工件和小工件施钻时，不得直接用手扶持。钻头转动时，严禁直接用手清除钻屑或用手接触转动部分。			置。 3 水泵进、出水管支架牢固。 4 升、降吸水管时设有防护栏杆的平台，符合要求。 5 水泵运行异常时，立即停泵断电并可靠隔离，由专业人员方可进行检修。 6 现场工作符合要求。 7 潜水泵严格按要求操作。 8-9 现场符合次两条要求。 角向磨光机： 1 作业时，操作人员戴防尘口罩、防护眼镜或面罩。 2 磨光机所有磨头、砂轮片外缘符合要求。 3 作业时，符合要求。 4 更换磨头、砂轮片或检修时切断电源。 其他机械： 1 滤油机及油系统的金属管道采取防静电接地措施。滤油机远离火源及烤箱，并有相应的防火措施。 2 真空泵润滑良好，冷却水流量充足，冬季有防冻措施，并由专人维护。 3 电动弯管机、坡口机、套丝机等先空转，待转动正常后方可带负荷工作。符合要求。 4 磁力吸盘电钻的磁盘平面平整、干净、无锈，进行侧钻或仰钻时，采取防止失电后钻体坠落的保护措施。 5-6 现场检查，符合要求。

续表

序号	强制性条文内容	执行情况		相关资料
		√	×	
6.1.3	手动工具应符合下列规定： **1** 千斤顶： **1）**使用前应进行检查；油压式千斤顶的安全栓有损坏、螺旋式千斤顶或齿条式千斤顶的螺纹或齿条的磨损量达20%时，严禁使用。 **2）**应设置在平整、坚实处，并用垫木垫平。千斤顶必须与荷重面垂直，其顶部与重物的接触面间应加防滑垫层。 **3）**严禁超载使用，不得加长手柄或超过规定人数操作。 **4）**使用油压式千斤顶时，任何人不得站在安全栓的前面。 **5）**在顶升的过程中，应随着重物的上升在重物下加设保险垫层，到达顶升高度后应及时将重物垫牢。 **6）**用两台及以上千斤顶同时顶升一个物体时，千斤顶的总起重能力应大于荷重的两倍。顶升时应由专人统一指挥，各千斤顶的顶升速度应一致、受力应均衡。 **7）**油压式千斤顶的顶升高度不得超过限位标志线；螺旋及齿条式千斤顶的顶升高度不得超过螺杆或齿条高度的3/4。 **8）**不得在无人监护下承受荷重。 **9）**下降速度应缓慢，严禁在带负荷的情况下使其突然下降。 **2** 链条葫芦： **1）**使用前检查吊钩、链条、传动及制动器应可靠。 **2）**吊钩应经过索具与被吊物连接，严禁直接钩挂被吊物。 **3）**不宜采用两台或多台链条葫芦同时起吊同一重物。确需采用时，应制定可靠的安全技术措施，且单台链条葫芦的允许起重量应大于起吊重物的重量。 **4）**起重链不得打扭，并且不得拆成单股使用。 **5）**制动器严防沾染油脂。 **6）**不得超负荷使用，起重能力在5t以下的允许一人拉链，起重能力在5t以上的允许两人拉链，不得随意增加人数猛拉。操作时，人不得站在链条葫芦的正下方。 **7）**吊起的重物确需在空中停留较长时间时，			千斤顶： **1** 使用前进行检查；无违规行为现象。 **2** 千斤顶垫木垫平平整、坚实，符合操作规程要求。 **3** 现场操作符合规定。 **4** 现场检查，符合要求。 **5** 现场操作严格按此条执行。 **6** 用两台及以上千斤顶同时顶升一个物体时，千斤顶的总起重能力应大于荷重的两倍。由专业人士统一指挥。 **7-9** 限产操作严格按要求操作。 链条葫芦： **1** 使用前检查吊钩、链条、传动及制动器可靠。 **2** 吊钩经过索具与被吊物连接，不得直接钩挂被吊物。 **3** 不得采用两台或多台链条葫芦同时起吊同一重物。确需采用时，制定可靠的安全技术措施，且单台链条葫芦的允许起重量应大于起吊重物的重量。 **4** 起重链不得打扭，并且不得拆成单股使用。 **5** 现场符合要求。 **6** 现场检查无违规行为现象。 **7** 吊起的重物确需在空中

续表

<table>
<tr><th rowspan="2">序号</th><th rowspan="2">强制性条文内容</th><th colspan="2">执行情况</th><th rowspan="2">相关资料</th></tr>
<tr><th>√</th><th>×</th></tr>
<tr><td>6.1.3</td><td>应将手拉链拴在起重链上，并在重物上加设安全绳。
8）在使用中如发生卡链情况，应将重物固定牢固后方可进行检修。
3 喷灯：
1）使用前应检查油筒不得漏油，喷油嘴的螺纹丝扣不漏气，加油量不得超过油筒容积的3/4，加油嘴的螺丝塞应拧紧。
2）已使用煤油或柴油的喷灯严禁注入汽油。
3）喷灯内压力不得过高，火焰高度适当。喷灯因连续使用，温度过高时，应暂停使用。作业场所应通风良好。
4）使用中如发生喷嘴堵塞，应先关闭气门，待火灭后站在侧面用通针剔通。
5）使用喷灯的工作场所不得有易燃物。
6）喷灯在带电区附近作业时，火焰与带电部分的距离应符合表6.1.3的规定。
表 6.1.3　喷灯火焰与带电部分的最小允许距离
<table><tr><td>电压
(kV)</td><td><1</td><td>1～10</td><td>10～35</td></tr><tr><td>最小允许距离
(m)</td><td>1.0</td><td>1.5</td><td>3.0</td></tr></table>7）在使用过程中如需加油时，应灭火、泄压，待喷灯冷却后方可进行。
8）使用完毕后，应先灭火、泄压，待喷灯完全冷却后方可放入工具箱内。
4 其他手动工具：
1）冲子、扁铲等冲击性工具严禁用高速工具钢制作，锤击面不得淬火，冲击面毛刺应及时打磨清理；錾子、扁铲有卷边或裂纹的不得使用；顶部的油污应及时清除。
2）大锤、手锤、手斧等甩打性工具的把柄应用坚韧的木料制作，锤头应用金属背楔加以固定。打锤时，不得戴手套，挥动方向不得对人。
3）使用撬杠时，支点应牢靠。高处使用时严禁双手施压。</td><td></td><td></td><td>停留较长时间时，将手拉链拴在起重链上，符合管理规定。
8 符合要求。
喷灯：
1 使用前按要求进行检查，符合要求。
2-4 遵守规定。
5-8 现场检查，符合要求。

其他手动工具：
1 冲子、扁铲等冲击性工具不得用高速工具钢制作，锤击面不得淬火，冲击面毛刺及时打磨清理；錾子、扁铲有卷边或裂纹的不得使用；顶部的油污及时清除。
2 大锤、手锤、手斧等甩打性工具的把柄应用坚韧的木料制作，锤头应用金属背楔加以固定。符合要求。
3 使用撬杠时，支点应牢靠。高处使用时不得双手施压。</td></tr>
<tr><td>6.1.4</td><td>电动工具应符合下列规定：
1 移动式电动机械和手持电动工具的单相电源线必须使用三芯软橡胶电缆，三相电源线在TT系统中必须使用四芯软橡胶电缆，在TN-S系统中必须使用五芯软橡胶电缆。接线时，缆线护套应穿进设备的接线盒内并固定。
2 电动工具使用前应检查：</td><td></td><td></td><td>1 移动式电动机械和手持电动工具电源线三芯软橡胶电缆，符合规程规范要求。
2 现场检查电动工具外壳、插头完好、开关动作灵活</td></tr>
</table>

序号	强制性条文内容	执行情况		相关资料
		√	×	
6.1.4	**1**）外壳、手柄无裂缝、无破损。 **2**）保护接地线或接零线连接正确、牢固。 **3**）电缆或软线完好。 **4**）插头完好。 **5**）开关动作正常、灵活、无缺损。 **6**）电气保护装置完好。 **7**）机械防护装置完好。 **8**）转动部分灵活。 **3** 长期停用或新领用的电动工具应用500V的兆欧表测量其绝缘，绝缘电阻值应大于2MΩ。对正常使用的电动工具应对其绝缘电阻进行定期检测。 **4** 电动工具的电气部分经维修后，应进行绝缘电阻测量及绝缘耐压试验，试验电压为380V，试验时间为1min。 **5** 连接电动机械用电动工具的电气回路应单独设开关或插座，并装设漏电保护器，金属外壳应接地。 **6** 电流型漏电保护器的额定漏电动作电流不得大于30mA，用于潮湿、金属容器或有腐蚀介质场所的漏电保护器其额定漏电动作电流不得大于15mA，动作时间不得超过0.1s；电压型漏电保护器的额定漏电动作电压不得大于36V。 **7** 电动机具的操作开关应置于操作人员伸手可及的部位。当休息、下班或作业中突然停电时，应切断电源侧开关。 **8** 使用Ⅰ类可携式或移动式电动工具时，必须戴绝缘手套或站在绝缘垫上；移动工具时，不得手提电线或工具的转动部分。 **9** 在潮湿或含有酸类的场地上以及在金属容器内使用Ⅲ类绝缘的电动工具时，应采取可靠的绝缘措施并设专人监护。电动工具的开关应设在监护人伸手可及的地方。			符合安全使用要求。 **3-5** 长期停用或新领用的电动工具及电气部分经维修后进行测试，符合安全管理要求，电气回路设有漏电保护器符合管理要求。 **6** 电流型漏电保护器的额定漏电动作电流不得大于30mA，符合要求，潮湿、金属容器不大于额定要求。 **7** 现场检查无违规行为。 **8** Ⅰ类可携式或移动式电动工具，正确劳动防护用品操作，符合要求规范。 **9** 在金属容器内使用电动工具时，采取可靠的绝缘措施并设专人监护。电动工具的开关设在监护人伸手可及的地方。
6.1.5	气动工具应符合下列规定： **1** 风管应与供气的金属管连接牢固，并在作业前通气吹洗；吹洗时排气口不得对着人。 **2** 作业前，应将附件牢靠地接装在套口中。 **3** 风锤、风镐、风枪等冲击性风动工具应在置于工作状态后方可通气。 **4** 风管不得弯成锐角；风管遭受挤压或损坏时，应立即停止使用。 **5** 更换工具附件应待余气排尽后方可进行。 **6** 严禁用氧气等活泼气体作为气动工具的气源。			**1-3** 项作业前检查，符合要求。 **4-5** 现场检查，符合要求。 **6** 遵守规定，符合要求。

续表

施工单位： 年　月　日	总承包单位： 年　月　日	监理单位： 年　月　日	建设单位： 年　月　日

注：本表1式4份，由施工项目部填报留存1份，上报监理项目部1份，上报总承包项目部1份，上报建设单位1份。

7.脚手架及承重平台

火力发电工程安全强制性条文实施指导大纲检查记录表

单位名称（项目部）：　　　　　　　　　　　　编号：Q/CSEPC-AG-DL5009-4-007

标段名称		专业名称	
施工单位		项目经理	

序号	强制性条文内容	执行情况		相关资料
		√	×	
《电力建设安全工作规程　第1部分：火力发电》（DL 5009.1—2014） 7.1 脚手架及承重平台				
7.1.1	通用规定： 1 脚手架搭、拆人员应经过培训考核合格，取得特种作业人员操作证。对脚手架搭、拆单位有资质要求时，应按相关规定执行。 2 脚手架搭、拆作业人员应无妨碍所从事工作的生理缺陷和禁忌证。非专业工种人员不得搭、拆脚手架。搭设脚手架时作业人员应挂好安全带，穿防滑鞋，递杆、撑杆作业人员应密切配合。 3 脚手架搭、拆应有经过审批的专项施工方案或安全技术措施。脚手架载荷一般不超过270kg/m²。承重平台、特殊形式脚手架或载荷大于270kg/m²时应进行设计、载荷计算，计算时宜附图说明。 4 特殊脚手架和承重平台应由专业技术人员按国家现行标准进行受力计算并设计。在建（构）筑物上搭设脚手架、承重平台应验算建（构）筑物的强度。 5 超高、超重、大跨度的脚手架搭、拆应编制专项安全技术措施。 6 脚手架不得钢、木、竹混搭，不同外径的钢管严禁混合使用。钢管上严禁打孔。 7 扣件式钢脚手架材料： 1）脚手架钢管宜采用 ϕ48.3×3.6钢管，长度宜为4～6.5m及2.1～2.8m。凡弯曲、压扁、有裂纹或已严重锈蚀的钢管，严禁使用。 2）扣件应有出厂合格证，在螺栓拧紧扭力矩达到65N·m时，不得发生破坏。凡有脆裂、变形或滑丝的，严			1 脚手架搭、拆人员已经过培训考核合格，取得特种作业人员操作证。 2 脚手架搭、拆作业人员无妨碍所从事工作的生理缺陷和禁忌证；由专业工种人员搭、拆脚手架；搭设脚手架时作业人员作业时挂好安全带，穿防滑鞋，递杆、撑杆作业人员密切配合。 3 脚手架搭、拆有经过审批的专项施工方案或安全技术措施。脚手架载荷一般不超过270kg/m²。 4 特殊脚手架和承重平台由专业技术人员按国家现行标准进行受力计算并设计。 5 超高、超重、大跨度的脚手架搭、拆已编制专项安全技术措施。 6 脚手架未钢、木、竹混搭，不同外径的钢管未混合使 用，钢管上未打孔。 7 已按要求执行。

续表

序号	强制性条文内容	执行情况		相关资料
		√	×	
7.1.1	禁使用。 **3**）钢脚手板应用厚2～3mm的Q235-A级钢板，规格长度宜为1.5～3.6m、宽度为230～250mm、肋高为50mm。板的两端应有连接装置，板面应有防滑孔。凡有裂纹、扭曲的不得使用。 **8** 木脚手架材料： **1**）木杆应选用剥皮杉木或其他坚韧硬木。严禁使用杨木、柳木、桦木、椴木、油松和腐朽、折裂、枯节等木杆。 **2**）木质立杆有效部分的小头直径不得小于70mm。横杆有效部分的小头直径不得小于80mm，直径为60～80mm的可双杆合并使用，或单杆加密使用。 **3**）木脚手板应用不小于50mm厚的杉木或松木板，宽度宜为200～300mm，长度不宜超过6m。严禁使用腐朽、扭曲、破裂的，或有大横透节及多节疤的脚手板。距板两端80mm处应用8～10号镀锌铁丝箍绕2～3圈或用铁皮钉牢。 **9** 竹脚手架材料： **1**）竹脚手架应搭设双排架子；立杆、大横杆、剪撑、支杆等有效部分的小头直径不得小于75mm，小横杆有效部分的小头直径不得小于90mm。直径在60～90mm之间可双杆合并或单杆加密使用。严禁使用青嫩、枯脆、白麻、虫蛀的竹脚手杆。 **2**）竹片脚手板的厚度不得小于50mm，螺栓直径应为8～10mm，间距应为500～600mm螺栓孔不得大于10mm，螺栓必须拧紧。竹片脚手板的长度宜为2～3.5m，宽度宜为250～300mm。竹片应立放，严禁平放。 **10** 脚手架材料、各构配件使用前应进行验收，验收结果应符合国家现行标准。新进场材料、构配件须有厂家质量证明材料，严禁使用不合格的材料、构配件。 **11** 经检验合格的构配件应按品种、规格分类，堆放整齐、平稳，堆放场地不得有积水。 **12** 脚手架、承重平台搭拆施工区周围应设			**8** 木脚手架材料： **1**）材料符合要求。 **2**）现场检查，符合要求。 **3**）现场检查，符合要求。 **9** 竹脚手架材料： 现场检查，符合要求。 **10** 脚手架材料、各构配件使用前已进行验收，验收结果符合国家现行标准。新进场材料、构配件均有厂家质量证明材料，未使用不合格的材料、构配件。 **11** 经检验合格的构配件已

续表

序号	强制性条文内容	执行情况		相关资料
		√	×	
7.1.1	围栏或警示标志，设专人监护，严禁无关人员入内。 **13** 临近道路搭设脚手架时，外侧应有防止坠物伤人的防护措施。 **14** 脚手架搭设处地基必须稳固，承载力达不到要求时应进行地基处理；搭设前应清除地面杂物，排水畅通，经验收合格后方可搭设。 **15** 严禁将电缆桥架、仪表管等作为脚手架或作业平台支承点。 **16** 脚手架的立杆应垂直，底部应设置扫地杆。钢管立杆底部应设置金属底座或垫木。竹、木立杆应埋入地下300～500mm，杆坑底部应夯实并垫砖石；遇松土或无法挖坑时应设置扫地杆。横杆应平行并与立杆成直角搭设。 **17** 脚手架的立杆间距不得大于2m，大横杆间距不得大于1.2m，小横杆间距不得大于1.5m。 **18** 钢管立杆、大横杆的接头应错开，横杆搭接长度不得小于500mm，承插式的管接头插接长度不得小于80mm；水平承插式接头应有穿销并用扣件连接，不得用铁丝或绳子绑扎。 **19** 竹、木立杆和大横杆应错开搭接，搭接长度不得小于1.5m。绑扎时小头应压在大头上，绑扣不得少于三道。立杆、大小横杆相交时，应先绑两根，再绑第三根，不得一扣绑三根。 **20** 脚手板的铺设： 1）脚手板应满铺，不应有空隙和探头板。脚手板与墙面的间距不得大于200mm。 2）脚手板的搭接长度不得小于200mm。对头搭接处应设双排小横杆。双排小横杆的间距不得大于200mm。 3）在架子拐弯处，脚手板应交错搭接。 4）脚手板应铺设平稳并绑牢，不平处用木块垫平并钉牢，严禁垫砖。 5）在架子上翻脚手板时，应由两人从里向外按顺序进行。工作时必须挂好安全带，下方应设安全网。 **21** 脚手架的外侧、斜道和平台应搭设由上下两道横杆及立杆组成的防护栏杆。上杆离基准面高度1.2m，中间栏杆与上、下构件的间距不大于500mm，并设180mm高的挡脚板或设防护立网，里脚手的高度应低于外墙200mm。 **22** 斜道板、跳板的坡度不得大于1∶3，宽度不得小于1.5m，并应钉防滑条。防滑条的间			按品种、规格分类，堆放整齐、平稳，堆放场地无积水。 **12** 脚手架、承重平台搭拆施工区周围已设有围栏或警示标志，设专人监护，严禁无关人员入内。 **13** 临近道路搭设脚手架时，外侧设有防止坠物伤人的防护措施。 **14** 脚手架搭设处地基稳固，承载力达不到要求时已进行地基处理；搭设前已清除地面杂物，排水畅通，经验收合格后搭设。 **15** 电缆桥架、仪表管等未作为脚手架或作业平台支承点。 **16** 脚手架的立杆垂直，底部应设置扫地杆。钢管立杆底部已设置金属底座或垫木。 **17** 脚手架的立杆间距未大于2m，大横杆间距未大于1.2m，小横杆间距未大于1.5m。 **18** 钢管立杆、大横杆的接头设置时错开，横杆搭接长度大于500mm，承插式的管接头插接长度大于80mm；水平承插式接头有穿销并用扣件连接，未用铁丝或绳子绑扎。 **19** 现场检查，符合要求。 **20** 已按要求执行。 **21** 已按要求执行。

续表

<table>
<tr><th rowspan="2">序号</th><th rowspan="2">强制性条文内容</th><th colspan="2">执行情况</th><th rowspan="2">相关资料</th></tr>
<tr><th>√</th><th>×</th></tr>
<tr>
<td>7.1.1</td>
<td>距不得大于300mm。

23 采用直立爬梯时梯档应绑扎牢固，间距不大于300mm。严禁手中拿物攀登。不得在梯子上运送、传递材料及物品。直立爬梯的高度超过2m时应使用攀登自锁器。

24 竹、木脚手架的绑扎材料可采用8号镀锌铁丝或直径不小于10mm的棕绳或水、慈竹篾。不得使用尼龙绳或塑料绳绑扎。

25 在通道及扶梯处的脚手架横杆不得阻碍通行。阻碍通行时应抬高并加固。在搬运器材的或有车辆通行的通道处的脚手架，立杆应设围栏并挂警示牌。

26 盘扣式、碗扣式脚手架插销连接应有防滑脱措施。

27 脚手架最高点在施工现场避雷设施保护范围以外时，20m及以上钢管脚手架应安装避雷装置。附近有架空线路时，应符合表7.1.1的规定并采取可靠的隔离防护措施。

表 7.1.1　与架空输电线及其他带电体的最小安全距离
<table>
<tr><td colspan="2">电压(kV)</td><td><1</td><td>1～10</td><td>35</td><td>110</td><td>220</td><td>330</td><td>500</td><td>750</td><td>1000</td></tr>
<tr><td rowspan="2">安全距离(m)</td><td>沿垂直方向</td><td>6</td><td>6.5</td><td>7</td><td>7</td><td>7.5</td><td>8.5</td><td>14</td><td>19.5</td><td>27</td></tr>
<tr><td>沿水平方向</td><td>7</td><td>8</td><td>8</td><td>10</td><td>15</td><td>15</td><td>20</td><td>21</td><td>25</td></tr>
</table>
28 脚手架搭设完成后，宜使用检定合格的扭力扳手抽查扣件紧固力矩，抽检数量应符合国家现行标准。

29 搭设好的脚手架应经相关管理部门及使用单位验收合格并挂牌后方可使用，使用中应定期检查和维护。

30 脚手架使用期间，严禁拆除主节点处的纵、横向水平杆，纵、横向扫地杆，连墙件等。

31 脚手架应在大风、暴雨后及解冻期加强检查。长期停用的脚手架，在恢复使用前应经检查、重新验收合格后方可使用。

32 严禁超负荷使用脚手架及承重平台；严禁将脚手架、承重平台作为重物支点、悬挂吊点、牵拉承力点。

33 不得将模板支架、缆风绳、泵送混凝土和砂浆的输送管等固定在架体上；严禁拆除或移动架体上安全防护设施。

34 夜间不宜进行脚手架、承重平台搭、拆作业。

35 当有六级及以上强风、雾霾、雨或雪</td>
<td></td>
<td></td>
<td>**22** 斜道板、跳板的坡度小于1∶3，宽度大于1.5m，并钉防滑条。防滑条的间距不得小于300mm。

23 采用直立爬梯时梯档绑扎牢固，间距小300mm。手中未物攀登。梯子上未运送、传递材料及物品。直立爬梯的高度超过2m时已使用攀登自锁器。

24 现场检查，符合要求。

25 在通道及扶梯处的脚手架横杆未阻碍通行，在搬运器材的或有车辆通行通道处的脚手架，立杆设有围栏并挂警示牌。

26 盘扣式、碗扣式脚手架插销连接设有防滑脱措施。

27 现场检查，符合要求。

28 脚手架搭设完成后，使用检定合格的扭力扳手抽查扣件紧固力矩，抽检数量符合国家现行标准。

29 搭设好的脚手架应经相关管理部门及使用单位验收合格并挂牌后方使用，使用中有定期检查和维护。

30 脚手架使用期间，未拆除主节点处的纵、横向水平杆，纵、横向扫地杆，连墙件等。

31 脚手架已在大风、暴雨后及解冻期加强检查。长期停用的脚手架，在恢复使用前经检查、重新验收合格后方使用。

32 未超负荷使用脚手架及承重平台；未将脚手架、承重平台作为重物支点、悬挂吊点、牵拉承力点。

33 未将模板支架、缆风绳、泵送混凝土和砂浆的输送管等固定在架体上；未拆除或移动架体上安全防护设施。

34 夜间未进行脚手架、承</td>
</tr>
</table>

续表

序号	强制性条文内容	执行情况		相关资料
		√	×	
7.1.1	天气时应停止脚手架、承重平台搭、拆作业。雨、雪后上架作业应有防滑措施，并应及时清扫积雪。 **36** 脚手架拆除前应清除脚手架上杂物及地面障碍物。 **37** 脚手架拆除前应全面检查扣件连接、连墙件及支撑体系，确认可靠后方可拆除。对不符合拆除要求的，应采取可靠的措施。 **38** 拆除脚手架应按自上而下的顺序进行，严禁上下同时作业或将脚手架整体推倒。连墙件或拉结点应随脚手架逐层拆除，严禁先将连墙件整层或数层拆除后再拆脚手架；拆下的构配件应及时集中运至地面，严禁抛扔。 **39** 不得在脚手架、承重平台基础及其邻近处进行挖掘作业，必须进行时应采取可靠安全技术措施。			重平台搭、拆作业。 **35** 当有六级及以上强风、雾霾、雨或雪天气时未进行脚手架、承重平台搭、拆作业。雨、雪后上架作业有防滑措施，并及时清扫积雪。 **36** 脚手架拆除前有清除脚手架上杂物及地面障碍物。 **37** 脚手架拆除前全面检查扣件连接、连墙件及支撑体系，确认可靠后方拆除。对不符合拆除要求的，采取可靠的措施。 **38** 拆除脚手架按自上而下的顺序进行，未上下同时作业或将脚手架整体推倒；连墙件或拉结点随脚手架逐层拆除，未先将连墙件整层或数层拆除后再拆脚手架；拆下的构配件及时集中运至地面，未抛扔。 **39** 未在脚手架、承重平台基础及其邻近处进行挖掘作业。
7.1.2	扣件式钢管脚手架应符合下列规定： **1** 脚手架的两端、转角处以及每隔6～7根立杆，应设支杆及剪刀撑。支杆和剪刀撑与地面的夹角不得大于60°。架子高度在7m以上或无法设支杆时，竖向每隔4m、横向每隔7m必须与建（构）筑物连接牢固。 **2** 脚手架垫板、底座应平稳铺放，不得悬空。 **3** 立柱上的对接扣件应交错布置，两个相邻立柱接头不应设在同步同跨内，两相邻立柱接头在高度方向错开的距离不应小于500mm。 **4** 纵、横向水平杆对接接头应交错布置，不应设在同步、同跨内，相邻接头水平距离不应小于500mm，并应避免设在纵向水平杆的跨中。 **5** 架体连墙件和拉结点应均匀布置。 **6** 剪刀撑、横向支撑应随立柱、纵横向水平杆等同步搭设。每道剪刀撑跨越立柱的根数宜在5～7根之间。每道剪刀撑宽度不应小于4跨，且不应小于6m，斜杆与地面的倾角宜在45°～			**1** 脚手架的两端、转角处以及每隔6～7根立杆，设有支杆及剪刀撑。支杆和剪刀撑与地面的夹角小于60°。架子高度在7m以上或无法设支杆时，竖向每隔4m、横向每隔7m与建（构）筑物连接牢固。 **2** 脚手架垫板、底座平稳铺放，未悬空。 **3** 立柱上的对接扣件交错布置，两个相邻立柱接头未设在同步同跨内，两相邻立柱接头在高度方向错开的距离大于500mm。 **4** 纵、横向水平杆对接接头交错布置，未设在同步、同跨内，相邻接头水平距离大于500mm，并未设在纵向水平杆的跨中。

续表

<table>
<tr><th rowspan="2">序号</th><th rowspan="2">强制性条文内容</th><th colspan="2">执行情况</th><th rowspan="2">相关资料</th></tr>
<tr><th>√</th><th>×</th></tr>
<tr><td>7.1.2</td><td>60°之间。
7 扣件规格应与钢管外径相同，各杆件端头伸出扣件盖板边缘的长度不应小于100mm。
8 当脚手架采取分段、分立面拆除时，对不拆除的脚手架两端，应先设置连墙件和横向支撑加固。
9 扣件式钢管满堂脚手架、支撑架。
1）施工层不得超过1层，满堂脚手架搭设高度不宜超过36m，满堂支撑架搭设高度不宜超过30m。
2）高宽比不宜大于3。当高宽比大于2时，应在架体外侧四周设置连墙件与周边结构拉结；当无法设置连墙件时，应采取钢丝绳张拉等固定措施。
3）局部承受集中荷载时，应复核实际荷载，采取局部加固措施。
4）操作层支撑脚手板的水平杆间距不应大于1/2 跨距。
5）满堂脚手架设爬梯时，爬梯踏步间距不得大于300mm。
6）满堂支撑架小于4跨宜设置连墙件将架体与建筑结构刚性连接。
7）满堂支撑架可调托撑抗压承载力设计值不应小于40kN，支托板厚不应小于5mm。
8）满堂支撑架可调托撑的螺杆外径不得小于36mm。</td><td></td><td></td><td>5 架体连墙件和拉结点均匀布置。
6 剪刀撑、横向支撑随立柱、纵横向水平杆等同步搭设。每道剪刀撑跨越立柱的根数在5～7根之间。每道剪刀撑宽度大于4跨，且大于6m，斜杆与地面的倾角在45°～60°之间。
7 扣件规格与钢管外径相同，各杆件端头伸出扣件盖板边缘的长度大于100mm。
8 当脚手架采取分段、分立面拆除时，对不拆除的脚手架两端，先设置连墙件和横向支撑加固。
9 现场检查脚手架验收，符合脚手架规范要求。</td></tr>
<tr><td>7.1.3</td><td>门式钢管脚手架应符合下列规定：
1 门式脚手架应有产品质量合格证，各项指标及搭设程序应符合《建筑施工门式钢管脚手架安全技术规范》（JGJ 128）的规定。
2 不同型号的门架与配件严禁混合使用。
3 门式脚手架各连接部位应锁牢，并扣紧防脱机构。
4 当脚手架搭设高度超过24m时，在脚手架全外侧立面上必须设置连续剪刀撑。
5 搭设时，交叉支撑、脚手板应与门架同时安装，连接门架的锁臂、挂钩必须处于锁住状态。
6 连墙件的安装必须随脚手架搭设同步进行，严禁滞后安装。当脚手架操作层高出相邻连墙件两步时，在连墙件安装完毕前应采用确</td><td></td><td></td><td>1 有产品质量合格证，各项指标及搭设程序符合《建筑施工门式钢管脚手架安全技术规范》（JGJ 128）的规定。
2 无不同型号的门架与配件。
3 门式脚手架各连接部位锁牢，并扣紧防脱机构。
4 无超过24m。
5 搭设过程符合要求。
6 连墙件安装符合要求。
7 作业过程符合要求。</td></tr>
</table>

续表

<table>
<tr><th rowspan="2">序号</th><th rowspan="2">强制性条文内容</th><th colspan="2">执行情况</th><th rowspan="2">相关资料</th></tr>
<tr><th>√</th><th>×</th></tr>
<tr><td>7.1.3</td><td>保脚手架稳定的临时拉结措施。
7 拆卸连接部件时，不得硬拉，严禁敲击。拆除作业中，严禁使用手锤等硬物击打、撬别。
8 拆卸的门架与配件、加固杆等不得集中堆放在未拆架体上。
9 装卸物料时应避免造成对门式脚手架或模板支架偏装、振动和冲击。
10 门式钢管满堂脚手架：
1）门架跨距和间距应根据实际荷载计算确定，门架净间距不宜超过1.2m。
2）高宽比不应大于4，搭设高度不宜超过30m。对高宽比大于2的满堂脚手架，宜采取缆风绳或连墙件等固定措施。
3）门架立杆上宜设置托座和托梁，托梁应具有足够的抗弯强度和刚度。
4）每步门架两侧立杆上应设置纵向、横向水平加固杆，采用扣件与门架立杆扣紧。
5）架体应连续设置竖向剪刀撑。</td><td></td><td></td><td>8 作业过程符合要求。
9 作业过程符合要求。
10 无门式钢管满堂脚手架。</td></tr>
<tr><td>7.1.4</td><td>碗扣式钢管脚手架应符合下列规定：
1 严禁使用接长钢管搭设脚手架。
2 土壤地基上的立杆应采用可调底座。
3 架体竖向应沿高度方向连续设置专用斜杆或八字形斜撑，专用斜杆两端应固定在纵横向水平杆的碗扣节点处，专用斜杆或八字斜杆的设置角度应符合《建筑施工碗扣式钢管脚手架安全技术规范》（JGJ 166）的规定。
4 立杆上的上碗扣应能上下串动，灵活转动，不应有卡塞现象。杆件最上端应有防止上下碗扣脱落的措施。
5 脚手架搭设时，应与建（构）筑物施工同步上升。最上层搭设高度应高于即将施工建（构）筑物顶层面1.5m。
6 结构设计应保证整体结构几何形式不变形。
7 脚手架内外侧加挑梁时，挑梁范围内只允许承受人行荷载，严禁堆放物料。
8 连墙件应随架体及时设置，严禁任意拆除。</td><td></td><td></td><td>1 遵守规定，符合要求。
2 现场检查符合要求。
3 符合《建筑施工碗扣式钢管脚手架安全技术规范》（JGJ 166）的规定。
4-8 现场检查，符合要求。</td></tr>
</table>

续表

序号	强制性条文内容	执行情况		相关资料
		√	×	
7.1.5	承插型盘扣式钢管脚手架应符合下列规定： **1** 主要构配件种类、规格、材质、质量标准、地基承载力计算应符合《建筑施工承插型盘扣式钢管支架安全技术规程》（JGJ 231）的要求。 **2** 装修脚手架同时作业不宜超过3层，结构脚手架同时作业不宜超过2层。 **3** 双排脚手架的连墙件必须采用可承受拉压荷载的刚性杆件，连墙件与脚手架立面及墙体应保持垂直，同一层连墙件应在同一平面，水平间距不应大于3跨；连墙件应设置在有水平杆的盘扣节点旁。 **4** 当双排脚手架下部暂不能搭设连墙件时，应用扣件钢管搭设抛撑。抛撑杆与地面的倾角应在45°～60°之间，并与脚手架通长杆件可靠连接。 **5** 直接支承在土体上的模板支架及脚手架，立杆底部应设置可调底座，土体应采取压实、铺设块石或浇筑混凝土垫层等加固措施，也可在立杆底部垫设垫板，垫板的长度不宜少于两跨。 **6** 应对连墙件、立杆基础、可调底座、斜杆和剪刀撑等进行经常性检查。 **7** 搭设高度不宜大于24m。			**1** 现场检查，查资料，符合《建筑施工承插型盘扣式钢管支架安全技术规程》（JGJ 231）的要求。 **2-6** 现场检查，符合要求。 **7** 搭设高度必须大于24m时，编制专项施工方案并经论证。
7.1.6	悬挑式脚手架应符合下列规定： **1** 搭、拆应符合扣件式脚手架相关规定，一次悬挑脚手架高度不宜超过20m。 **2** 悬挑梁应选用双轴对称截面的型钢，选用的热轧型钢、钢板等应符合现行国家标准《碳素结构钢》（GB/T 700）和《低合金高强度结构钢》（GB/T 1591）的规定。 **3** 制作悬挑承力架的材料应有产品合格证、质量检验报告等质量证明文件；构件焊缝的高度和长度应满足设计要求，不得有焊接裂缝、构件变形、锈蚀等缺陷。 **4** 悬挑钢梁型号及锚固件应按设计确定，钢梁截面高度不应小于160mm。 **5** 悬挑梁尾端应至少有两处固定于建（构）筑物的结构上，固定段长度不应小于悬挑段长度的1.25倍。 **6** 锚固型钢悬挑梁的U型钢筋拉环或锚固螺栓直径不宜小于16mm。不得采用冷加工钢筋制作拉环和锚环。钢筋拉环、锚固螺栓与型钢间隙应用钢楔或硬木楔楔紧，悬挑梁严禁晃			**1** 严格执行相关规定，脚手架高度必须超过20m时，编制专项施工方案并经论证。 **2** 符合现行国家标准《碳素结构钢》（GB/T 700）和《低合金高强度结构钢》（GB/T 1591）的规定。 **3** 现场检查，查资料，符合要求。 **4-12** 现场检查，符合要求。 **13** 严格执行相关规定，严禁任意拆除型钢悬挑构件、松动型钢悬挑结构锚环、螺栓及其锁定装置。

续表

序号	强制性条文内容	执行情况		相关资料
		√	×	
7.1.6	动。 **7** 支承悬挑梁的混凝土结构的强度应大于25MPa。 **8** 脚手架底层应满铺脚手板，并与型钢梁连接牢固。 **9** 脚手架立杆应支承于悬挑承力架或纵向承力钢梁上，在脚手架全外侧立面上应设置连续剪刀撑。 **10** 悬挂式钢管吊架在搭设过程中，除立杆与横杆的扣件必须牢固外，立杆的上下两端还应加设一道保险扣件。立杆两端伸出横杆的长度不得少于200mm。 **11** 承力架、斜撑杆应与各主体结构连接稳固，并有防失稳措施。 **12** 以钢丝绳、钢筋等作为吊拉构件的悬挑式脚手架，应有可靠的调紧装置。 **13** 严禁任意拆除型钢悬挑构件、松动型钢悬挑结构锚环、螺栓及其锁定装置。			
7.1.7	附着式升降脚手架应符合下列规定： **1** 脚手架的提升装置、防倾覆装置、附着支撑装置、同步控制系统等构配件质量应符合国家现行标准，并有出厂质量证明材料。 **2** 升降设备、同步控制系统及防坠落装置等专项设备应配套，宜选用同一厂家产品。 **3** 架体宜采用扣件式钢管脚手架。 **4** 架体结构、附着支承结构、防倾装置、防坠装置、索具、吊具、导轨（或导向柱）、升降动力设备的设计计算应符合《建筑施工工具式脚手架安全技术规范》（JGJ 202）的规定。 **5** 水平支承桁架最底层应满铺脚手板，挂设安全兜网。 **6** 架体升降需断开时，临边应加设防护栏杆。 **7** 升降路径不得有妨碍脚手架运行的障碍物。 **8** 脚手架上应设置消防设施。升降设备、控制系统、防坠落装置等应采取防雨、防砸、防尘措施。 **9** 每次使用前应对防倾覆、防坠落和同步升降控制的安全装置进行检查。 **10** 脚手架升降时应统一指挥，架体上不得有施工人员，不得有施工荷载。			**1** 现场检查，查资料，符合要求。 **2** 查资料，符合要求。 **3** 现场检查，符合要求。 **4** 查资料，符合《建筑施工工具式脚手架安全技术规范》（JGJ 202）的规定。 **5-11** 现场检查，符合要求。 **12** 严格执行在五级及以上大风、雷雨、大雪、雾霾等恶劣天气时不得进行升降作业的规定。 **13-14** 现场检查符合要求。 **15-16** 严格执行相关规定。

续表

<table>
<tr><th rowspan="2">序号</th><th rowspan="2">强制性条文内容</th><th colspan="2">执行情况</th><th rowspan="2">相关资料</th></tr>
<tr><th>√</th><th>×</th></tr>
<tr><td>7.1.7</td><td>**11** 架体升降到位后，应及时进行附着固定。架体未固定前，架体固定作业人员不得擅自离开。
12 在五级及以上大风、雷雨、大雪、雾霾等恶劣天气时不得进行升降作业。
13 架体上不得放置影响局部杆件安全的集中荷载。
14 严禁使用附着式升降脚手架吊运物料、悬挂起重设备，严禁在架体上拉结吊装缆绳，严禁任意拆除结构件或松动连结件、拆除或移动架体上的安全防护设施。
15 安全装置受冲击载荷后应重新检测并合格。
16 附着式脚手架存在故障和事故隐患时，应及时查明原因，处理后的脚手架应重新验收。</td><td></td><td></td><td></td></tr>
<tr><td>7.1.8</td><td>桁架式脚手架应符合下列规定：
1 脚手架应由专业技术人员按现行的相关规范进行设计，特殊跨度及高度桁架式脚手架设计方案应组织论证。
2 架体搭、拆应符合扣件式钢管脚手架的要求。
3 脚手架底部四角应安装脚轮，脚轮应安装牢固，有可靠的制动装置。
4 脚轮数量应不少于4只，宜使用万向轮。脚轮应有出厂合格证明，使用前应检查确认合格。
5 每次作业前应对架体脚轮进行检测。严禁使用不合格的脚轮。
6 脚手架高度大于3m时应在架体四周设置缆风绳。
7 脚手架移动时应统一指挥，每条缆风绳应设专人操作并保持缆风绳受力平衡。
8 脚手架使用时脚轮应在制动状态，高度大于3m的架体缆风绳应受力、固定。
9 装设轮子的移动式操作平台轮子与平台的接合处应牢固可靠，立柱底端离地面不得超过80mm。
10 架体使用过程中，应设有专人监护施工，当出现异常情况时，应停止施工，并应迅速撤离作业面上人员。</td><td></td><td></td><td>**1** 查资料，查现场，符合要求。
2-9 现场检查，符合要求。
10 严格执行相关规定。</td></tr>
<tr><td>7.1.9</td><td>木脚手架应符合下列规定：
1 单排脚手架高度不得超过20m，双排脚手架高度一般不得超过25m。高度超过25m时，应</td><td></td><td></td><td>**1** 查资料，查现场，符合《建筑施工木脚手架安全</td></tr>
</table>

序号	强制性条文内容	执行情况		相关资料
		√	×	
7.1.9	按《建筑施工木脚手架安全技术规范》（JGJ 164）的规定进行设计计算确定，增高后总高度不得超过30m。 **2** 上料平台应独立搭设，严禁与脚手架共用杆件。 **3** 连接用的绑扎材料必须选用8号镀锌铁丝或回火钢丝，且不得有锈蚀斑痕，用过的钢丝严禁重复使用。 **4** 每年应对所使用的脚手板和各种杆件进行外观检查，不得进行钻孔、刀削和斧砍等损伤杆件的作业。严禁使用有腐朽、虫蛀、折裂、扭裂和纵向裂缝的杆件。 **5** 单、双排脚手架的外侧均应在架体端部、转折角和中间每隔15m的净距内，设置纵向剪刀撑，并应由底部至顶部连续设置；剪刀撑的斜杆应至少覆盖五根立杆。斜杆与地面倾角应在45°～60°之间。			技术规范》（JGJ 164）的规定。 **2-3** 现场检查，符合要求。 **4** 查资料，查现场，符合要求。 **5** 现场检查，符合要求。
7.1.10	竹脚手架应符合下列规定： **1** 竹脚手架搭设和拆除前，应根据《建筑施工竹脚手架安全技术规范》（JGJ 254）的规定对竹脚手架进行设计，并应编制专项施工方案。 **2** 严禁搭设单排竹脚手架。双排竹脚手架的搭设高度不得超过24m，满堂架搭设高度不得超过15m。 **3** 竹脚手架搭设前应清理、平整搭设场地，顶撑底端的地面应夯实并设置垫板，垫板不宜小于200mm×200mm×50mm，垫板安放位置应准确，并应做好排水措施。 **4** 竹脚手架应绑扎牢固，节点应可靠连接。竹杆的绑扎材料严禁重复使用。 **5** 竹脚手架宜采用竹笆脚手板、竹串片脚手板和整竹拼制脚手板，不得采用钢脚手板。 **6** 竹脚手架受力杆件不得钢竹、木竹混用。 **7** 当双排脚手架搭设高度达到3步架高时，应随搭随设连墙件、剪刀撑等杆件，且不得随意拆除。当脚手架下部暂不能设连墙件时应设置斜支撑。 **8** 竹脚手架搭设完毕或每搭设2个楼层高度，满堂脚手架搭设完毕或每搭设4步高度，应对搭设质量进行检查，并应经验收合格后交付使用或继续搭设。			**1** 查资料、查现场，符合《建筑施工竹脚手架安全技术规范》（JGJ 254）的规定。 **2-7** 现场检查，符合要求。 **8** 查验收资料，现场检查，符合要求。

续表

序号	强制性条文内容	执行情况		相关资料
		√	×	
7.1.11	承重平台应符合下列规定： **1** 现场制作、搭拆施工应有经过审批的施工方案和安全技术措施。 **2** 焊接部位应牢固可靠，不得有焊接缺陷。 **3** 作业层应平整，不得有挠曲和影响施工的凸起、凹陷。 **4** 平台支撑宜采用固定支撑，采用钢丝绳拉接承重时： **1**）拉结点应设置在建（构）筑物上，严禁设置在脚手架或设备上。 **2**）平台每侧应至少设置两处拉接点，每处拉接钢丝绳不少于两条，设计时按单条钢丝绳受力计算。 **3**）钢丝绳应用专用绳卡固定牢固，每处绳卡数量不得少于3个。 **5** 平台在制作、安装后、承重前均应进行检查、验收，合格后方可使用。 **6** 平台应有保持稳固的措施，其结构不得左右晃动。 **7** 平台临边应设置固定式防护栏杆。 **8** 限重标识应在悬挂平台醒目部位，重物分布载荷应均匀，严禁超载使用。 **9** 在平台上吊重物时，只能垂直上、下。严禁平台承受水平方向拉力和冲击载荷。 **10** 平台安全检查应每天进行。发现异常，及时查明原因并处理。 **11** 平台超出建（构）筑物或架体外缘时，应设置醒目的防碰撞警示标识。			**1** 有经过审批的施工方案和安全技术措施。 **2** 焊接部位牢固可靠，无焊接缺陷。 **3** 作业层应平整，无挠曲和影响施工的凸起、凹陷。 **4** 已按要求执行。 **5** 已进行检查、验收，合格后使用。 **6** 平台有保持稳固的措施，结构稳定。 **7** 平台临边设置防护栏杆。 **8** 限重标识在悬挂平台醒目部位，重物分布载荷均匀，未超载使用。 **9** 在平台上吊重物时，只垂直上、下。 **10** 未发现异常。 **11** 设有醒目的警示标识。

施工单位：	总承包单位：	监理单位：	建设单位：
年　月　日	年　月　日	年　月　日	年　月　日

注：本表1式4份，由施工项目部填报留存1份，上报监理项目部1份，上报总承包项目部1份，上报建设单位1份。

8.梯子

火力发电工程安全强制性条文实施指导大纲检查记录表

单位名称（项目部）：　　　　　　　　　　　　编号：Q/CSEPC-AG-DL5009-4-008

标段名称		专业名称	
施工单位		项目经理	

序号	强制性条文内容	执行情况		相关资料
		√	×	
《电力建设安全工作规程　第1部分：火力发电》（DL 5009.1—2014） 8.1 梯子				
8.1.1	通用规定： **1** 固定式钢梯、钢筋爬梯采用的钢材性能不得低于Q235-B。 **2** 固定式钢梯采用焊接方式连接时焊口应焊接牢固。采用其他形式连接时，连接强度应不低于焊接强度。 **3** 移动式梯子应轻便、坚固。 **4** 高处作业人员严禁手拿工具或器材上下梯子，梯子上作业应使用工具袋。 **5** 高处作业人员使用软梯或钢爬梯上下攀登时，应使用攀登自锁器或速差自控器。攀登自锁器或速差自控器的挂钩应直接钩挂在安全带的腰环上，不得挂在安全带端头的挂钩上使用。 **6** 严禁两人站在同一个梯子上作业，固定式梯子的最高两档不得站人。 **7** 当梯子仅作为攀登工具，与作业面交接处无防护栏杆时，梯子应高出作业面。 **8** 在供用电设备、线路等有触电危险的场所应使用绝缘梯，严禁使用金属材质梯子。 **9** 严禁将梯子用作支架、跳板或其他用途。 **10** 存放梯子时，应横放并固定。梯子上严禁堆放物料。 **11** 使用移动式梯子时： **1）** 应有专人负责保管、维护及修理。使用前应进行检查。 **2）** 梯子搁置应稳固，与地面的夹角宜为60°。梯脚应有可靠的防滑措施，顶端应与建（构）筑物靠牢。不能			**1** 现场检查梯子制作使用符合安规要求。 **2** 使用梯子上下攀登时，有攀登自锁器或速差自控器进行攀爬保护，使用过程符合规定。 **3-4** 现场检查，符合管理要求。 **5-7** 现场监察，符合管理要求，无违规现象。 **8** 供电设备线路作业选用木质梯子，符合要求。 **9** 现场检查，为违规现象。 **10** 存放梯子符合要求。 **11** 现场检查，符合管理规定。

续表

序号	强制性条文内容	执行情况		相关资料
		√	×	
8.1.1	稳固搁置时，应有专人扶持或用绳索将梯子下端与固定物绑扎牢固。 **3**）梯子严禁搁置在吊架、不稳固或易滑动的物体上使用。 **4**）在松软的地面上使用时，应有防陷、防侧倾的措施。在通道上使用时，应有专人监护或设置临时围栏。梯子靠在管道上使用时，其上端应有挂钩或用绳索绑牢。 **5**）放在门前使用时，应有防止门被突然开启的措施。 **6**）梯子上有人时，严禁移动梯子。 **7**）在转动机械附近使用时，应采取隔离防护措施。 **8**）不得接长或垫高使用，如必须接长时，应连接牢固并加设支撑。			
8.1.2	便携式梯子应符合下列规定： **1** 便携式梯子宜在高度不大于4m且在短时间内可完成作业时使用。 **2** 梯子支柱应能承受作业人员携带工具攀登时的总重量。 **3** 横档间距应在250～300mm之间，不得有缺档。横档表面应防滑，并与立柱连接牢固。梯子的底宽不得小于500mm。 **4** 竹梯、木梯的立柱两端应用螺杆或铁丝拧紧。长度超过3m时，中间应加设一道紧固螺栓。 **5** 人字梯应有坚固的铰链或其他限制开度的拉链。 **6** 自制梯子应经强度设计、计算。			现场检查便携式梯子使用符合安规要求。
8.1.3	固定式钢梯应符合下列规定： **1** 钢直梯： **1**）支撑宜采用角钢、钢板或T型钢制作，并与固定的设备、结构或建（构）筑物固定牢固。 **2**）单段梯高不宜大于10m，大于10m时宜采用多段梯，设梯间平台。 **3**）梯段高度大于3m宜设置安全护笼，单段梯高度大于7m时，应设置安全护笼，不能设置安全护笼时，应装设防坠设施。 **4**）横档宽度应在400～600mm之间，垂			**1** 现场检查固定式钢梯制作使用符合安规要求。

续表

序号	强制性条文内容	执行情况		相关资料
		√	×	
8.1.3	直间距应在250～300mm之间。 5）圆形横档直径不小于20mm，若采用其他截面形状，水平方向宽度不小于20mm。横档截面直径不大于35mm。 2 钢斜梯： 1）斜梯高不宜大于5m，大于5m时宜设梯间平台。 2）斜梯净宽度不小于450mm，不大于1.1m。 3）同一梯段内，踏板间距应相同，间距宜为225～255mm。 4）顶部踏板的上表面应与平台表面一致，踏板与平台间应无间隙。 5）梯子扶手中心线应与梯子的倾角平行，扶手沿长度方向连续。			2 现场检查，符合要求。
8.1.4	钢筋爬梯应符合下列规定： 1 钢筋爬梯应采用圆钢制作，严禁使用螺纹钢。 2 钢筋直径应根据最大承重量计算确定，且不得小于12mm。 3 爬梯挂钩应无伤痕、无裂口，横档应焊接牢固。使用时，两端均应牢固连接在建（构）筑物上。 4 梯身每隔3m应设一道长150mm的撑框。长度超过10m的爬梯，中间每隔5m应与建（构）筑物绑牢。 5 不得在钢筋爬梯上拉设电源线。严禁将钢筋爬梯作为接地线使用。			1 现场监察钢筋爬梯符合管理要求。 2 钢筋直径符合规定要求。 3 现场检查爬梯挂钩无缺陷，符合要求。 4 梯身固定符合规范要求。 5 检查无违规现象。符合管理规定。
8.1.5	软梯应符合下列规定： 1 软梯上端应用卸扣或穿钢管固定，严禁用铁丝固定。软梯下端应固定平稳。 2 软梯与建（构）筑物、设备棱角接触处应有防止软梯损伤的保护措施。 3 两架软梯之间应用卸扣或中间穿钢管的方式连接，每架软梯的顶部应固定。 4 软梯应存放在室内通风、干燥处，并防止损伤、腐蚀。 5 软梯使用前应进行检查，磨损严重或破裂的不得使用。 6 严禁用软梯代替脚手架使用。软梯仅作为人员上下、逃生和救援使用。			现场检查，软梯符合施工现场管理规范要求规定。

续表

施工单位： 年 月 日	总承包单位： 年 月 日	监理单位： 年 月 日	建设单位： 年 月 日

注：本表1式4份，由施工项目部填报留存1份，上报监理项目部1份，上报总承包项目部1份，上报建设单位1份。

9.高风险作业

火力发电工程安全强制性条文实施指导大纲检查记录表

单位名称（项目部）：　　　　　　　　　　编号：Q/CSEPC-AG-DL5009-4-009

标段名称		专业名称	
施工单位		项目经理	

<table>
<tr><td rowspan="2">序号</td><td rowspan="2">强制性条文内容</td><td colspan="2">执行情况</td><td rowspan="2">相关资料</td></tr>
<tr><td>√</td><td>×</td></tr>
<tr><td colspan="5">《电力建设安全工作规程　第1部分：火力发电》（DL 5009.1—2014）
9.1 高风险作业</td></tr>
<tr><td>9.1.1</td><td>高处作业应符合下列规定：
1 在编制施工组织设计及施工方案时，应尽量减少高处作业。技术人员编制高处作业的施工方案中应制定安全技术措施。
2 高处作业应设置牢固、可靠的安全防护设施；作业人员应正确使用劳动防护用品。
3 高处作业的平台、走道、斜道等应装设防护栏杆和挡脚板或设防护立网。
4 当高处行走区域不便装设防护栏杆时，应设置手扶水平安全绳，且符合下列规定：
1）手扶水平安全绳宜采用带有塑胶套的纤维芯6×37+1钢丝绳，其技术性能应符合《圆股钢丝绳》（GB 1102）的规定，并有产品生产许可证和产品出厂合格证。
2）钢丝绳两端应固定在牢固可靠的构架上，在构架上缠绕不得少于两圈，与构架棱角处相接触时应加衬垫。宜每隔5m设牢固支撑点，中间不应有接头。
3）钢丝绳端部固定和连接应使用绳夹，绳夹数量应不少于三个，绳夹应同向排列；钢丝绳夹座应在受力绳头的一边，每两个钢丝绳绳夹的间距不应小于钢丝绳直径的6倍；末端绳夹与中间绳夹之间应设置安全观察弯，末端绳夹与绳头末端应留有不小于200mm的安全距离。
4）钢丝绳固定高度应为1.1～1.4m，钢丝绳固定后弧垂不得超过30mm。
5）手扶水平安全绳应作为高处作业人员行走时使用。钢丝绳应无损伤、腐蚀和断股，固定应牢固，弯折绳头不得反复使用。
5 高处作业区周围的临边、孔洞、沟道等应设盖板、安全网或防护栏杆。
6 在夜间或光线不足的地方进行高处作业，应设足够的</td><td></td><td></td><td>1 查施工方案高处作业的施工方案中有制定安全技术措施。
2 高处作业设置有规范的防护设施，施工人员能正确使用防护用品。
3 现场检查安全设施齐全完善。
4 高处行走区域不便装设防护栏杆时，设置手扶水平安全绳。检查记录中有手扶水平安全绳使用不规范的纠偏记录。
5 高处作业区周围的临边、孔洞、沟道等设盖板、安全网或防护栏杆。
6 在夜间或光线不足的地方进行高处作业，应设足够的照明。
7 遇六级及以上大风或恶劣天气时，应停止露天高处作业。
8-16 高处作业能正确使用防护用品。高处作业搭设有堆料平台，且在允许载荷范围使用。高处作业人员能遵守各项安规。</td></tr>
</table>

续表

<table>
<tr><th rowspan="2">序号</th><th rowspan="2">强制性条文内容</th><th colspan="2">执行情况</th><th rowspan="2">相关资料</th></tr>
<tr><th>√</th><th>×</th></tr>
<tr><td>9.1.1</td><td>照明。

7 遇六级及以上大风或恶劣天气时，应停止露天高处作业。

8 高处作业应系好安全带，安全带应挂在上方的牢固可靠处。

9 高处作业人员在从事活动范围较大的作业时，应使用速差自控器。

10 高处作业地点、各层平台、走道及脚手架上不得堆放超过允许载荷的物件且不得阻塞通道，施工用料应随用随吊。

11 高处作业人员应配带工具袋，工具应系安全绳；传递物品时，严禁抛掷。

12 高处作业人员不得坐在平台或孔洞的边缘，不得骑坐在栏杆上，不得躺在走道上或安全网内休息，不得站在栏杆外作业或凭借栏杆起吊物件。

13 高处作业时，点焊的物件不得移动；切割的工件、边角余料等有可能坠落的物件，应放置在安全处或固定牢固。

14 高处作业区附近有带电体时，传递绳应使用干燥的麻绳或尼龙绳，严禁使用金属线。

15 应根据物体可能坠落的范围设定危险区域。危险区域应设围栏及“严禁靠近”的警示牌，严禁人员逗留或通行。不同高度的可能坠落范围半径见表9.1.1。

表 9.1.1　不同高度的可能坠落半径<table><tr><td>作业位置至其底部的垂直距离(m)</td><td>2～5</td><td>5～15</td><td>15～30</td><td>>30</td></tr><tr><td>可能坠落范围半径(m)</td><td>3.0</td><td>4.0</td><td>5.0</td><td>6.0</td></tr></table>
16 高处作业过程中需与配合、指挥人员沟通时，应确定联系信号或配备通信装置，专人管理。

17 悬空作业应使用吊篮、单人吊具或搭设操作平台，且应设置独立悬挂的安全绳、使用攀登自锁器，安全绳应拴挂牢固，索具、吊具、操作平台、安全绳应经验收合格后方可使用。

18 上下脚手架应走上下通道或梯子，不得沿脚手杆或栏杆等攀爬。不得任意攀登高层建（构）筑物。

19 高处作业时应及时清除积水、霜、雪、冰，必要时应采取可靠的防滑措施。

20 非有关作业人员不得攀登高处，登高参观人员应有专人陪同，并严格按有关安全规定执行。

21 在屋面上作业时，应有防止坠落的可靠措施。</td><td></td><td></td><td>高处作业下方根据物体可能坠落的范围设定危险区域。危险区域应设围栏及“严禁靠近”的警示牌，严禁人员逗留或通行。

17 查检查记录悬空作业应使用吊篮、单人吊具或搭设操作平台，且应设置独立悬挂的安全绳、使用攀登自锁器，安全绳应拴挂牢固，索具、吊具、操作平台、安全绳应经验收合格后方可使用。

18 上下脚手架设置上下通道或梯子，不得沿脚手杆或栏杆等攀爬。不得任意攀登高层建（构）筑物。

19 高处作业时及时清除积水、霜、雪、冰，必要时应采取可靠的防滑措施。

20 非有关作业人员不得攀登高处，登高参观人员应有专人陪同，并严格按有关安全规定执行。

21 屋面上作业时，应有防止坠落的可靠措施。</td></tr>
<tr><td>9.1.2</td><td>交叉作业应符合下列规定：

1 进行上下立体交叉作业时，不得在同一垂直方向上操作。下层作业的位置，应处于依上层高度确定的可能坠落半径范围之外。无法错开时，应采取可靠的防护隔离措施。</td><td></td><td></td><td>**1-2** 现场检查，交叉作业防护措施与紧急出入口保湿畅通，符</td></tr>
</table>

续表

序号	强制性条文内容	执行情况		相关资料
		√	×	
9.1.2	**2** 交叉作业场所的通道应保持畅通；有危险的出入口处应设围栏或悬挂警示牌。 **3** 隔离层、孔洞盖板、栏杆、安全网等安全防护设施严禁任意拆除；必须拆除时，应征得原搭设单位同意，采取安全施工措施并设专人监护。作业完毕后立即恢复原状并经验收合格；严禁乱动非工作范围内的设备、机具及安全设施。 **4** 交叉作业时，工具、材料、边角余料等严禁上下投掷，应用工具袋或吊笼等吊运。严禁在吊物下方接料或逗留。 **5** 在生产运行区进行交叉作业时，必须执行工作票制度，制定安全施工措施，交底后严格执行，必要时应由运行单位派人监护。 **6** 进行高处拆除作业时，下方不得有人，应设置警戒区，由专人监护。 **7** 临时堆放的物料离楼层边沿不应小于1m，堆放高度不得超过1m。楼层边口、通道口、脚手架边缘等处，严禁堆放物件。 **8** 第二层结构施工前，进出通道口（包括井架、施工用电梯等）应搭设安全防护棚。			合管理规定。 **3** 现场检查，安全设施齐全责任到人，符合管理要求。 **4** 检查现场，无违规现象，符合要求。 **5** 工作票、安全施工措施、交底齐全规范执行并有人监护，符合管理要求。 **6** 现场检查，拆除作业符合安全管理规定。 **7** 临时堆放物料，当天堆放当天使用，符合管理规定。 **8** 进出通道口搭设符合管理规定。
9.1.3	受限空间作业应符合下列规定： **1** 作业前，应对受限空间进行危险和有害因素辨识，制定安全技术措施，措施中应包括紧急情况下的处置方案。 **2** 受限空间作业应办理施工作业票，严格履行审批手续。 **3** 进入受限空间前，监护人应会同作业人员检查安全技术措施，统一联系信号。在风险较大的受限空间作业，应增设监护人员，并随时保持与受限空间内作业人员的联络。监护人员不得脱离岗位，并应掌握进入受限空间作业人员的数量和身份，对人员和工器具进行清点。 **4** 受限空间作业前，应确保其内部无可燃或有毒、有害等有可能引起中毒、窒息的气体，符合安全要求方可进入。 **5** 受限空间与其他系统连通的可能危及安全作业的管道应采取有效隔离措施，不得以关闭阀门代替隔离措施。 **6** 受限空间内作业时，应有满足安全需要的通风换气、人员逃生、防止火灾和塌方等设施及措施。 **7** 在产生噪声的受限空间作业时，作业人员应配戴耳塞或耳罩等防噪声护具。 **8** 作业时应在受限空间外设置安全警示标志。 **9** 受限空间出入口应保持畅通，设专人看护，严禁无关人员进入。 **10** 作业人员不得携带与作业无关的物品进入受限空间，作业中不得抛掷材料、工器具等物品。多工种、多层交叉作业应采取避免人员互相伤害的措施。 **11** 难度大、劳动强度大、时间长的受限空间作业应轮换			**1** 受限空间作业前，危险和有害因素辨识、安全技术措施、处置方案齐全。 **2** 受限空间作业票审批手续完善。 **3** 现场检查，符合受限空间管理规定。 **4** 受限空间作业前检测符合安全要求。 **5** 无此项。 **6** 受限空间作业通风换气、防火等措施齐全。 **7** 现场检查符合受限空间作业噪声管理要求。 **8** 受限空间作业外安全警示标志齐全。 **9-13** 现场检查，符合规范管理要求。

续表

序号	强制性条文内容	执行情况		相关资料
		√	×	
9.1.3	作业。 **12** 受限空间照明电压应不大于36V，在潮湿、狭小空间内作业电压应不大于12V。严禁用220V的灯具作为行灯使用。 **13** 严禁将行灯照明的隔离变压器带进受限空间内使用。 **14** 受限空间内必须使用220V电动工器具时，其电源侧必须装设漏电保护器，电源线应使用橡胶软电缆，穿过墙洞、管口处时应加设绝缘保护。所有电气设备应在受限空间出入口便于操作处设置开关，专人管理。 **15** 在受限空间进行动火作业应办理动火作业票。在金属容器内不得同时进行电焊、气焊或气割工作。 **16** 氧气、乙炔等压力气瓶不得放置在受限空间内。火焰切割作业时宜先在受限空间外部点燃。 **17** 作业人员离开受限空间作业点时，应将所有作业工器具带出。作业后应清点作业人员和作业工器具。 **18** 每次作业结束后应对受限空间内部进行检查，确认无人员滞留和遗留物后方可封闭。			**14** 受限空间照明、电动工器具、电源线、漏电保护器齐全完好，管理得当，符合规范要求。 **15-18** 现场检查，符合受限空间作业安全管理规定。
9.1.4	邻近带电体作业应符合下列规定： **1** 邻近带电体作业前，应对现场环境进行勘察，根据勘察结果制定施工方案。 **2** 邻近带电体作业应办理安全施工作业票。 **3** 邻近带电体作业必须设置监护人，监护人不得直接操作。作业环境复杂时应增设监护人。作业人员、监护人员均应具备电气安装特种作业操作资格。 **4** 作业人员应穿棉质工作服和绝缘鞋，并站在干燥绝缘物上。 **5** 作业应在良好天气下进行。雷雨、冰雹、大雾、雾霾、风力大于五级时，不得在室外进行邻近带电体作业。因抢险救灾，必须在恶劣天气等特殊情况下进行邻近带电体作业时，应制定专项安全技术措施。 **6** 传递物品时应使用绝缘绳索。 **7** 作业人员及其安装、使用的工器具、设备、材料与带电体之间应采取绝缘隔离措施。 **8** 作业过程中带电设备突然停电时，仍按带电作业规定执行。 **9** 严禁使用无绝缘防护的金属材质工器具，严禁使用绝缘损坏的电气工器具。 **10** 工作结束后施工现场应清理干净，退出绝缘隔离措施。			**1-3** 查资料，查现场，符合要求。 **4-7** 现场检查，符合要求。 **8-10** 严格执行相关规定。

续表

施工单位： 年 月 日	总承包单位： 年 月 日	监理单位： 年 月 日	建设单位： 年 月 日

注：本表1式4份，由施工项目部填报留存1份，上报监理项目部1份，上报总承包项目部1份，上报建设单位1份。

10.季节性与特殊环境施工

火力发电工程安全强制性条文实施指导大纲检查记录表

单位名称（项目部）：　　　　　　　　　　　编号：Q/CSEPC-AG-DL5009-4-010

<table>
<tr><td>标段名称</td><td colspan="2"></td><td colspan="2">专业名称</td><td></td></tr>
<tr><td>施工单位</td><td colspan="2"></td><td colspan="2">项目经理</td><td></td></tr>
<tr><td rowspan="2">序号</td><td rowspan="2" colspan="2">强制性条文内容</td><td colspan="2">执行情况</td><td rowspan="2">相关资料</td></tr>
<tr><td>√</td><td>×</td></tr>
<tr><td colspan="6">《电力建设安全工作规程　第1部分：火力发电》（DL 5009.1—2014）
10.1 季节性与特殊环境施工</td></tr>
<tr><td>10.1.1</td><td colspan="2">夏季、雨季、汛期施工应符合下列规定：
1 夏季、雨季前应做好防风、防雨、防火、防雷、防暑降温等准备工作。现场排水系统应畅通，必要时应筑防汛堤。
2 各种高层建筑及高架施工机具、大型金属脚手架的避雷装置均应在雷雨季前进行全面检查，接地电阻测试合格。
3 机电设备及配电系统应按有关规定定期进行绝缘检查、接地电阻测试合格。
4 台风和汛期到来之前，施工现场及生活区的临建设施、大型脚手架及高架施工机具均应进行维修、加固或拆除，应提前配备充足的防汛物资和器材。
5 暴雨、台风、汛期后，应对临建设施、脚手架、机电设备、施工机具、电源线路、深基坑、高边坡等进行检查并及时维修加固，发现隐患应立即消除。
6 夏季应根据施工特点和气温情况适当调整作息时间，尽量避开高温时段，减少高温工作暴露时间。
7 露天作业集中的地方，应设置休息场所。休息室应配备饮水设施，保持通风良好或配备空调等其他防暑降温设施。
8 特殊高温作业地点，应采取隔热、通风等防暑降温措施。
9 施工现场宜配备符合卫生标准的防暑降温饮品及必要的药品。
10 高温作业环境中作业人员身体状况不适应时，应及时调整工作岗位。</td><td></td><td></td><td>1 夏季、雨季前编制夏季施工措施，物资准备齐全。
2 高层建筑、大型金属脚手架防雷接地齐全，电阻符合要求。
3 配电系统绝缘、接地电阻符合要求。
4 现场检查，汛期前准备完善符合管理要求。
5 汛期后能够及时检查并修复，符合管理要求。
6 夏季施工时间调整合理，符合管理规定。
7-8 现场休息厅、饮水设施、降温措施设置齐全，符合标准化管要求。
9 现场指挥部必备药品符合卫生标准。
10 现场检查，符合管理合理要求。</td></tr>
<tr><td>10.1.2</td><td colspan="2">冬季施工应符合下列规定：
1 入冬之前，应做好下列工作：
1）制定冬季施工专项安全技术措施。
2）封闭厂房墙体、扩建端、固定端、屋顶以及门窗孔洞。</td><td></td><td></td><td>1 入冬前编制冬季施工方案措施规范，物资、防火措施完善。
2 冬季施工检查，符</td></tr>
</table>

续表

序号	强制性条文内容	执行情况		相关资料
		√	×	
10.1.2	3）全面检查消防器具，做好保温防冻措施。 4）全面检查取暖设施，清除易燃物。 **2** 冬季施工期间，应对采暖设施、消防器具、防冻措施定期检查。 **3** 现场道路以及脚手架、脚手板和通道上的积水、霜雪应及时清除并采取防滑措施。 **4** 施工机械及汽车的水箱应采取保温措施。停用后，无防冻液的水箱应将存水放尽。油箱或容器内的油料冻结时，严禁火烤。 **5** 汽车及轮胎式机械在冰雪路面上行驶时，应装防滑链。 **6** 大风、雪后应对供电线路进行检查。 **7** 应有防止电源线冻结在冰雪中的措施。 **8** 寒冷地区冬季施工，机械设备使用应满足制造厂技术文件要求；特别寒冷时，应采取保证液压、润滑系统正常工作的措施。			合冬季施工管理规定要求。 **3** 施工道路、脚手架防滑措施符合管理要求。 **4** 检查施工机械，保温措施得当，符合要求。 **5** 汽车防滑设施配备齐全。 **6-7** 施工用电检查符合用电安全。 **8** 施工机械冬季施工采取油系统及时更换正常使用。
10.1.3	特殊环境施工应符合下列规定： **1** 临时建筑、施工场地选址应避开有坍塌、滑坡、泥石流、山洪等灾害隐患的地段。 **2** 施工方案应充分考虑水文地质、气象、建（构）筑物布置和施工条件等影响因素。 **3** 风沙天气到来前，临时建（构）筑物、高架机械、行走式机械、标志牌、高处物料等应采取可靠加固措施。对各区域材料进行全面检查，堆放整齐并固定。裸露的沙土和废弃物应苫盖。 **4** 风沙天气，作业人员应佩戴口罩、防风镜等劳动防护用品。 **5** 强沙尘暴和六级以上大风，应停止露天和高处等户外危险作业。 **6** 暗浜及软弱土等不良地质区域应加强围护，完善排洪设施。 **7** 施工过程中应密切关注天气变化，突发恶劣天气（如冰雹、台风、大雾、雾霾、暴雨、暴雪、风沙等）时，应立即停止受影响的相关工作，撤离危险场所。 **8** 新建或新购置高压设备、配电装置运行后，应测定其电磁辐射强度，必要时设置警戒区域。 **9** 在有电磁辐射影响的区域内施工时，应采取符合国家有关电磁辐射防护规定的措施。			**1** 现场检查，符合安全管理规定。 **2** 施工方案充分包含环境因素。 **3** 现场检查，采取措施得当符合要求。 **4** 作业人员防尘用具保护完善。 **5** 随时观测天气变化，大风天气及时停止高处作业，符合安全管理规定。 **6** 检查排洪设施齐全，符合防汛规定。 **7** 恶劣天气及时报备，提前做停止撤离户外作业。 **8** 箱变隔离措施完好，符合安全管理规定。 **9** 不涉及此区域。

续表

施工单位： 年 月 日	总承包单位： 年 月 日	监理单位： 年 月 日	建设单位： 年 月 日

注：本表1式4份，由施工项目部填报留存1份，上报监理项目部1份，上报总承包项目部1份，上报建设单位1份。

11.起重与运输

火力发电工程安全强制性条文实施指导大纲检查记录表

单位名称（项目部）： 编号：Q/CSEPC-AG-DL5009-4-011

标段名称			专业名称	
施工单位			项目经理	
序号	强制性条文内容	执行情况		相关资料
		√	×	
《电力建设安全工作规程　第1部分：火力发电》（DL 5009.1—2014） 11.1 起重与运输				
11.1.1	通用规定： **1** 作业前应进行安全技术交底，交底人和作业人员应全部签字。 **2** 作业应统一指挥。指挥人员和操作人员应集中精力、坚守岗位，不得从事与作业无关的活动。 **3** 起重机械操作人员、指挥人员（司索信号工）应经专业技术培训并取得操作资格证书。 **4** 进入运行区域作业应办理作业票。 **5** 起重作业前应对起重机械、工机具、钢丝绳、索具、滑轮、吊钩进行全面检查。 **6** 起吊前应检查起重机械及其安全装置；吊件吊离地面约100mm时应暂停起吊并进行全面检查，确认正常后方可正式起吊。 **7** 钢丝绳应在建（构）筑物、被吊物件棱角处采取垫木方或半圆管等防止钢丝绳损坏的保护措施，且有防止木方或半圆管坠落的措施。 **8** 吊挂绳索与被吊物的水平夹角不宜小于45°。 **9** 吊运精密仪器、控制盘柜、电器元件、精密设备等易损设备时应使用吊装带、尼龙绳进行绑扎、吊运。 **10** 严禁以运行的设备、管道以及脚手架、平台等作为起吊重物的承力点。利用建（构）筑物或设备的构件作为起吊重物的承力点时，应经核算满足承力要求，并征得原设计单位同意。 **11** 严禁在恶劣天气或照明不足情况下进行起重作业。当作业地点的风力达到五级时，不得吊装受风面积大的物件；当风力达到六级及以上时，不得进行起重作业。 **12** 起重机械操作人员未确定指挥人员（司索信号工）取得指挥操作资格证时，不得执行其操作指令。			**1** 作业前已进行安全技术交底，并全部签字。 **2** 作业统一指挥，集中精力、坚守岗位，未从事与作业无关的活动。 **3** 已经专业技术培训并取得操作资格证书。 **4** 办理作业票。 **5** 起重作业前对进行全面检查。 **6** 起吊前检查符合要求，确认正常后正式起吊。 **7** 钢丝绳有保护措施，且有防坠落的措施。 **8** 符合要求。 **9** 现场检查符合要求。 **10** 现场检查符合要求。 **11** 禁止在恶劣天气或照明不足情况下进行起重作业，风力达到五级以上时，未进行起重作业。 **12** 符合要求。

续表

序号	强制性条文内容	执行情况 √	执行情况 ×	相关资料
11.1.2	起重机操作人员及操作应符合下列规定： **1** 熟悉所操作起重机各机构的构造、技术性能、保养和维修的基本知识。 **2** 作业前应检查起重机的工作范围，清除妨碍起重机行走及回转的障碍物。轨道应平直，轨距及高差应符合规定。 **3** 作业前应按照规定对机械进行各项检查和保养。 **4** 起重机操作应符合下列规定： **1**）注意力应集中，不得从事与工作无关的其他活动。 **2**）操作人员体力和精神不适时，不得操作起重机。 **3**）露天作业的轨道式起重机，作业前应先将夹轨器松开；作业结束后应将夹轨器夹住。 **4**）应在确认起重机上及周围无人，所有现场人员均在安全区内后方可闭合主电源开关；主电源开关上加锁或有标识牌时禁止合闸。 **5**）闭合主电源开关前，应确认所有控制器手柄都处于零位。 **6**）应对制动器、吊钩、绳索以及安全装置等进行检查并做必要的试验。作业前排除异常。 **7**）维护保养时，应切断主电源开关，加锁并挂上标识牌；如有未消除的故障，应通知接班的操作人员。 **8**）夜间操作起重机时，作业现场应有足够的照明。 **5** 雨、雪、大雾、雾霾天气应在保证良好视线的条件下作业，在作业前检查各制动器并进行试吊，确认可靠后方可进行作业，并有防止起重机各制动器受潮失效的措施。 **6** 起重机作业时，无关人员不得进入操作室。作业时操作人员应精力集中，未经指挥人员许可，操作人员不得擅自离开工作岗位。 **7** 操作人员应按指挥人员的指挥信号进行操作。指挥信号不清或发现有事故风险时，操作人员应拒绝执行并立即通知指挥人员。操作人员应听从任何人发出的危险信号。 **8** 操作人员在操作起重机每个动作前，均应发出警示信号。 **9** 起吊重物时，吊臂及吊物上严禁有人或有浮置物。			**1** 操作人员熟悉基本知识。 **2** 作业前已检查，符合规定。 **3** 作业前按照规定对机械进行各项检查和保养。 **4** 已按要求执行。 **5** 雨、雪、大雾、雾霾天气在保证良好视线的条件下作业，在作业前检查各制动器并进行试吊，确认可靠后方可进行作业，并有防止起重机各制动器受潮失效的措施。 **6** 起重机作业时，无关人员未进入操作室，作业时操作人员精力集中，未经指挥人员许可，操作人员未擅自离开工作岗位。 **7** 操作人员按指挥人员的指挥信号进行操作，指挥信号不清或发现有事故风险时，操作人员拒绝执行并立即通知指挥人员，操作人员听从任何人发出的危险信号。 **8** 操作人员在操作起重机每个动作前，均发出警示信号。 **9** 起吊重物时，吊臂及吊物上无人且无浮置物。
11.1.3	起重指挥人员应符合下列规定： **1** 指挥人员应按照《起重吊运指挥信号》（GB 5082）的规定进行指挥。			**1** 指挥人员按照《起重吊运指挥信号》（GB 5082）

续表

序号	强制性条文内容	执行情况		相关资料
		√	×	
11.1.3	**2** 指挥人员发出的指挥信号应清晰、准确。 **3** 指挥人员应站在使操作人员能看清指挥信号的安全位置上。 **4** 当发现错传信号时，应立即发出停止信号。 **5** 操作、指挥人员不能看清对方或负载时，应设中间指挥人员逐级传递信号。采用对讲机指挥作业时，作业前应检查对讲机工作正常、电量充足，并保持不间断传递语音信号。信号中断应立即停止动作，待信号正常方可恢复作业。 **6** 负载降落前，指挥人员应确认降落区域安全方可发出降落信号。 **7** 当多人绑挂同一负载时，应做好呼唤应答，确认绑挂无误后，方可由指挥人员负责指挥起吊。 **8** 两台起重机吊运同一负载时，指挥人员应双手分别指挥各台起重机。多台起重机械联合起升，应统一指挥。 **9** 在开始起吊时，应先用微动信号指挥，待负载离开地面100～200mm并稳定后，再用正常速度指挥。在负载最后降落就位时，也应使用微动信号指挥。			的规定进行指挥。 **2** 指挥人员发出的指挥信号清晰、准确。 **3** 指挥人员位置安全正确。 **4** 按规范执行。 **5** 按规范执行。 **6** 确认安全方发出降落信号。 **7** 作业规范标准。 **8** 作业规范标准。 **9** 作业规范标准。
11.1.4	起重作业应符合下列规定： **1** 凡属下列情况之一者，必须办理安全施工作业票，并应有施工技术负责人在场指导。 1）重量达到起重机械额定负荷的90%及以上。 2）两台及以上起重机械抬吊同一物件。 3）起吊精密物件、不易吊装的大件或在复杂场所大件吊装。 4）起吊超长、超宽、超高或价格昂贵设备。 5）起吊爆炸品、危险品。 6）起重机械在输电线路下方或其附近作业。 7）起重机和施工升降机安装、拆卸、负荷试验。 8）龙门架安装拆卸及负荷试验。 **2** 两台及以上起重机械抬吊同一物件。 1）宜选用额定起重量相等和相同性能的起重机械。严禁超负荷使用。 2）各台起重机械所承受的载荷不得超过本身80% 的额定载荷。特殊情况下，应制定专项安全技术措施，经企业技术负责人和工程项目总监理工程师审批，企业技术负责人应现场旁站监督实施。 3）选取吊点时，应根据各台起重机械的允许起重量按计算比例分配负荷进行绑扎。 4）抬吊过程中，各台起重机械操作应保持同步，起升钢丝绳应保持垂直，保持各台起重机械受力大小和方向变化最小。 **3** 吊装电气设备、控制设备、精密设备等易损物件时，			**1** 已按要求执行。 **2** 已按要求执行。 **3** 吊具使用正确。 **4** 起吊作业规范标准。 **5** 起吊大件或不规则组件时，在吊件上拴挂牢固的溜绳。 **6** 吊装零散小件物件时，钢丝采取缠绕绑扎方式，当采用容器吊装时，固定牢固。 **7** 无堆放或悬挂零星物件现象，水平移动时，其底部高出所跨越障碍物500mm以上。 **8** 有主、副两套起升机构的起重机， 主、副钩未同时使用。 **9** 起重机严禁同时操作三个动作，作业规范标准。

续表

序号	强制性条文内容	执行情况		相关资料
		√	×	
11.1.4	应使用专用吊装带，严禁使用钢丝绳。 **4** 起吊物应绑挂牢固。吊钩悬挂点应在吊物重心的垂直线上，吊钩绳索应保持垂直，不得偏拉斜吊。落钩时应防止由于吊物局部着地而引起吊绳偏斜。吊物未放置平稳时严禁松钩。 **5** 起吊大件或不规则组件时，应在吊件上拴挂牢固的溜绳。 **6** 吊装零散小件物件时，钢丝绳应采取缠绕绑扎方式；当采用容器吊装时，应固定牢固。 **7** 不得在被吊装物品上堆放或悬挂零星物件。吊起后进行水平移动时，其底部应高出所跨越障碍物500mm以上。 **8** 有主、副两套起升机构的起重机，主、副钩不得同时使用。设计允许同时使用的专用起重机除外。 **9** 起重机严禁同时操作三个动作。在接近额定载荷时，不得同时操作两个动作。臂架型起重机在接近额定载荷时，严禁降低起重臂。 **10** 起重工作区域内无关人员不得逗留或通过；起吊过程中严禁任何人员在起重机臂杆及吊物的下方逗留或通过。对吊起的物件必须进行加工时，应采取可靠的支承措施并通知起重机操作人员。 **11** 起重机吊运重物时应走吊运通道，严禁从人员的头顶上方越过。 **12** 吊起的重物必须在空中作短时间停留时，指挥人员和操作人员均不得离开工作岗位。 **13** 埋在地下或冻结在地面上等重量不明的物件不得起吊。 **14** 起重机在作业中出现故障或不正常现象时，应采取措施放下重物，停止运转后进行检修，严禁在运转中进行调整或检修。起重机严禁采用自由下降的方法下降吊钩或重物。 **15** 指挥人员看不清工作地点、操作人员看不清或听不清指挥信号时，不得进行起重作业。 **16** 起重吊装的吊点应按施工方案设置，不得任意更改。吊索及吊环应经计算确定。 **17** 吊装就位后，应待临时支撑、吊挂完成或就位固定牢靠后方可脱钩。严禁在未连接或未固定好的设备上作业。			**10** 按规范要求执行。 **11** 起重机吊运重物时走吊运通道，未严禁人员的头顶上方越过。 **12** 吊起的重物必须在空中作短时间停留时，指挥人员和操作人员均未离开工作岗位。 **13** 埋在地下或冻结在地面上等重量不明的物件未起吊。 **14** 起重机在作业中出现故障或不正常现象时，采取措施放下重物，停止运转后进行检修，未在运转中进行调整或检修，起重机未采用自由下降的方法下降吊钩或重物。 **15** 指挥人员看不清工作地点、操作人员看不清或听不清指挥信号时，未进行起重作业。 **16** 起重吊装的吊点应按施工方案设置，未任意更改，吊索及吊环经计算确定。 **17** 吊装就位后，待临时支撑、吊挂完成或就位固定牢靠后方脱钩，未在未连接或未固定好的设备上作业。
11.1.5	大型设备吊装应符合下列规定： **1** 吊装超高、超重、受风面积较大的大型设备时应制定专项施工方案，必要时应论证。 **2** 大型设备吊装前应办理安全施工作业票，交底人和作业人员应签字。			**1** 大型设备吊装已制定专项施工方案。 **2** 大型设备吊装已办理安全施工作业

续表

序号	强制性条文内容	执行情况		相关资料
		√	×	
11.1.5	**3** 作业过程中专业技术负责人应在现场指导。 **4** 汽包吊装区域内严禁电焊、切割作业。吊装过程中汽包、钢丝绳、滑轮等不得与其他物体摩擦、碰撞，与带电物体应保持安全距离。吊装过程中应监测汽包倾斜角度和位置变化并及时调整，汽包需要水平位移时，应控制位移速度。 **5** 发电机定子吊装需现场配制的起吊门架、铺设轨道应经设计计算并在吊装前验收合格。使用桥式起重机吊装时，应测量桥式起重机主梁挠度，确认正常后方可正式起吊。定子上升过程中要监测倾斜角度和位置变化。吊装过程中设专人监测桥式起重机挠度变化。 **6** 屋顶桁架吊装起吊时应根据吊装方法对桁架进行加固，吊装绑绳点必须在节点处，缆绳拉设位置不能影响后续桁架的吊装。桁架吊装应正式就位、固定牢固，指挥人员确认后，起重机方可解除受力、拆除钢丝绳。摘钩时，施工人员必须使用攀登自锁器或速差自控器。 **7** 除氧器、加热器吊装需现场配制的起吊门架、铺设拖运轨道等设施应经设计计算并验收合格。拖运轨道铺设在结构梁上时，结构梁应经受力核算，并征得原设计单位同意。设备单侧落在拖运轨道上使用卷扬机拖运时，另一侧起重机操作应与卷扬机操作保持同步，起重机钢丝绳保持受力。 **8** 大板梁吊装作业前应提前设置好安装就位用操作平台和安全防护设施。组合吊装使用的吊耳、加固等应经计算，使用前应验收合格。组件搬起过程下方不得有人工作。吊装过程中大板梁下平面起升高度不宜超过就位标高500mm。大板梁就位后应穿螺栓并初紧后，方可摘钩。 **9** 使用液压提升装置吊装大型设备时，应严格按产品技术说明书操作，起吊结构应经设计计算，并在吊装前验收合格。设备吊装过程中应设专人监督。钢索在施工过程中，应与带电物体保持安全距离。			票，交底人和作业人员均已签字。 **3** 专业技术负责人在现场指导。 **4** 本工程无汽包。 **5** 发电机定子使用劳辛格吊装、轨道经设计计算并验收合格。定子上升过程中严密监测倾斜角度和位置变化。 **6** 未涉及。 **7** 除氧器、加热器吊装铺设拖运轨道验收合格。设备单侧落在拖运轨道上使用电动倒链拖运，另一侧起重机操作与电动倒链操作保持同步，起重机钢丝绳保持受力。 **8** 大板梁吊装就位用操作平台和安全防护设施符合要求。组合吊装使用的吊耳、加固等验收合格。组件搬起过程下方无人工作。吊装作业符合要求。 **9** 未涉及。
11.1.6	钢丝绳（绳索）、吊钩和滑轮应符合下列规定： **1** 钢丝绳（绳索）： **1）** 钢丝绳的选用应符合《一般用途钢丝绳》（GB/T 20118）或《重要用途钢丝绳》（GB 8918）中规定的多股钢丝绳，并应有产品检验合格证。 **2）** 钢丝绳的安全系数及配合滑轮的直径应不小于表11.1.6-1的规定。 **3）** 钢丝绳应有防止打结或扭曲的措施。 **4）** 切断钢丝绳时应采取防止绳股散开的措施。 **5）** 钢丝绳应保持良好的润滑状态，润滑剂应符合该绳的要求并不影响外观检查。 **6）** 钢丝绳每年应浸油一次。 **7）** 钢丝绳不得与物体的棱角直接接触，应在棱角处			现场检查钢丝绳（绳索）、吊钩和滑轮使用符合规范要求： **1）** 钢丝绳选用多股钢丝绳有产品合格证。 **2）** 钢丝绳与滑轮的安全系数，符合规定要求。

续表

<table>
<tr><th rowspan="2">序号</th><th rowspan="2">强制性条文内容</th><th colspan="2">执行情况</th><th rowspan="2">相关资料</th></tr>
<tr><th>√</th><th>×</th></tr>
<tr><td>11.1.6</td><td>垫半圆管、木板等。

表 11.1.6-1 钢丝绳的安全系数及配合滑轮直径
<table><tr><th colspan="3">钢丝绳的用途</th><th>滑轮直径D</th><th>安全系数K</th></tr><tr><td colspan="3">缆风绳及拖拉绳</td><td>≥12d</td><td>3.5</td></tr><tr><td rowspan="4">驱动方式</td><td colspan="2">人力</td><td>≥16d</td><td>4.5</td></tr><tr><td rowspan="3">机械</td><td>轻级</td><td>≥16d</td><td>5.0</td></tr><tr><td>中级</td><td>≥18d</td><td>5.5</td></tr><tr><td>重级</td><td>≥20d</td><td>6.0</td></tr><tr><td rowspan="2">千斤绳</td><td colspan="2">有绕曲</td><td>≥2d</td><td>6.0～8.0</td></tr><tr><td colspan="2">无绕曲</td><td>—</td><td>5.0～7.0</td></tr><tr><td colspan="3">地锚绳</td><td>—</td><td>5.0～6.0</td></tr><tr><td colspan="3">捆绑绳</td><td>—</td><td>10.0</td></tr><tr><td colspan="3">载人升降机</td><td>≥40d</td><td>14.0</td></tr></table>
8）起重机的起升机构和变幅机构不得使用编结接长的钢丝绳。
9）钢丝绳在机械运行中不得与其他物体或相互间发生摩擦。
10）钢丝绳严禁与任何带电体接触。
11）钢丝绳严禁与炽热物体或火焰接触。
12）钢丝绳不得相互直接套挂连接。
13）钢丝绳应存放在室内通风、干燥处，并有防止损伤、腐蚀或其他物理、化学因素造成性能降低的措施。
14）钢丝绳端部用绳夹固定时，钢丝绳夹座应在受力绳头的一边，每两个钢丝绳夹的间距不应小于钢丝绳直径的6倍；绳夹的数量应不少于表11.1.6-2的要求。两根钢丝绳用绳夹搭接时，绳夹数量应比表11.1.6-2的要求增加50%。

表 11.1.6-2 钢丝绳端部固定用绳夹的数量
<table><tr><td>钢丝绳公称直径（mm）</td><td>≤19</td><td>19～32</td><td>32～38</td><td>38～44</td><td>44～60</td></tr><tr><td>钢丝绳公称直径（mm）</td><td>≤18</td><td>>18～26</td><td>>26～36</td><td>>36～44</td><td>>44～60</td></tr><tr><td>钢丝绳夹最少数量组</td><td>3</td><td>4</td><td>5</td><td>6</td><td>7</td></tr></table>
15）应经常对绳夹连接的牢固程度进行检查。对不易接近处可采用将绳头放出安全观察弯的方法进行监视。
16）勾头的绳蹼形状宜为桃形，绳扣的插接长度应为钢丝绳直径的20～24倍，破头长度应为钢丝绳直径的45～48倍，绳扣的长度应为钢丝绳直径的18～24倍，且不小于300mm。插接锥数不得小于27锥，绳股只能在股缝中插入，避开麻芯。
17）通过滑轮的钢丝绳不得有接头。
18）应对钢丝绳进行经常性检查。
19）钢丝绳一个捻距内发现两处或多处的谷部断丝或</td><td></td><td></td><td>3）-6）现场检验钢丝绳符合管理要求。

7）钢丝绳棱角处采取护角合理，符合安全管理要求。
8）-13）现场检查，符合安全管理规定。

14）-16）钢丝绳夹检查，符合安全规程要求。

17）-18）现场检查符合安全管理规定。
19）-23）钢丝绳有</td></tr>
</table>

序号	强制性条文内容	执行情况		相关资料
		√	×	
11.1.6	断丝数达到标准的规定数值时应报废。 **20**）钢丝绳出现绳端断丝，应查明绳端损坏原因。剩余的长度足够时，应截去绳端断丝部位继续使用。 **21**）如钢丝绳断丝紧靠在一起形成局部聚集，则钢丝绳应报废；如断丝聚集在小于6*d*的绳长范围内，或者集中在任一绳股里，钢丝绳应予以报废。 **22**）钢丝绳发生绳股断裂、绳径因绳芯损坏而减小、外部磨损、弹性降低、内外部出现腐蚀、变形、受热或电弧引起的损坏等任一情况均应报废。 **23**）阻旋转钢丝绳出现断丝达到报废的标准应符合GB/T 5972的有关规定。 **2** 卸扣： **1**）卸扣不得横向受力。 **2**）卸扣的销轴不得扣在活动性较大的索具内。 **3**）不得使卸扣处于吊件的转角处，必要时应加衬垫并使用加大规格的卸扣。 **4**）卸扣发生扭曲、裂纹和明显锈蚀、磨损，应更换部件或报废。 **3** 纤维绳： **1**）用作吊绳时，其许用应力不得大于98kN/mm²。用作绑扎绳时，许用应力应降低50%。 **2**）纤维绳在潮湿状态下的允许荷重应减少一半，涂沥青的纤维绳应降低20%使用。连接时应采用编结法，不得用打结的方法。 **3**）切割绳索时，应先将预定切断的两边用软钢丝扎紧。 **4**）严禁在机械驱动的情况下使用。 **5**）有霉烂、腐蚀、损伤者不得用于起重作业，有断股者严禁使用。 **4** 吊钩： **1**）吊钩应有制造厂的合格证等技术证明文件方可投入使用，否则应经检验，查明性能合格后方可使用。 **2**）吊钩应设有防脱绳的闭锁装置。 **3**）吊钩上的缺陷不得进行焊补。 **4**）吊钩的检验应按《起重机械安全规程 第1部分：总则》（GB 6067.1）或《起重吊钩》（GB/T 10051）的有关规定执行。 **5**）吊钩出现裂纹、危险断面磨损达原尺寸的10%、开口度比原尺寸增加15%、扭转变形超过10°、心轴磨损量超过其直径的5%、危险断面或吊钩颈部			断丝断股现象及时报废，符合安全规程规定要求。 卸扣： **1**）**-4**）现场检查，卸扣符合规定要求。 纤维绳： 现场检查，符合要求。 现场检查吊钩使用符合要求。

续表

<table>
<tr><th rowspan="2">序号</th><th rowspan="2">强制性条文内容</th><th colspan="2">执行情况</th><th rowspan="2">相关资料</th></tr>
<tr><th>√</th><th>×</th></tr>
<tr><td>11.1.6</td><td>产生塑性变形等情况时应报废。
5 滑车及滑车组：
1）滑车应按铭牌规定的允许负荷使用。
2）滑车及滑车组使用前应进行检验和检查。轮槽壁厚磨损达原尺寸的20%，轮槽不均匀磨损达3mm以上，轮槽底部直径减少量达钢丝绳直径的50%，以及有裂纹、轮沿破损等情况时应报废。
3）在受力方向变化较大的场合和高处作业中，应采用吊环式滑车，如采用吊钩式滑车应采取防脱钩措施。
4）使用开门滑车时，应将开门的钩环锁紧。
5）滑车组使用中两滑车滑轮中心间的最小距离不得小于表11.1.6-3的规定。
表11.1.6-3　滑车组两滑车滑轮中心最小允许距离
<table><tr><td>滑车起重量(t)</td><td>1</td><td>5</td><td>10～20</td><td>32～50</td></tr><tr><td>滑轮车间最小允许距离(mm)</td><td>700</td><td>900</td><td>1000</td><td>1200</td></tr></table></td><td></td><td></td><td>滑车及滑车组未涉及。</td></tr>
<tr><td>11.1.7</td><td>运输及搬运作业应符合下列规定：
1 公路上车辆运输重量大或超长、超宽、超高的物件：
1）运输车辆应按照公安机关交通管理部门指定的时间、路线、时速行驶，并悬挂明显标志，夜间悬挂低压警示灯。
2）了解运输路线的情况，拟定运输方案，制定安全技术措施。
3）指定专人检查工具和运具，不得超载。
4）物件的重心与车厢的承重中心基本一致，重心过高或偏移过多时，加配重进行调整。
5）易滚动的物件沿其滚动方向用楔子垫牢。
6）运输超长物件时应设置超长架，超长架固定在车厢上，物件与超长架及车厢应捆绑牢固。
7）关好车厢板。当无法关严时，应将车厢板捆绑固定，尾灯和车牌号不得遮盖。
8）运输途中有专人领车、监护，并设必要的标识。
2 用汽车运输易燃、易爆、有毒危险品时，押运人员应坐在驾驶室内。
3 翻斗车的制翻装置应可靠，卸车时车斗不得朝有人的方向倾倒。翻斗车严禁载人。
4 使用叉车：
1）使用前应对行驶、升降、倾斜等机构进行全面检查，不得超负荷使用，禁止两台及以上车辆同时抬运同一物品。
2）不得快速启动、急转弯或突然制动。在转弯或斜</td><td></td><td></td><td>1 未涉及公路上车辆运输。
2 未涉及用汽车运输易燃、易爆、有毒危险品。
3 翻斗车的制翻装置应可靠，作业规范符合要求。
4 叉车作业符合要求。</td></tr>
</table>

续表

序号	强制性条文内容	执行情况		相关资料
		√	×	
11.1.7	坡处应低速行驶。倒车时不得紧急制动。 3）行驶时，载物高度不得遮挡驾驶员视线。货叉底端距地高度应保持300～400mm，门架须后倾。 4）叉载物品时，应按需调整两货叉间距，使两叉负荷均衡，不得偏斜，物品的一面应贴靠挡物架。 5）叉车起重升降或行驶时，禁止人员站在货叉上把持物品。 6）叉车叉物作业时，禁止人员站在货叉周围。禁止用货叉举升人员从事高处作业。 7）禁止在坡道上转弯或横跨坡道行驶。 5 使用手动液压运输车： 1）使用前应对脚轮、液压机构进行全面检查，不得超负荷使用，禁止两台及以上车辆同时抬运同一物品。 2）禁止横跨坡道或斜面运输物品。 3）手动液压搬运车严禁载人，在物品搬运过程中周边不得有人。 4）当单件物品的高度超过1.5m时，严禁两件货物同车运输。两件及以上物品同车运输时，码放高度不得超过1.2m。单件超过1.8m或两件及以上物品同车运输时，应采取防倾倒措施。 5）运载物品时，负荷应均衡，不得偏斜，物品的一面应贴靠挡物架。 6）禁止人员站在货叉上把持物品。 7）移动液压车时需慢行，多人操作时应专人指挥。 6 使用厂（场）内专用机动车辆： 1）驾驶人员应经考试合格并取得资格证书。 2）使用前应检查确认制动器、转向机构、喇叭完好。 3）装运物件应垫稳、捆牢，不得超载。 4）行驶时，驾驶室外及车厢外不得载人，驾驶员不得与他人谈笑。启动前应先鸣号。载货时车速不得超过5km/h，空车车速不得超过10km/h。停车后应切断动力源，扳下制动闸后，驾驶员方可离开。 5）电瓶车充电时应距明火5m以上并加强通风。 7 水路运输： 1）船员应进行培训、考试合格并取得资格证，参加水上运输的人员应熟悉水上运输知识。 2）运输船只应合格。 3）应根据船只载重量及平稳程度装载，严禁超重、超高、超宽、超长、超航区航行，不得使用货船			5 现场检查，符合要求。 6 厂（场）内专用机动车辆： 驾驶员证件齐全有效，车辆性能完好，遵守厂规时速规定，电瓶车无违规行为，符合规定要求。 7 查资料，查现场，符合要求。

续表

序号	强制性条文内容	执行情况 √	执行情况 ×	相关资料
11.1.7	载运旅客。 4）船只出航前应对导航设备和通信设备进行严格检查，确认无误后方可出航。 5）器材应分类堆放整齐并系牢；危险品应隔离并妥善放置，由专人保管。 6）应由熟悉水路的人员领航，并按航运安全规程执行。 7）船只靠岸停稳前不得上下人员。跳板应搭设稳固。单行跳板的宽度不得小于500mm，厚度不得小于50mm，长度不得超过6m。 8）在水中绑扎或解散竹、木排的人员应会游泳，并佩戴救生衣等防护设备。 9）遇六级及以上大风、大雾、暴雨等恶劣天气，严禁水上运输，船只应靠岸停泊。 10）船只应由专人管理，并应有安全航行管理制度，救生设备应完好、齐全。 11）应注意收听气象台、站的广播，及时做好防台、防汛工作。 12）严禁不符合夜航条件的船只夜航。 8 搬运： 1）沿斜面搬运时，所搭设的跳板应牢固可靠，坡度不得大于1∶3，跳板厚度不得小于50mm。 2）在坡道上搬运时，物件应用绳索拴牢，并做好防止倾倒的措施。作业人员应站在侧面。下坡时应用绳索溜住。 3）搬运人员应穿防滑、防砸鞋，戴防护手套。多人搬运同一物件时，应有专人统一指挥。 9 大型设备的运输及搬运： 1）搬运大型设备前，应检查所经路线及两端装卸条件，选择合理的运输方式和路线，确定运输及搬运方案。 2）搬运大型设备前，应对路基下沉、路面松软以及冻土开化等情况进行调查并采取措施，防止在搬运过程中发生倾斜、翻倒，对沿途经过的桥梁、涵洞、沟道等应进行详细检查和验算，必要时应采取加固措施。 3）大型设备运输道路的坡度不得大于15°；不能满足要求时，应征得制造厂同意并采取可靠的安全技术措施。 4）运输道路上方如有输电线路，通过时应保持安全距离，不能保证安全通过时应采取绝缘隔离措施。 5）用拖车装运大型设备时，应进行稳定性计算并			8 搬运： 1）斜面搬运符合标准要求。 2）-3）坡道上搬运措施到位、人员劳保用品齐全，统一指挥符合管理规定。 9 大型设备的运输及搬运： 1）大型设备搬运路线合理，符合要求。 2）大型设备搬运前合理考虑路面采取必要的安全措施，符合安全技术规范。 3）-9）现场检查，符合要求。

续表

序号	强制性条文内容	执行情况		相关资料
		√	×	
11.1.7	采取防止剧烈冲击或振动的措施。选择适合规格的绑扎钢丝绳、手拉葫芦和卸扣，采用合理方式进行绑扎固定。行车时应配备开道车及押运联络员。 **6**）采用自行式液压模块车运输大型设备时，设备装载重心、地面承载力等要符合车辆相关的要求。 **7**）从车辆或船上卸下大型设备时，卸车、卸船平台应牢固，并应有足够的宽度和长度。承载后平台不得有不均匀下沉现象。 **8**）搭设卸车、卸船平台时，应考虑到车、船卸载时弹簧弹起及船体浮起所造成的高差。 **9**）使用两台不同速度的牵引机械卸车、卸船时，应采取措施使设备受力均匀，牵引速度一致。牵引的着力点应在设备的重心以下。 **10**）被拖动物件的重心应放在拖板中心位置。拖运圆形物件时，应垫好枕木楔子；对高大而底面积小的物件，应采取防倾倒的措施；对薄壁或易变形的物件，应采取加固措施。 **11**）拖运滑车组的地锚应经计算，使用中应经常检查。严禁在不牢固的建（构）筑物或运行的设备上绑扎拖运滑车组。打桩绑扎拖运滑车组时，应了解地下设施情况并计算其承载。 **12**）在拖拉钢丝绳导向滑轮内侧的危险区内严禁人员通过或逗留。 **13**）中间停运时，应采取措施防止物件滚动。夜间应设红灯示警，并设专人看守。			**10**）现场检查拖运大件设备安全措施符合规范要求。 **11**）拖运固定点牢固，符合额定规范。 **12**）**-13**）现场检查设置隔离区，违章现象，夜间设置警示灯标志，符合安全管理要求。

施工单位：	总承包单位：	监理单位：	建设单位：
年 月 日	年 月 日	年 月 日	年 月 日

注：本表1式4份，由施工项目部填报留存1份，上报监理项目部1份，上报总承包项目部1份，上报建设单位1份。

12.焊接、切割与热处理

火力发电工程安全强制性条文实施指导大纲检查记录表

单位名称（项目部）：　　　　　　　　编号：Q/CSEPC-AG-DL5009-4-012

<table>
<tr><td colspan="2">标段名称</td><td></td><td colspan="2">专业名称</td><td></td></tr>
<tr><td colspan="2">施工单位</td><td></td><td colspan="2">项目经理</td><td></td></tr>
<tr><td rowspan="2">序号</td><td rowspan="2" colspan="2">强制性条文内容</td><td colspan="2">执行情况</td><td rowspan="2">相关资料</td></tr>
<tr><td>√</td><td>×</td></tr>
<tr><td colspan="6">《电力建设安全工作规程　第1部分：火力发电》（DL 5009.1—2014）
12.1 焊接、切割与热处理</td></tr>
<tr><td>12.1.1</td><td colspan="2">通用规定：
1 从事焊接、切割与热处理的人员应经专业安全技术教育教训、考试合格、取得资格证。
2 从事焊接、热处理操作的人员，每年应进行一次职业病检查。
3 焊接、切割与热处理作业人员应穿戴符合专用防护要求的劳动防护用品。
4 焊接、切割和热处理作业场所应有良好的照明，标准照度值可参照《建筑照明设计标准》（GB 50034）规定；焊接、切割场所在有害气体、粉尘、烟雾不能有效排出时，应采取强排措施；在周围有其他人员进行作业时应采取遮光措施。
5 进行焊接、切割与热处理作业时，应有防止触电、火灾、爆炸和切割物坠落的措施。
6 在焊接、切割的地点周围10m的范围内，应清除易燃、易爆物品，确实无法清除时，必须采取可靠的隔离或防护措施。
7 装过挥发性油剂及其他易燃物质的容器和管道未彻底清理干净前，严禁用电焊或火焊进行焊接或切割。
8 施焊或切割容器时，盖口必须打开，在容器的封头部位严禁站人。
9 严禁在带有压力的容器和管道、运行中的转动机械及带电设备上进行焊接、切割与热处理作业。
10 在规定的禁火区内或在已贮油的油区内进行焊接、切割与热处理作业时，必须严格按该区域安全管理的有关规定执行。
11 严禁对悬挂在起重机吊钩上的工件和设备等进行焊接与切割。
12 不得在储存或加工易燃、易爆物品的场</td><td></td><td></td><td>1 现场焊接、切割与热处理人员安全培训考试合格，证件有效。
2 焊接、热处理操作的人员健康体检符合要求。
3 焊接、切割与热处理作业人员劳动防护用品符合规范要求。
4 现场检查焊接、切割和热处理作业场所照明、有害气体、粉尘、烟雾、遮光措施，符合管理规范。
5 现场监察防止触电、防火、高处落物措施齐全，符合安全规程规范。
6 现场检查焊接、切割区域易燃物及时清理。
7-9 现场检查符合要求。
10 现场检查符合要求，场检动火作业票。
11 现场检查，符合要求。
12 现场检查符合要求，场检动火作业票。</td></tr>
</table>

续表

序号	强制性条文内容	执行情况		相关资料
		√	×	
12.1.1	所周围10m范围内进行焊接、切割与热处理作业，必须作业时应采取可靠的安全技术措施。 **13** 系统充氢后，在制氢室、储氢罐、氢冷发电机以及氢气管路周边进行焊接、切割等明火作业时，应事先进行氢气含量测定，工作区域内空气含氢量应小于0.4%，工作中应保证现场通风良好，空气中的含氢量至少每4h测定一次。 **14** 不宜在雨、雪及大风天气进行露天焊接或切割作业。确实需要时，应采取遮蔽雨雪、防止触电和防止火花飞溅的措施。 **15** 在高处进行焊接与切割作业： **1）** 应按本部分4.10.1的规定执行。 **2）** 严禁站在易燃物品上进行作业。 **3）** 作业开始前应采取可靠的防止焊渣掉落、火花溅落措施，并清除焊渣、火花可能落入范围内的易燃、易爆物品，易燃、易爆物品不能清除时应设专人监护。 **4）** 严禁随身携带电焊导线、气焊软管登高或从高处跨越，应在切断电源和气源后用绳索提吊。 **5）** 在高处进行电焊作业时，宜设专人进行拉合闸和调节电流等作业。 **16** 在金属容器及坑井内进行焊接与切割作业： **1）** 金属容器必须可靠接地或采取其他防止触电的措施。 **2）** 严禁将行灯变压器带入金属容器或坑井内。 **3）** 焊工所穿衣服、鞋、帽等必须干燥，脚下应垫绝缘垫。 **4）** 严禁在金属容器内同时进行电焊、气焊或气割作业。 **5）** 在金属容器内作业时，应设通风装置，内部温度不得超过40℃；严禁用氧气作为通风的风源。 **6）** 在金属容器内进行焊接或切割作业时，入口处应设专人监护，电源开关应设在监护人附近，并便于操作。监护人与作业人员应保持经常联系，电焊作业中断时应及时切断焊接电源。 **7）** 在容器或坑井内作业时，作业人员			**13** 现场检查符合要求。 **14** 检查现场雨雪大风天气，停止露天作业，符合管理要求。 **15** 检查高处进行焊接与切割作业，符合安全工作规程要求。 **16** 金属容器、坑道井内焊接切割作业措施符合受限空间作业安全规范要求。

续表

序号	强制性条文内容	执行情况		相关资料
		√	×	
12.1.1	应系安全绳，绳的另一端在容器外固定牢固。 8）严禁将漏气的焊炬、割炬和橡胶软管带入容器内；焊炬、割炬不得在容器内点火。在作业间歇或作业完毕后，应及时将气焊、气割工具拉出容器。 **17** 焊接、切割与热处理作业结束后，必须清理场地、切断电源，仔细检查工作场所周围及防护设施，确认无起火危险后方可离开。			**17** 工作结束后，现场检查，符合管理规定。
12.1.2	电焊应符合下列规定： **1** 施工现场的电焊机宜采用集装箱形式统一布置，保持通风良好。电焊机及其接线端子均应有相应的标牌及编号。 **2** 露天装设的电焊机应设置在干燥的场所并应有防护棚遮蔽，装设地点距易燃易爆物品应满足安全距离的要求。 **3** 严禁电焊机导电体外露。 **4** 电焊机一次侧电源线应绝缘良好，长度一般不得超过5m。电焊机二次线应采用防水橡皮护套铜芯软电缆，电缆的长度不应大于30m，不得有接头，绝缘良好；不得采用铝芯导线。 **5** 电焊机必须装设独立的电源控制装置，其容量应满足要求，宜具备在停止施焊时将二次电压转化为安全电压的功能。 **6** 电焊机的外壳必须可靠接地，接地电阻不得大于4Ω。严禁多台电焊机串联接地。 **7** 电焊工作台应可靠接地。 **8** 在狭小或潮湿地点施焊时，应垫木板或采取其他防止触电的措施，并设监护人。严禁露天冒雨从事电焊作业。 **9** 电焊设备应经常维修、保养。使用前应进行检查，确认无异常后方可合闸。 **10** 长期停用的电焊机使用前必须测试其绝缘电阻，电阻值不得低于0.5MΩ，接线部分不得有腐蚀和受潮现象。 **11** 焊钳及二次线的绝缘必须良好，导线截面应与工作参数相适应。焊钳手柄应有良好的隔热性能。 **12** 严禁将电焊导线靠近热源、接触钢丝绳、转动机械，或搭设在氧气瓶、乙炔瓶及易燃易爆物品上。 **13** 严禁用电缆保护管、轨道、管道、结构			**1-3** 施工现场电焊机集中布置箱，通风良好、编码整齐符合管理要求。 **4** 现场检查电焊机一、二次线符合要求。 **1** 电焊机独立的电源箱满足容量要求，符合规定。 **2-7** 电焊机接地良好，符合规范。 **8** 潮湿施焊措施符合要求。 **9-12** 现场检查，符合管理要求。 **13-14** 电焊机二次线完好符合安全管理要求。 **15** 现场检查，符合管理要求。 **16-17** 氩弧焊、等离子切割弧光辐射检查，措施到位符合规定要求。 **18-19** 打磨钨极及储存检查，措施符合规定。 **20** 等离子切割手工操作，防止触电及排烟尘防护措施防护符合规定。 **21** 工件预热隔热措施得当。 **22** 高频引弧电源线防护合理要求。

续表

<table>
<tr><th rowspan="2">序号</th><th rowspan="2">强制性条文内容</th><th colspan="2">执行情况</th><th rowspan="2">相关资料</th></tr>
<tr><th>√</th><th>×</th></tr>
<tr><td>12.1.2</td><td>钢筋或其他金属构件等代替二次线的地线。

14 电焊机二次线应布设整齐、固定牢固。电焊机及其二次线集中布置且与作业点距离较远时，宜使用专用插座。电焊导线通过道路时，必须将其高架敷设或加保护管地下敷设；通过铁道时，应从轨道下方加保护套管穿过。

15 拆、装电焊机一、二次侧接线、转移作业地点、发生故障或电焊工离开作业场所时，应切断电源。

16 进行氩弧焊、等离子切割或有色金属切割时，宜戴静电防护口罩。

17 进行埋弧焊时，应有防止由于焊剂突然中断而引起的弧光辐射的措施。

18 打磨钨极时，应使用专用砂轮机和强迫抽风装置；打磨钨极处的地面应经常进行湿式清扫。

19 储存或运输钨极时应将钨极放在铅盒内。作业中随时使用的零星钨极应放在专用的盒内。

20 等离子切割宜采用自动或半自动操作。采用手工操作时，应有专门的防止触电及排烟尘等防护措施。

21 预热焊接件时，应采取隔热措施。

22 用高频引弧或稳弧进行焊接及切割时，应对电源进行屏蔽。</td><td></td><td></td><td></td></tr>
<tr><td>12.1.3</td><td>气焊气割应符合下列规定：

1 使用气瓶：

1）气瓶应按表12.1.3-1的规定进行漆色和标注。严禁更改气瓶的钢印或者颜色标记。

表12.1.3-1　气瓶漆色和标注
<table>
<tr><th>气瓶名称</th><th>气瓶颜色</th><th>标注字样</th><th>字样颜色</th></tr>
<tr><td>氧气瓶</td><td>天蓝色</td><td>氧</td><td>黑色</td></tr>
<tr><td>乙炔气瓶</td><td>白色</td><td>乙炔</td><td>红色</td></tr>
<tr><td>丙烷气瓶</td><td>棕色</td><td>丙烷</td><td>白色</td></tr>
<tr><td>液化石油气</td><td>棕色</td><td>液化石油气</td><td>白色</td></tr>
<tr><td>氩气瓶</td><td>灰色</td><td>氩气</td><td>绿色</td></tr>
<tr><td>氮气</td><td>黑色</td><td>氮</td><td>黄色</td></tr>
</table>
2）气瓶瓶阀及管接头处不得漏气。应经常检查丝堵和角阀丝扣的磨损及锈蚀情况，发现损坏应立即更换。

3）气瓶上必须装两道防震圈。

4）不得将气瓶与带电物体接触。严禁在气瓶上引弧。</td><td></td><td></td><td>1 使用气瓶：

1）气瓶钢印、颜色符合安全管理规定。

2）气瓶瓶阀检查符合管理要求。

3）现场检查气瓶防震圈完好齐全，符合现场管理要求。

4）检查无违规行为，符合管理规范。

5）检查无违规行为，符合管理规范。

6）-13）现场检查气瓶未发现违规行为，符合安全管理规定。</td></tr>
</table>

<table>
<tr><th rowspan="2">序号</th><th rowspan="2">强制性条文内容</th><th colspan="2">执行情况</th><th rowspan="2">相关资料</th></tr>
<tr><th>√</th><th>×</th></tr>
<tr><td rowspan="3">12.1.3</td><td>**5）** 氧气瓶的瓶阀不得沾有油脂。
6） 氧气瓶与减压器的连接头发生自燃时应迅速关闭氧气瓶的阀门。
7） 严禁自行处置气瓶残液。
8） 瓶阀冻结时严禁火烤。
9） 严禁直接使用不装设减压器或减压器不合格的气瓶。乙炔气瓶必须装设专用的减压器、回火防止器。
10） 乙炔气瓶的使用压力不得超过0.147MPa，输气流速不得大于2.0m³/（h·瓶）。
11） 气瓶内的气体不得用尽。氧气瓶必须留有0.2MPa的剩余压力，液化石油气瓶必须留有0.1MPa的剩余压力，乙炔气瓶内必须留有不低于表12.1.3-2规定的剩余压力。
表12.1.3-2　乙炔瓶内剩余压力与环境温度的关系<table><tr><td>环境温度（℃）</td><td><0</td><td>0～15</td><td>15～25</td><td>25～40</td></tr><tr><td>剩余压力（MPa）</td><td>0.05</td><td>0.10</td><td>0.20</td><td>0.30</td></tr></table>**12）** 气瓶（特别是乙炔气瓶）使用时应直立放置，不得卧放。
13） 液化石油气瓶使用时，应先点燃引火物，然后开启气阀。</td><td></td><td></td><td></td></tr>
<tr><td>**2** 气瓶的存放与保管：
1） 气瓶应存放在通风良好的场所，夏季应防止日光曝晒。
2） 气瓶严禁与易燃物、易爆物混放。
3） 严禁与所装气体混合后能引起燃烧、爆炸的气瓶一起存放。
4） 气瓶应保持直立，并应有防倾倒的措施。
5） 严禁将气瓶靠近热源。
6） 氧气、液化石油气瓶在使用、运输和储存时，环境温度不得高于60℃；乙炔、丙烷气瓶在使用、运输和储存时，环境温度不得高于40℃。
7） 严禁将乙炔气瓶放置在有放射线的场所，亦不得放在橡胶等绝缘体上。</td><td></td><td></td><td>**2** 气瓶的存放与保管：
1）-2） 气瓶存放场所通风良好，种类单独存放符合要求。
3） 现场检查，符合要求。
4） 气瓶垂直使用防倾倒架，符合要求。
5）-7） 现场检查，符合安全管理规定。</td></tr>
<tr><td>**3** 气瓶的搬运：
1） 气瓶搬运前应旋紧瓶帽。气瓶应轻</td><td></td><td></td><td>**3** 气瓶的搬运：
1）-7） 现场检查气瓶搬</td></tr>
</table>

续表

序号	强制性条文内容	执行情况		相关资料
		√	×	
12.1.3	装轻卸，严禁抛掷或滚动、碰撞。 2）汽车装运氧气瓶及液化石油瓶时，一般将气瓶横向排放，头部朝向一侧。装车高度不得超过车厢板。 3）汽车装运乙炔气瓶时，气瓶应直立排放，车厢高度不得小于瓶高的2/3。 4）运输气瓶的车上严禁烟火。运输乙炔气瓶的车上应备有相应的灭火器具。 5）易燃物、油脂和带油污的物品不得与气瓶同车运输。 6）所装气体混合后能引起燃烧、爆炸的气瓶严禁同车运输。 7）运输气瓶的车厢上不得乘人。 **4** 气瓶库： **1**）仓库的设计应符合《建筑设计防火规范》（GB 50016）要求。 **2**）仓库的墙壁应采用耐火材料，房顶应采用轻型材料，不得使用油毛毡。房内应留有排气窗。 **3**）仓库应装设合格的避雷设施。 **4**）仓库必须在明显、方便的地点设置灭火器具，并定期检查，确保状态良好。 **5**）氧气瓶、乙炔、液化石油气瓶仓库用电设施应采用防爆型，仓库周围10m范围内严禁烟火。 **6**）氧气瓶、乙炔、液化石油气瓶仓库之间的距离应大于50m。 **7**）乙炔气瓶仓库不得设在高压线路的下方、人员集中的地方或交通道路附近。 **8**）容积较小的仓库（储量在50瓶以下）距其他建（构）筑物的距离应大于25m。较大的仓库与施工生产地点的距离应不小于50m，与住宅和办公楼的距离应不小于100m。 **9**）气瓶库内不得有地沟、暗道，严禁有明火或其他热源，应通风、干燥，避免阳光直射。 **10**）仓库内的主要部位应有醒目的安全标志。			运、灭火器材，无违章违规行为，符合现场安全管理规定要求。 **4** 气瓶库： **1**）查资料，符合《建筑设计防火规范》（GB 50016）要求。 **2**）查资料，查现场，符合要求。 **3**）**-10**）现场检查，符合要求。 **11**）查资料，查现场，符合要求。

续表

序号	强制性条文内容	执行情况		相关资料
		√	×	
12.1.3	11）气瓶库应建立安全管理制度并设专人管理。工作人员应熟悉气体特性、设备性能和操作规程。 5 减压器： 1）新减压器应有出厂合格证；外套螺帽的螺纹应完好；螺帽内应用纤维质垫圈，不得使用皮垫或胶垫；高、低压表有效，指针灵活；安全阀完好、可靠。 2）减压器（特别是接头的螺帽、螺杆）严禁沾有油脂，不得沾有砂粒或金属屑。 3）减压器螺母在气瓶上的拧扣数不少于五扣。 4）减压器冻结时严禁用火烘烤，只能用热水、蒸汽解冻或自然解冻。 5）减压器损坏、漏气或其他故障时，应立即停止使用，进行检修。 6）装卸减压器或因连接头漏气紧螺帽时，操作人员严禁戴沾有油污的手套和使用沾有油污的扳手。 7）安装减压器前，应稍打开瓶阀，将瓶阀上粘附的污垢吹净后立即关闭。吹灰时，操作人员应站在侧面。 8）减压器装好后，操作者应站在瓶阀的侧后面将调节螺丝拧松，缓慢开启气瓶阀门。停止工作时，应关闭气瓶阀门，拧松减压器调节螺丝，放出软管中的余气，后卸下减压器。 6 氧气、乙炔及液化石油气等橡胶软管： 1）氧气管为蓝色；乙炔、丙烷、液化石油气管为红色-橙色；氩气管为黑色。 2）乙炔气橡胶软管脱落、破裂或着火时，应先将火焰熄灭，然后停止供气。氧气软管着火时，应先将氧气的供气阀门关闭，停止供气后再处理着火胶管，不得使用弯折软管的处理方法。 3）不得使用有鼓包、裂纹或漏气的橡胶软管。如发现有漏气现象时应将其损坏部分切除，不得用贴补或包缠的办法处理。			5 减压器： 1）-4）新减压阀有合格证、其他附件完好，符合规定。 5）加压阀损坏做到及时更换。 6）装卸减压阀操作正确，符合要求。 7）安装减压阀前操作正当，符合要求。 8）现场检查操作正确，符合要求。 6 现场检查氧乙炔橡胶管颜色正确，老化时能及时更换，符合现场管理规定。

续表

序号	强制性条文内容	执行情况		相关资料
		√	×	
12.1.3	**4）** 氧气橡胶软管、乙炔气橡胶软管严禁沾染油脂。 **5）** 氧气橡胶软管与乙炔橡胶软管严禁串通连接或互换使用。 **6）** 严禁把氧气软管或乙炔气软管放置在高温、高压管道附近或触及赤热物体，不得将重物压在软管上。应防止金属熔渣掉落在软管上。 **7）** 氧气、乙炔气及液化石油气橡胶软管横穿平台或通道时应架高布设或采取防压保护措施；严禁与电线、电焊线并行敷设或交织在一起。 **8）** 橡胶软管的接头处应用专用卡子卡紧或用软金属丝扎紧。软管的中间接头应用气管连接并扎紧。 **9）** 乙炔气、液化石油气软管冻结或堵塞时，严禁用氧气吹通或用火烘烤。 **7** 焊炬、割炬的使用： **1）** 焊炬、割炬点火前应检查连接处和各气阀的严密性。 **2）** 焊炬、割炬点火时应先开乙炔阀、后开氧气阀；孔嘴不得对人。 **3）** 焊炬、割炬的焊嘴因连续工作过热而发生爆鸣时，应用水冷却；因堵塞而爆鸣时，则应立即停用，待剔通后方可继续使用。 **4）** 严禁将点燃的焊炬、割炬挂在工件上或放在地面上。 **5）** 严禁将焊炬、割炬作照明用；严禁用氧气吹扫衣服或纳凉。 **6）** 气焊、气割操作人员应戴防护眼镜。使用移动式半自动气割机或固定式气割机时操作人员应穿绝缘鞋，并采取防止触电的措施。 **7）** 气割时应防割件倾倒、坠落。距离混凝土地面（或构件）太近或集中进行气割时，应采取隔热措施。 **8）** 气焊、气割工作完毕后，应关闭所有气源的供气阀门，并卸下焊（割）炬。严禁只关闭焊（割）炬的阀门或将输气胶管弯折便离开工作场 所。 **9）** 严禁将未从供气阀门上卸下的输气			7 现场检查焊炬、割炬使用规范，符合安全管理规定。

续表

序号	强制性条文内容	执行情况		相关资料
		√	×	
12.1.3	胶管、焊炬和割炬放入管道、容器、箱、罐或工具箱内。			
12.1.4	热处理应符合下列规定： **1** 热处理场所不得存放易燃、易爆物品，并应在明显、方便的地方设置足够数量的灭火器材。 **2** 管道热处理场所应设围栏并挂警示牌。 **3** 采用电加热时，加热装置导体不得与焊件直接接触。 **4** 热处理作业人员应穿戴必要的劳动防护用品，应至少两人参与作业。 **5** 热处理作业时，操作人员不得擅自离开。工作结束后应详细检查，确认无起火危险后方可离开。 **6** 热处理设备带电部分不得裸露。 **7** 热处理加热片拆除作业时，应有可靠的防烫伤措施。 **8** 热处理作业专用电缆敷设遇到带有棱角的物体时应采取保护措施；遇通道时应有防止碾压措施。 **9** 严禁使用损坏的热处理加热片，严禁带电拆除热处理加热片。			**1** 热处理场地清洁，灭火器在有效期内，符合现场标准。 **2-3** 热处理场地设置隔离区，加热操作得当，符合管理要求。 **4-5** 热处理人员穿戴符合规范要求，遵守规章制度。 **6** 热处理设备带电体符合绝缘要求。 **7** 加热片拆除时，防烫措施良好。 **8** 热处理电缆防护完善，符合要求。 **9** 加热片完好，操作正规，符合安全管理规定。

施工单位：	总承包单位：	监理单位：	建设单位：
年 月 日	年 月 日	年 月 日	年 月 日

注：本表1式4份，由施工项目部填报留存1份，上报监理项目部1份，上报总承包项目部1份，上报建设单位1份。

13.防腐、防火与防爆

火力发电工程安全强制性条文实施指导大纲检查记录表

单位名称（项目部）：　　　　　　　　　　编号：Q/CSEPC-AG-DL5009-4-013

标段名称		专业名称		
施工单位		项目经理		
序号	强制性条文内容	执行情况		相关资料
		√	×	
《电力建设安全工作规程　第1部分：火力发电》（DL 5009.1—2014） 13.1 防腐、防火与防爆				
13.1.1	通用规定： **1** 酸、碱、易燃易爆等危险物品应专库存放、专人保管，余料应及时归库。严禁在办公室、工具房、休息室、宿舍等地方存放腐蚀、易燃、易爆物品。 **2** 易燃易爆危险品库房内应使用防爆灯具。 **3** 防腐施工时作业人员应按规定佩戴防护面具。 **4** 检查蓄电池时，人员应穿戴防酸碱护目镜、绝缘鞋、手套、口罩和工作服。裤脚不得放入绝缘鞋内。 **5** 临时设施应有消防设计，应满足现场防火、灭火及人员安全疏散的要求，并符合国家现行消防技术规范和当地消防部门的规定。 **6** 在易燃、易爆区周围动用明火或进行可能产生火花的作业时，必须办理动火工作票，经有关部门批准，并采取相应措施方可进行。 **7** 施工现场应保持通风良好，现场的有毒、有害气体等不得超过国家现行标准规定的高允许浓度。 **8** 施工现场的办公场所、员工集体宿舍与作业区应分开设置，并保持安全距离。 **9** 消防设施应符合国家、行业相关产品技术标准规定。 **10** 存放炸药、导火索、雷管，应得到当地主管部门的许可，并分别存放在专用仓库内，指派专人负责保管，严格执行领、退料制度。 **11** 运输易燃、易爆等危险物品，应按当地主管部门有关规定执行。			**1** 易燃易爆等危险物品专库存放、专人保管，余料及时归库。未在办公室、工具房、休息室、宿舍等地方存放腐蚀、易燃、易爆物品。 **2** 易燃易爆危险品库房内使用防爆灯具。 **3** 防腐施工时作业人员按规定佩戴防护面具。 **4** 现场检查，符合要求。 **5** 临时设施有消防设计，满足现场防火、灭火及人员安全疏散的要求。 **6** 在易燃、易爆区周围动用明火或进行可能产生火花的作业时，已办理动火工作票，经有关部门批准，并采取相应措施方可进行。 **7** 施工现场保持通风良好，现场的有毒、有害气体等未超过国家现行标准规定的高允许浓度。 **8** 施工现场的办公场所与作业区分开设置，并保持安全距离，无集体宿舍。 **9** 消防设施符合国家、行业相关产品技术标准规定。 **10** 现场检查，符合要求。 **11** 查资料，查现场，符合

续表

序号	强制性条文内容	执行情况		相关资料
		√	×	
13.1.1	**12** 室内使用油漆及其有机溶剂、乙二胺、冷底子油或其他可燃、易燃易爆危险品作业时，应保持良好通风。作业场所严禁明火，并应有避免产生静电的措施。 **13** 蓄电池室、脱硫塔、氨区、氢区、油区等危险区域，应悬挂“严禁烟火”等警示标识，严禁带入任何火种。			要求。 **12** 室内使用可燃、易燃易爆危险品作业时，保持良好通风，作业场所严禁明火，并有避免产生静电的措施。 **13** 危险区域，悬“严禁烟火”等警示标识，未带入任何火种。
13.1.2	防腐应符合下列规定： **1** 油漆、防腐施工区域应通风良好。 **2** 油漆、防腐作业时应戴好防毒口罩并涂以防护油膏。作业人员严禁携带火种。 **3** 调漆作业场所应通风良好，距明火作业地点不得小于15m。 **4** 交叉作业时，盛放油漆等易燃物品的容器应有防倾倒及火花溅入的措施。 **5** 喷漆机使用前应进行检查，并经工作压力1.25倍的水压试验合格。严禁使用未设压力表及安全阀的机器进行加压工作。 **6** 采用静电喷漆时，喷漆室（棚）应可靠接地。 **7** 涂刷外开窗扇的油漆时应将安全带挂在牢固的地方。油漆封檐板、水落管等应搭设脚手架或吊架。在坡度大于25°的地方作业时应设置活动板梯、防护栏杆和安全网。 **8** 地下室、基础、池壁、容器及管道内油漆、防腐、防水施工应符合受限空间作业安全管理规定，施工人员不得少于两人，作业过程中应定时轮换并适当增加间歇时间。 **9** 环氧树脂、玻璃鳞片、喷涂聚脲作业时，应设排风装置，保持通风良好。人应站在上风方向，并戴防毒口罩及橡皮手套。作业面周围严禁使用明火，并配备消防设施。 **10** 充酸、充碱的系统应严密、无泄露，需紧固连接件或密封件时应采取可靠防护措施。 **11** 不宜在已投入使用的酸、碱设备的阀门、法兰、玻璃液面计等部件附近作业或停留，需作业时应有可靠的隔离措施。 **12** 使用环氧树脂制作铠装热电偶冷端等作业时，应在通风良好的地方进行，操作人员应戴口罩和手套。 **13** 压力喷砂除锈作业： 1）喷砂场所应搭设帆布工棚或喷砂房			**1** 油漆、防腐施工区域通风良好。 **2** 油漆、防腐作业时戴好防毒口罩并涂以防护油膏，作业人员未携带火种。 **3** 调漆作业场所通风良好，距明火作业地点大于15m。 **4** 交叉作业时，盛放油漆等易燃物品的容器有防倾倒及火花溅入的措施。 **5** 查资料，查现场，符合要求。 **6** 现场检查，符合要求。 **7** 涂刷外开窗扇的油漆时将安全带挂在牢固的地方。油漆水落管等搭设脚手架或吊架。 **8** 地下室、基础、池壁、容器及管道内油漆、防腐、防水施工符合受限空间作业安全管理规定，施工人员大于两人，作业过程中定时轮换并适当增加间歇时间。 **9** 玻璃鳞片作业时，设有排风装置，保持通风良好。人站在上风方向，并戴防毒口罩及橡皮手套。作业面周围未使用明火，并配备消防设施。 **10-12** 现场检查，符合要求。 **13** 已按要求执行。 **14** 已按要求执行。

续表

序号	强制性条文内容	执行情况		相关资料
		√	×	
13.1.2	且有防尘密闭措施，远离人群、办公区、生活区。 **2**）作业人员应戴防尘面罩或空气呼吸器、手套，穿密封式工作服，严禁使用氧气代替压缩空气做喷砂气源。 **3**）喷嘴接头应牢固，不得垂直喷射工件表面，使用中严禁对人。遇喷嘴堵塞时，应在停机泄压后方可进行修理或更换。 **4**）作业人员应站在砂料喷出的反方向作业。 **5**）应适当增加间歇时间。 **6**）在容器内进行喷砂作业时，应加强通风，容器外应设监护人，并适当减少在容器内的作业时间。 **7**）喷砂使用的临时储气罐应由具备资质的单位制造，不得随意处理使用中出现的缺陷，确需处理要制定可靠的安全技术措施。 **14** 脱硫防腐施工。 **1**）在塔、罐内进行油漆、防腐作业时，应强制通风。 **2**）进入塔、罐内作业前，应检查使用的电气线缆完好。 **3**）玻璃鳞片施工时，施工现场及周边严禁动火，严禁在设备和烟道内、外壁进行焊接、切割、打磨等能产生明火的作业。			
13.1.3	防火应符合下列规定： **1** 临时建筑及仓库的设计应符合《建筑防火设计规范》（GB 50016）的规定。库房应通风良好，配置足够的消防器材，设置“严禁烟火”警示牌，严禁住人。 **2** 装有易燃、易爆物品的各类建筑之间的防火安全距离应符合《建设工程施工现场消防安全技术规范》（GB 50720）的规定。 **3** 施工现场出入口不应少于两个，宜布置在不同方向，宽度应满足消防车通行要求。只能设置一个出入口时，应设置满足消防车通行的环形道路。 **4** 施工现场的疏散通道、安全出口、消防通道应保持畅通。			**1** 临时建筑及仓库的设计符合《建筑防火设计规范》（GB 50016）的规定。库房通风良好，配置足够的消防器材，设置“严禁烟火”警示牌，严禁住人。 **2** 装有易燃、易爆物品的各类建筑之间的防火 安全距离符合《建设工程施工现场消防安全技术规范》（GB 50720）的规定。 **3** 施工现场出入口大于两个，宽度满足消防车通行要求。

续表

序号	强制性条文内容	执行情况		相关资料
		√	×	
13.1.3	**5** 施工现场及生活区宜设消防水系统。 **6** 消防管道的管径及消防水的扬程应满足施工期高消防点的需要。 **7** 室外消防栓应根据建（构）筑物的耐火等级和密集程度布设，一般每隔120m应设置一具。仓库、宿舍、加工场地及重要设备旁应有相应的灭火器材，一般按建筑面积每120m²设置灭火器一个。 **8** 消防设施应有防雨、防冻措施，并定期进行检查、试验，确保消防水畅通、灭火器有效。 **9** 消防水带、灭火器、砂桶（箱、袋）、斧、锹、钩子等消防器材应放置在明显、易取处，不得任意移动或遮盖，严禁挪作他用。 **10** 在油库、木工间及易燃、易爆物品仓库等场所严禁吸烟，设“严禁烟火”的明显标志，并采取相应的防火措施。 **11** 氧气、乙炔、汽油等危险品仓库应有避雷及防静电接地设施，屋面应采用轻型结构，门、窗应向外开启，保持良好通风。 **12** 挥发性的易燃材料不得装在敞口容器内或存放在普通仓库内。 **13** 闪点在45℃以下的桶装易燃液体严禁露天存放。炎热季节应采取降温措施。 **14** 装过挥发性油剂及其他易燃物质的容器，应及时退库，并保存在距建（构）筑物不小于25m的单独隔离场所。 **15** 粘有油漆的棉纱、破布及油纸等易燃废物，应及时回收处理。			**4** 施工现场的疏散通道、安全出口、消防通道保持畅通。 **5** 施工现场及生活区设有消防水系统。 **6** 消防管道的管径及消防水的扬程满足施工期高消防点的需要。 **7** 室外消防栓布设符合要求，仓库、宿舍、加工场地及重要设备旁有相应的灭火器材。 **8** 消防设施有防雨、防冻措施，并定期进行检查、试验，确保消防水畅通、灭火器有效。 **9** 消防水带、灭火器、砂桶（箱、袋）、斧、锹、钩子等消防器材放置在明显、易取处，不得任意移动或遮盖，不挪作他用。 **10** 在油库、木工间及易燃、易爆物品仓库等场所严禁吸烟，设“严禁烟火”的明显标志，并有相应的防火措施。 **11** 氧气、乙炔、汽油等危险品仓库有避雷及防静电接地设施，屋面采用轻型结构，门、窗向外开启，保持良好通风。 **12** 挥发性的易燃材料未装在敞口容器内或存放在普通仓库内。 **13** 闪点在45℃以下的桶装易燃液体未露天存放。炎热季节采取降温措施。 **14** 装过挥发性油剂及其他易燃物质的容器，已及时退库，并保存在距建（构）筑物大于25m的单独隔离场所。 **15** 粘有油漆的棉纱、破布及油纸等易燃废物，已及时回收处理。

续表

序号	强制性条文内容	执行情况		相关资料
		√	×	
13.1.4	防爆应符合下列规定： **1** 在有爆炸危险的区域内施工，应采用防爆电气设备并接地良好。电源线不应有接头。特殊情况下，应采用防爆型接线盒或分线盒连接。 **2** 在有爆炸危险的环境内敷设电源线应采取防爆措施，装设的所有电气设备均使用防爆型。 **3** 蓄电池室内照明、排风机等电器应使用防爆型，开关、熔断器、插座等宜装设在室外，装设在室内时，应采用防爆型。 **4** 蓄电池室内照明线路应采用耐酸导线，并采取暗线敷设。检修用的行灯应采用12V 防爆灯。 **5** 进出蓄电池室的电缆、电线，在穿墙处应用耐酸穿管进行保护，并在进出端口用耐酸材料封堵。 **6** 蓄电池室发生火灾时，应立即停止充电，切断所有电源，采用二氧化碳灭火器灭火。 **7** 蓄电池室及其附近严禁存放易燃易爆物品。在安装过程中应及时清理各种包装物。 **8** 进出蓄电池室的人员严禁穿戴易产生静电的衣物及带铁钉的鞋子。 **9** 进入煤粉仓作业前，应先进行检查，确认无窒息可能以及无可燃性气体存在后，方可进入。作业人员的安全带应拴挂在仓外牢固的物体上，仓外至少应有两人监护，监护人应能直接看到作业人员。 **10** 压力容器、管道、气瓶： **1）** 储装气体的压力容器、管道、气瓶及其附件应合格、完好。 **2）** 压力容器、管道、气瓶应远离火源，且距火源不得小于10m，并应采取避免高温和防暴晒的措施。 **3）** 各种气瓶应保持直立状态，并采取防倾倒措施。 **4）** 乙炔、丙烷等气瓶严禁横躺卧放，严禁碰撞、敲打、抛掷、滚动气瓶。 **5）** 乙炔、丙烷等气瓶应配备回火防止器并保持完好。 **6）** 压力气瓶的减压器、防震圈及其他附件应完好。			**1** 在有爆炸危险的区域内施工，采用防爆电气设备并接地良好，电源线无接头。 **2** 在有爆炸危险的环境内敷设电源线采取防爆措施，装设的所有电气设备均使用防爆型。 **3** 蓄电池室内照明、排风机等电器使用防爆型，开关、熔断器、插座等装设在室外，装设在室内时，采用防爆型。 **4** 蓄电池室内照明线路采用耐酸导线，并采取暗线敷设，检修用的行灯采用12V防爆灯。 **5** 进出蓄电池室的电缆、电线，在穿墙处用耐酸穿管进行保护，并在进出端口用耐酸材料封堵。 **6** 严格执行断电灭火程序。 **7** 蓄电池室及其附近未存放易燃易爆物品。在安装过程中及时清理各种包装物。 **8** 进出蓄电池室的人员未穿戴易产生静电的衣物及带铁钉的鞋子。 **9** 严格执行相关规定，监护到位。 **10** 已按要求执行。

续表

序号	强制性条文内容	执行情况		相关资料
		√	×	
13.1.4	**7**）氧气瓶与乙炔、丙烷气瓶的工作间距不应小于5m，气瓶与明火作业点的距离不应小于10m。 **8**）食堂液化气罐应单独存放，不得使用易燃材料搭建专用储存库房。 **9**）不得使用已报废的气瓶。			

施工单位：	总承包单位：	监理单位：	建设单位：
年　月　日	年　月　日	年　月　日	年　月　日

注：本表1式4份，由施工项目部填报留存1份，上报监理项目部1份，上报总承包项目部1份，上报建设单位1份。

14.拆除作业

火力发电工程安全强制性条文实施指导大纲检查记录表

单位名称（项目部）：　　　　　　　　　编号：Q/CSEPC-AG-DL5009-4-014

标段名称		专业名称		
施工单位		项目经理		
序号	强制性条文内容	执行情况		相关资料
		√	×	
《电力建设安全工作规程　第1部分：火力发电》（DL 5009.1—2014） 14.1 拆除作业				
14.1.1	通用规定： **1** 开工前应全面了解被拆除工程结构设计和涉及区域的地下设施分布情况，进行现场勘察，编制施工方案，制定应急预案。 **2** 施工方案中应有消除或减少粉尘、有毒烟雾、噪声等危害健康和环境污染的措施。 **3** 开工前应将被拆除建（构）筑物上及其周围的各种力能管线切断或迁移。当建（构）筑物外侧有架空线路或电缆线路时，应与主管部门取得联系，采取可靠防护措施，确认安全后方可施工。 **4** 施工用电设施及灯具应单独安装。 **5** 拆除区域周围应设硬质封闭围挡，悬挂警告牌，并设专人监护；危险区域严禁无关人员和车辆通过或逗留。 **6** 当拆除工程对相邻建（构）筑物安全可能产生危险时，必须采取保护措施。 **7** 拆除作业中发现不明物体，应立即停止施工，保护现场并及时向有关部门报告。 **8** 拆除施工严禁立体交叉作业。 **9** 拆除工程完工后，应及时将渣土清运出场。清运渣土的车辆应封闭或覆盖。			**1** 查资料，是否符合要求。 **2-5** 现场检查，是否符合要求。 **6-7** 严格执行相关规定。 **8-9** 现场检查，是否符合要求。
14.1.2	重要的拆除工程必须在技术负责人指导下施工；多人拆除同一建（构）筑物时，应指定专人统一指挥，不得垂直交叉作业。			现场检查是否符合要求。
14.1.3	拆除工程应自上而下逐层拆除，分段进行，严禁数层同时拆除；当拆除某一部分时，应有防止其他部分发生倒塌的措施。			现场检查，是否符合要求。
14.1.4	拆除工程应先拆除非承重结构，再拆除承重结构。拆除框架结构建筑，必须按楼板、次梁、主梁、柱子的顺序进行施工。			现场检查，是否符合要求。
14.1.5	拆除建（构）筑物一般不得采用推倒的方法。遇到特殊情况必须采用推倒方法时应符合下列规定： **1** 砍切墙体根部不得超过墙厚的1/3。 **2** 应设牢固的支撑防止墙壁向掏掘方向倾倒。			现场检查，是否符合要求。

续表

序号	强制性条文内容	执行情况		相关资料
		√	×	
14.1.5	**3** 建（构）筑物推倒前应发出警示信号，确认全部人员远离该建（构）筑物高度两倍以上的距离后方可推倒。			
14.1.6	在相当于拆除建（构）筑物高度的距离内有其他建（构）筑物时，严禁采用推倒的方法。			现场检查，是否符合要求。
14.1.7	建（构）筑物的栏杆、楼梯及楼板等应与建（构）筑物的整体同时拆除，不得先行拆除。拆除后的坑穴应填平或设围栏。			现场检查，是否符合要求。
14.1.8	建（构）筑物的承重支柱及横梁，应待所承担的结构全部拆除后方可拆除。			现场检查，是否符合要求。
14.1.9	对只进行部分拆除的建（构）筑物，必须先加固保留部分，再进行分离拆除。			现场检查，是否符合要求。
14.1.10	拆除时，楼板上严禁多人聚集或集中堆放拆除下来的材料，拆除物应及时清除。			现场检查，是否符合要求。
14.1.11	拆除作业人员应站在稳定的结构或脚手架上操作，高处作业时，应系好安全带并挂在暂不拆除部分的牢固结构上。			现场检查，是否符合要求。
14.1.12	拆除石棉瓦等轻型结构屋面时严禁直接踩在屋面上，必须使用移动板或梯子，并将其上端固定牢固。			现场检查，是否符合要求。
14.1.13	地下构筑物拆除前应先将埋设在地下的力能管线切断。不能切断时，必须采取隔离措施，并有防止地下有毒有害气体伤人的措施。			现场检查，是否符合要求。
14.1.14	清挖土方中遇到接地网时，应及时向有关部门汇报，并做出妥善处理。			严格执行相关程序。
14.1.15	在高压线路附近的拆除作业应在停电后进行。不能停电时，必须办理安全工作票，经线路主管部门批准后方可进行。			严格执行相关程序。
14.1.16	进行建筑基础或局部块体拆除时，宜采用静力破碎的方法；采用具有腐蚀性的静力破碎剂作业时，灌浆人员必须戴防护手套和防护眼镜；孔内注入破碎剂后，作业人员应保持安全距离，严禁在注孔区域行走。			现场检查是否符合要求。
14.1.17	爆破拆除工程应做出安全评估并经当地有关部门审核批准后方可实施。施工必须按《爆破安全规程（GB 6722）的规定执行。			查资料，符合要求。
14.1.18	对烟囱、水塔类构筑物采用定向爆破拆除作业时，爆破拆除设计应控制建筑倒塌时的触地振动。必要时应在倒塌范围铺设缓冲材料或开挖防振沟。			现场检查，符合要求。

续表

序号	强制性条文内容	执行情况		相关资料
		√	×	
14.1.19	对地下构筑物及埋设物采用爆破法拆除时，在爆破前应按其结构深度将周围的泥土全部清除。留用部分或其靠近的结构必须用砂袋加以保护，其厚度不得小于500mm。			现场检查，符合要求。
14.1.20	用爆破法拆除建（构）筑物的部分结构时，应保证保留部分的结构完整。爆破后发现保留部分结构有危险征兆时，必须立即采取相应的安全技术措施。			是否严格执行相关程序。

施工单位：	总承包单位：	监理单位：	建设单位：
年 月 日	年 月 日	年 月 日	年 月 日

注：本表1式4份，由施工项目部填报留存1份，上报监理项目部1份，上报总承包项目部1份，上报建设单位1份。

15.土建一般规定

火力发电工程安全强制性条文实施指导大纲检查记录表

单位名称（项目部）：　　　　　　　　　　编号：Q/CSEPC-AG-DL5009-4-015

<table>
<tr><td colspan="2">标段名称</td><td></td><td>专业名称</td><td colspan="2"></td></tr>
<tr><td colspan="2">施工单位</td><td></td><td>项目经理</td><td colspan="2"></td></tr>
<tr><td rowspan="2">序号</td><td colspan="2" rowspan="2">强制性条文内容</td><td colspan="2">执行情况</td><td rowspan="2">相关资料</td></tr>
<tr><td>√</td><td>×</td></tr>
<tr><td colspan="6">《电力建设安全工作规程　第1部分：火力发电》（DL 5009.1—2014）
15.1 土建一般规定</td></tr>
<tr><td>15.1.1</td><td colspan="2">施工作业人员应体检合格，无妨碍作业的疾病和生理缺陷。</td><td></td><td></td><td>施工作业人员体检是否合格，无妨碍作业的疾病和生理缺陷。符合要求。</td></tr>
<tr><td>15.1.2</td><td colspan="2">作业前检查作业环境应符合要求，安全设施可靠，防护用品齐全。</td><td></td><td></td><td>作业前检查作业环境是否符合要求，安全设施可靠，防护用品齐全。符合要求。</td></tr>
<tr><td>15.1.3</td><td colspan="2">工器具、材料严禁通过抛掷方式进行传递。</td><td></td><td></td><td>按施工现场安全生产保证计划施工，现场实际检查符合要求，材料堆放整齐。</td></tr>
<tr><td>5.1.4</td><td colspan="2">夜间施工作业场所应有充足照明，并有明显的安全警示标识。</td><td></td><td></td><td>夜间施工作业场所有充足照明，并有明显的安全警示标识。符合要求。</td></tr>
<tr><td>5.1.5</td><td colspan="2">进入设备、封闭容器内部检查应符合本部分4.10.3的规定。</td><td></td><td></td><td>进入设备、封闭容器检查是否符合相关规定。</td></tr>
<tr><td>5.1.6</td><td colspan="2">脚手架的搭设应与建（构）筑物的施工同步并验收合格。</td><td></td><td></td><td>脚手架的搭设与建（构）筑物的施工同步，验收合格。</td></tr>
</table>

施工单位：	总承包单位：	监理单位：	建设单位：
年　月　日	年　月　日	年　月　日	年　月　日

注：本表1式4份，由施工项目部填报留存1份，上报监理项目部1份，上报总承包项目部1份，上报建设单位1份。

16.建筑机械

火力发电工程安全强制性条文实施指导大纲检查记录表

单位名称（项目部）：　　　　　　　　　　　　编号：Q/CSEPC-AG-DL5009-4-016

标段名称		专业名称	
施工单位		项目经理	

序号	强制性条文内容	执行情况		相关资料
		√	×	
《电力建设安全工作规程　第1部分：火力发电》（DL 5009.1—2014） 16.1 建筑机械				
16.1.1	通用规定： **1** 机械操作人员应按规定经过专业培训、考试合格，持证上岗。 **2** 机械使用前，操作人员应全面检查机械并试车合格，在明显部位张贴或悬挂操作规程。 **3** 操作人员应严格执行操作规程，不得进行与机械设计用途不相符的作业；严禁超负荷、超速作业。 **4** 操作人员不得擅自离开工作岗位，不得将机械交给无证人员操作，不得从事与作业无关的活动。 **5** 机械作业时，与操作无关的人员不得进入机械控制室、操作室。 **6** 新购、新装、技术改造和大修后的施工机械，应进行测试、检验、试验，鉴定合格后方可交付使用。 **7** 固定式施工机械应安装在牢固的基础上并验收合格。 **8** 移动式或轮式施工机械每次移动后应可靠固定。 **9** 机械设备的传动、转动等运动部位应设安全防护装置，各种监测、指示、仪表、报警等自动保护装置应完好齐备。 **10** 机械运转时，严禁用手触摸其转动、传动等运动部位，不得对传动部分进行检修、保养、清洁及润滑。 **11** 机械回转作业时，配合作业人员应在回转半径以外；需回转半径以内作业时，机械应停止回转并制动。			**1** 检查相关培训记录和证书、上岗证书，符合要求。 **2** 现场实体检查，符合要求，查检查记录。 **3** 有相关的机械操作规定，可检查相关技术交底。 **4** 检查现场施工监管记录，无违章操作，符合要求。 **5** 检查现场施工监管记录，无违章操作，符合要求。 **6** 有相关的机械进场检查记录和机械维修记录，符合要求，见JGJ 160—2008。 **7** 现场检查验收合格。 **8** 有相关施工机械使用规范，可查现场施工监管记录，符合要求。 **9** 有设置安全防护装置的措施，符合要求。 **10** 在机械施工培训和三级安全教育中有说明。在大型转动装置裸露部分设置专人监管，符合要求。 **11** 现场检查中，机械施工半径均设置警示带。可查现场施工监管记录。 **12** 建筑机械使用安全技术规程中有说明，详见JGJ 33—2012。

续表

序号	强制性条文内容	执行情况		相关资料
		√	×	
16.1.1	**12** 电动机械不得使用倒顺开关，不得使用漏电断路器直接控制电动机。 **13** 移动式机械的电源线应使用多股双绝缘软铜芯电源线，不应在地面拖放，采用架设时，架设高度不低于700mm。 **14** 重型机械通过桥梁、涵洞、路堤时应复核其承载能力，必要时应采取加固措施。 **15** 机械在架空输电线路下方工作或通过时，其最高点与架空输电线路之间的安全距离应符合本部分4.8.1条第27款的规定。 **16** 自行机械应在产品使用说明书规定的场地和坡度范围内作业。 **17** 自行机械上下坡道时应低速行驶，上坡时不得换挡，下坡时不得空挡滑行。 **18** 每班作业后，操作人员应对机械进行检查，做好运行记录或交接班记录。 **19** 机械设备应定期维护和保养，并做好记录。 **20** 当机械发生异常情况时，应立即停机。 **21** 交流电气系统及电动机故障时，应由持证电工处理。 **22** 设备检修时应停机并切断电源。 **23** 操作人员应穿工作服并扎紧袖口，长发应盘入帽内，严禁系领带。			**13** 现场检查符合要求，有相关现场检查记录。 **14** 现场检查，验收合格。 **15** JGJ 33—2012中有相关规定，符合要求。 **16** 施工技术交底中有明确记录，检查相关现场施工监管记录，符合要求。 **17** 建筑机械使用安全技术规程中有说明，详见JGJ 33—2012。 **18** 可查相关运行记录和交接班记录，记录文件完整，内容清晰。符合要求。 **19** JGJ 160—2008中有机械设备定期维护和保养的规定，查看相关记录，资料完整，内容清晰，符合规定。 **20** 检查现场施工记录，异常情况都能得到妥善处理，符合要求。 **21** 有关于机械及电力故障的相关处理方法，现场检查中无违章操作，符合要求。 **22** 有关于机械及电力故障的相关处理方法，现场检查中无违章操作，符合要求。 **23** 现场施工符合要求。
16.1.2	土石方机械应符合下列规定： **1** 作业前，应查明机械作业区域明、暗设置物，地下电缆、管道、坑道位置及走向，并设置明显标记。 **2** 作业中不得损坏明、暗设置物。距离输送易燃、易爆、有毒介质或承压管道及地下电缆1m范围内禁止大型机械作业。 **3** 机械启动前应确认周围无障碍物，行驶或作业前应先鸣声示警。 **4** 机械行驶时不应上下人员及传递物件。在陡坡上严禁转弯、倒行，不得随意停车。 **5** 停车或在坡道上熄火时，应立即将车制动，刀片（铲刀）、铲斗等应同时落地。 **6** 雨季施工时，机械作业完毕应停放在地势较高的坚实地面上。			**1** 有相关技术交代，现场检查是否符合要求。 **2** 作业中提前熟悉地下设施，可查相关施工记录，符合要求。 **3** 建筑机械使用安全技术规程中有说明，详见JGJ 33—2012。 **4** 建筑机械使用安全技术规程中有说明，详见JGJ 33—2012。 **5** 检查现场施工监管记录，符合要求。 **6** 检查现场施工监管记录，符合要求。

续表

序号	强制性条文内容	执行情况		相关资料
		√	×	
16.1.2	**7** 施工区域内有地下管线时不得使用机械开挖。 **8** 转运机械时，机械严禁在跳板上转向或无故停车，在运输车辆上定位后各制动器应可靠制动，机身固定牢固，履带、车轮前后应用楔子垫牢。 **9** 挖掘机： **1）**挖掘机作业时应保持水平状态，行走机构应可靠制动，履带或轮胎应楔紧。 **2）**拉铲或反铲作业时，履带式挖掘机的履带距工作面边缘安全距离应大于1m，轮胎式挖掘机的轮胎距工作面边缘安全距离应大于1.5m。 **3）**装运土石方时，应在运输车辆停稳后进行，铲斗严禁从车辆驾驶室或人员的头顶上方越过。 **4）**铲斗回转作业时，其半径范围内不得有推土等作业。 **5）**行驶时，铲斗应位于机械的正前方并离地面1m左右，回转机构应可靠制动并锁定，上下坡的坡度不得超过20°。 **6）**液压挖掘装载机的操作手柄应平顺，臂杆下降时中途不得突然停顿。行驶时应将铲斗和斗柄的油缸活塞杆完全伸出，使铲斗斗柄靠紧动臂。 **10** 推土机： **1）**用推土机牵引其他机械或重物时，应由专人指挥。钢丝绳的连接必须牢固可靠。牵引起步时，附近严禁有人。 **2）**在基坑、深沟或陡坡处作业时，应由专人指挥，推土时刀片不超出边坡边缘，后退时应换好倒挡后方可提刀倒车。 **3）**在基坑、深沟或陡坡处作业时，当垂直边坡高度超过2m时应放出安全边坡并采取可靠加固措施，同时禁止用推土刀侧面推土。 **4）**推土机上下坡时，上坡坡度不应超过25°，下坡坡度不应超过35°，横向坡度不应超过10°；25°以上坡度不得横向行驶、急转弯。			**7** 现场机械使用完毕后一般停放在规定安全地点，查看机械运行记录，符合要求。 **8** 查看机械运行记录，操作规范，符合要求。 **9** 查看现场施工记录、施工日志、机械运行记录。资料完整，内容清晰。相关操作均符合规定。对驾驶员技术培训到位，安全技术交底及时，监管和指挥得当。符合要求。 **1）**现场检查操作规范。 **2）**有专人指挥，严格控制安全距离。 **3）**机械安全使用规范中有相关规定。 **4）**有专人看管，及时清理。 **5）**机械安全使用规范中有相关规定。 **6）**驾驶员培训中有相关内容培训，可查培训记录。 **10** 现场检查，符合要求。

续表

序号	强制性条文内容	执行情况		相关资料
		√	×	
16.1.2	**5**）两台及以上推土机在同一区域作业时，前后距离应大于8m，左右距离应大于1.5m。 **6**）推土机在建（构）筑物附近作业时，与建（构）筑物的墙、柱、台阶等的距离应大于1m。 **11** 铲运机： **1**）作业时，严禁任何人上下机械、传递物件。驾驶室外任何部位不得载人。 **2**）多台拖式铲运机同时作业时，前后距离不得小于10m。多台自行式铲运机同时作业时，前后距离不得小于6m。平行作业时两机间隔不得小于2m。 **3**）在不平场地上行驶及转弯时，严禁将铲运斗提升到最高位置。 **4**）上坡坡度不应超过25°，下坡坡度不应超过35°；拖式铲运机横向坡度不应超过6°，自行式铲运机横向坡度不应超过15°；坡宽应大于铲运机宽度2m。 **5**）在新填土堤上作业时，铲斗离坡边不得小于1m。 **6**）不宜使用拖拉机连接铲斗作业。 **12** 装载机： **1**）起步前应将铲斗提升至离地面0.5m左右。行驶时，铲斗严禁载人。 **2**）装料时，铲斗应从正面插入；卸料时应缓慢。 **3**）铲斗向前倾斜时不得提升重物，提升物体应在停车制动后进行。 **13** 平地机： **1**）作业起步时，刮刀或齿耙应下降到接近地面处；起步后，刮刀或齿耙应根据切土阻力大小随时调整切土深度。 **2**）在调头与转弯时应用最低速，行驶时刮刀或齿耙应斜放、升至最高位置，且两端不得超出后轮胎的外侧。 **3**）调整刮刀时必须停机。 **14** 压路机：			**11** 现场检查，符合要求。 **12** 查看现场施工记录、监管记录和机械运行记录，对于装载机的现场施工，均有技术员或工程师现场指挥。且对于驾驶员，培训合格，驾驶证及各类证书齐全，现场经验丰富，现场施工无不良操作。是否符合要求： **1**）对驾驶员有相关培训，可查技术及安全交底。 **2**）JGJ 33—2012中有相关安全规定，是否符合要求。 **3**）现场施工时严格控制，监管到位，按规范执行。 **13** 现场检查，符合要求。 **14** 现场检查，符合要求，查压路机运行记录和现场施

续表

序号	强制性条文内容	执行情况		相关资料
		√	×	
16.1.2	1）变换压路机前进后退方向，应待滚轮停止后进行；严禁使用换向离合器制动。 2）两台及以上压路机同时作业时，其前后距离应大于3m。 3）振动式压路机在非作业行走时严禁振动；在碾压松散路基时，应在不振动的情况下先碾压1～2遍后再用振动碾压。 4）压路机应停放在平坦坚实的地方，并可靠制动；不得在坡道或土路边缘停车。 **15** 振动平板（冲击）夯机及蛙式夯实机： 1）夯机手柄上应装绝缘按钮开关，操作时应戴绝缘手套。 2）夯机应使用绝缘良好的橡胶软线，作业时严禁夯击到电源线。 3）蛙式夯机严禁在斜坡上夯行。 4）在坡地或松土层上打夯时，严禁人机背向牵引。 5）操作中，夯机前方不得站人。 6）多台同时作业时，夯机之间的平行距离不得小于5m，前后距离不得小于10m。			工监管记录： 1）严格控制大型机械的安全操作，可查机械运行记录。符合要求。 2）压路机均按规范操作，机械间距把控得当，可查相关机械运行记录。 3）现场检查，符合要求。 4）现场机械在使用完毕后一般停放在规定安全地点，查看机械运行记录，符合要求。 **15** 现场检查，符合要求。
16.1.3	混凝土及砂浆机械应符合下列规定： **1** 混凝土及砂浆搅拌机： 1）搅拌机应安装在平整坚实的地方，并用方木或支架架稳，不得以轮胎代替支撑。 2）开机前，应检查滚筒内无异物，周围无障碍，启动空转正常后方可进行工作。 3）进料时，严禁将头或手伸进料斗与机架之间察看或探摸进料情况；料斗升起时，严禁任何人在料斗下通过或停留；作业完毕应将料斗固定好。 4）运转时，严禁将手、工具等伸进滚筒内。 5）小型砂浆搅拌机进料口应设可靠的防护装置。 6）运转中如遇突然停电，应切断电源。 7）清理料坑时，料斗应可靠固定并锁			**1** 有相关交底，对混凝土及沙浆搅拌机有相关施工规范的说明，现场施工记录检查无违章操作，符合要求。 1）现场施工一般先清洁滚筒，完毕后才进行拌料，检查施工记录，符合要求。 2）安全施工技术交底中有相关交代，详见相关文件。 3）现场施工一般有技术员或工程师旁站，防止意外发生。 4）现场施工一般有技术员或工程师旁站，防止意外发生。 5）现场施工中有设置防护装置，检查施工记录，符合要求。

续表

序号	强制性条文内容	执行情况		相关资料
		√	×	
16.1.3	紧。 **8**）检修或维护时，应先切断电源，并悬挂“有人工作，禁止合闸”的警示牌；人员进入滚筒作业时，外面应有人监护。 **9**）作业完毕或因故障停工时，应对滚筒内的余料进行清理，并用水清洗干净。 **2** 混凝土拖泵、泵车及搅拌车： **1**）混凝土拖泵使用前，基座应固定牢固。 **2**）混凝土泵车应设置在坚实的地面上，支腿下面应垫好木板且厚度不小于60mm。 **3**）混凝土泵车作业时，应适时调整支腿，保持车身水平，车轮应楔紧。 **4**）混凝土泵车的布料杆不得起吊或拖拉重物；支腿未固定前严禁启动布料杆；风力达六级及以上时，不得启动布料杆。 **5**）混凝土泵车在运转中不得去掉防护罩，无防护罩不得开泵。 **6**）混凝土输送管道的直立部分应固定牢靠，运行中施工人员不得靠近输送管道接口。 **7**）管道堵塞时，不得用泵强行加压打通。用拆卸管道的方式疏通时，应先反转，消除管内混凝土压力后方可拆卸。 **8**）混凝土拖泵及泵车停运后，应先切断动力源，然后清除残余的混凝土；泵车采用压力顶吹泡沫塑料来清除残渣时，管道出口前方不得站人。 **9**）新型混凝土拖泵及泵车，尚应符合厂家说明书的有关要求。 **3** 混凝土、砂浆喷射机（喷浆机）： **1**）作业前应检查安全阀灵敏可靠、气压表指示正常，空气压缩机出口风量、风压满足作业要求。 **2**）压缩空气管和水管通过道路时应安设在地槽内并加盖保护，接头及阀门等应严密且安装牢固。 **3**）作业过程中，应按作业要求调整风压，严禁空气压缩机超压运行。			**6**）搅拌机均按规范操作，符合相关要求。 **7**）现场检查合格，符合要求。 **8**）有相关的机械检查记录和机械维修记录，符合要求，见JGJ 160—2008。 **9**）现场施工均严格按照交底进行，检查现场施工记录，符合要求。 **2** 有相关交底，对泵车、搅拌车有相关施工规范的说明，机械运行记录检查无违章操作，符合要求。 **1**）现场检查合格，符合要求。 **2**）施工安全交底中有交代。 **3**）对驾驶员有相关培训，可查技术及安全交底。 **4**）有技术员和工程师现场指导，可查现场施工记录。 **5**）现场施工时严格控制，监管到位，按规范执行。 **6**）现场检查有专人指挥，及时提醒无关人员远离作业半径。 **7**）现场施工均严格按照交底进行，检查现场施工记录，符合要求。 **8**）严格控制机械的安全操作，可查机械运行记录。符合要求。 **9**）有相关的机械进场检查记录和机械维修记录，符合要求，见《施工现场机械设备检查技术规程》（JGJ 160—2008）。 **3** 现场检查，符合要求。

续表

序号	强制性条文内容	执行情况		相关资料
		√	×	
16.1.3	4）处理输料管堵塞故障时，应切断动力源，确认输料管疏通后，方可重新作业。 5）作业时在喷嘴的前面及左右5m范围内不得有人；暂停工作时，喷嘴不得对着有人的方向。 6）每班作业结束，应停止送风、送水，机体、仓内、输料管、喷嘴等应清洗干净。 **4** 灰浆输送泵： 1）泵体放置应牢固平稳。输送管应减少弯曲且支撑牢固，不得挂、压重物。 2）作业压力超过规定值时，应立即停机。 3）因故障停机时，应立即泄压，压力降到零时，方可进行检修作业。 4）作业完毕后，泵体和管道应冲洗干净；气温低于0℃时，应将泵体和管道内积水排空。			**4** 现场检查，符合要求。
16.1.4	木工机械应符合下列规定： **1** 开动前应检查锯条、刀片等切削刃具不应有裂纹，紧固螺丝应拧紧；台面上或防护罩上不得放置木料或工具。 **2** 加工前，应清除木料中的金属物、泥沙等杂物。 **3** 使用木工机床时，严禁在机床完全停止前挂皮带或手拿物品制动。 **4** 使用机床加工潮湿或有节疤的木料时，应严格控制送料速度，严禁猛推或猛拉。 **5** 作业场所应配备齐全可靠的消防器材，不得存放易燃物品，严禁吸烟或动用明火。 **6** 作业过程中，应及时清理木屑、刨花，木料堆放整齐，道路畅通。 **7** 作业完毕后，应保持作业场所清洁，切断电源，锁好开关箱。 **8** 严禁使用安全防护性能不合格的锯、刨、钻木工联合机械。 **9** 加工短料、节疤木料时，操作人员严禁戴手套。 **10** 平刨机： 1）严禁使用安全防护装置不合格的平刨机。			**1** 有相关记录，具体可查现场施工记录。 **2** 施工时及时注意到相关情况并及时处理，查看现场监管记录，符合要求。 **3** 操作时严格安装规范执行，查看安全施工技术交底和现场施工记录，符合要求。 **4** 现场检查，符合要求。 **5** 加工厂均配套有消防设备，在安全区域设置吸烟场所，禁止在吸烟场所外的工作区域吸烟。 **6** 作业完毕后清理垃圾，查看现场施工记录，符合要求。 **7** 用电机械使用完毕后，停用用电箱，查看用电监管记录，符合要求。 **8** 对进场器具严格控制，质量标准高，可查相关器具进场验收记录和维修检查记

续表

序号	强制性条文内容	执行情况		相关资料
		√	×	
16.1.4	**2**）刨料时应保持身体平稳、双手操作。刨大面时，手应按在料面上；刨小面时，手指不得低于料高的一半且不得小于30mm。不得用手在料后推送。 **3**）每次刨削量一般不得超过1.5mm，进料速度应均匀，经过刨口时用力要轻，不得在刨刃上方回料。 **4**）厚度小于15mm或长度小于300mm的木料不得用平刨机加工。 **5**）遇有节疤、戗槎应减慢推料速度，不得将手按在节疤上推料。 **6**）换刀片时应切断电源并摘掉皮带。 **7**）同一台刨机的片质量、厚度必须一致，刀架、夹板必须吻合。刀片焊缝超出刀头和有裂纹等缺陷的刀具不得使用。紧固刀片的螺钉应嵌入槽内，离刀背不少于10mm。 **8**）运转中，不得将手伸进安全挡板内侧移动或拆除安全挡板。 **11** 压刨机（包括三面刨、四面刨）： **1**）应采用单向开关，不得采用倒顺开关；三面刨、四面刨应按顺序开动。 **2**）送料和接料不应戴手套，应站在刨机的一侧。进料应平直，发现材料走横或卡住时，应停机降低台面拨正；送料时必须先进大头，手指必须离开滚筒200mm以外，必须待料走出台面后方可接料。 **3**）作业时，严禁一次刨削两块不同材质、规格的木料，刨削量每次不得超过5mm。遇硬节应减慢送料速度。 **4**）刨短料时，其长度不得短于前后压滚的距离。刨厚度小于10mm的木料时应垫托板。 **12** 裁口机（包括立槽刨、线脚刨、铲口刨）： **1**）应按材料规格调整盖板，一手按压，一手推进。刨或锯到头时，应将手移到刨刀或锯片的前面。 **2**）送料应缓慢均匀，遇有硬节时应慢推。接料应超过刨口150mm。			录。 **9** 加工木料时，常规操作符合标准。 **10** 现场检查，符合要求。 **11** 现场检查，符合要求。 **12** 现场检查，符合要求。

续表

序号	强制性条文内容	执行情况		相关资料
		√	×	
16.1.4	3）裁硬木口时，一次不应超过深15mm、高50mm。裁松木口时，一次不应超过深20mm、高60mm。不得在中间插。 4）裁刨圆形木料必须用圆形靠山，用手压牢，慢速进料。 **13** 开榫机： 1）作业前，应紧固好刨刀、锯片，并试运转3～25min。确认正常后，方可作业。作业时，应侧身操作，严禁面对刀具。进料速度应均匀，不得猛推。 2）短料开榫应加垫板夹牢，不得用手握料，1.5m以上的长料应由两人操作。 3）发现刨渣或木片堵塞时，宜用木棍推出，不得用手掏挖。 4）遇有节疤的木料不得上机加工。 **14** 打眼机： 1）打眼必须使用夹料器，严禁直接用手扶料。1.5m 以上的长料应使用托架。调头时应双手持料，并注意周围情况。 2）打眼时，遇节疤必须缓慢压下，不得用力过猛。操作中遇凿芯被卡阻或冒烟时，应立即抬起手柄进行清理。如深度超过凿渣出口，应勤拔钻头。 3）清理凿渣应用刷子或吹风器，不得用手掏挖。更换凿芯时，应先停车切断电源，并在平台上垫上木板后方可进行。 **15** 圆盘锯： 1）操作前应进行检查，锯片不得有裂纹，不得连续缺齿两个，螺丝应拧紧。 2）操作时应戴防护眼镜，站在锯片一侧，不得站在锯片的旋转方向，手臂严禁越过锯片。旋转锯片应有安全防护罩，锯片上方应有可靠的柔性隔离措施。 3）进料应紧贴靠山，不得用力过猛，遇硬节应慢推，应待料出锯片150mm后方可接料，不得用手硬			**13** 现场检查，是否符合要求。 **14** 有相关交底，对木工机械有相关施工规范的说明，现场检查无违章操作，符合要求。 1）打眼时，均采用夹料器扶料，且操作时，无违规操作。 2）现场检查合格，符合要求。 3）现场施工中，机械停止运作或需要暂停运作时一般先切断电源。 **15** 查看现场施工记录、施工日志、机械运行记录。资料完整，内容清晰。相关操作均符合规定。对圆盘锯操作人员技术培训到位，安全技术交底及时，监管和指挥得当。符合要求： 1）圆盘锯使用前，均有对机械进行检查，且现场施工时，严格按照使用规范执行。 2）操作人员施工前，对自身的防护措施检查到位，施

续表

序号	强制性条文内容	执行情况		相关资料
		√	×	
16.1.4	拉。 4）短窄料应用推棍送料，接料应使用刨钩，厚度超过锯片半径的大料不得上锯。 **16** 刮边机： 1）材料应按压在推车上，后端必须顶牢，推进速度应缓慢，不得用手送料到刨口。 2）刀部应设置坚固、严密的防护罩，每次进刀量不得超过4mm。 3）不应使用开口螺丝槽的刨刀，装刀时应拧紧螺丝。 **17** 手电锯： 1）使用前检查应无漏电，操作时应站在绝缘垫上并戴绝缘手套。 2）操作中发现有异常声响或故障时，应立即停止使用，经检修验收合格方可继续使用。 **18** 带锯机： 1）锯条应调整适宜，先经试运转，待运行正常无串条危险后方可开始工作。锯条齿侧或接头处的裂纹长度超过10mm、连续缺齿两个或接头超过两处的锯条不得使用；当锯条裂纹长度小于10mm时应在裂纹终端处冲止裂孔。 2）圆木在上跑车前应调好大小头。 3）圆木应紧靠车桩车盘，挂好钩前不得松动撬棍，操作时手脚不得伸出跑车边缘。 4）非操作人员不得上车，跑车未停稳时不应卸下木料。 5）作业中，操作人员应站在带锯机的两侧，跑车开动后，行程范围内的轨道周围不准站人，任何人不得在车道上停留或抢行。严禁在运行中上、下跑车。 6）进锯前应准确摇尺，进锯后不得更动尺码。进锯速度不宜过猛，送料中严禁调整锯卡子和清理碎料、树皮等。 7）倒车前应检查并排除戗楂、木节等障碍物。应待木料的尾端越过锯条500mm后方可倒车，倒车速度不宜			工中，操作规范。 3）现场检查合格，符合要求。 4）使用时，如有短窄料采用推棍送料，且操作中对木料有进行筛选，不符合要求的木料不得使用圆盘锯，可查现场施工记录。 **16** 现场检查，符合要求。 **17** 现场检查，是否符合要求，查现场施工记录和现场施工监管记录： 1）现场检查是否符合要求。 2）现场施工中，机械有异常时一般先切断电源进行检查，严禁使用有故障的机械，可查机械维修检查记录。 **18** 现场检查，符合要求。

续表

序号	强制性条文内容	执行情况		相关资料
		√	×	
16.1.4	过快。 8）操作小带锯时，上下手应相互配合，不得猛推猛拉。送料时手不得进入台面，接料时手不得超过锯口。锯短料时应用推棍送料。 **19** 锉锯机： 1）使用前，应先检查砂轮无裂缝和破损，砂轮应有防护罩，安装必须牢固，空转应无剧烈震动。 2）锉锯时应戴防护眼镜，操作时应站在砂轮的侧面。当撑齿钩遇到缺齿或撑钩妨碍锯条运动时，应及时处理。 3）锯条的结合必须严密、平滑均匀、厚薄一致。			**19** 现场检查，符合要求。
16.1.5	钢筋机械应符合下列规定： **1** 切断机： 1）启动前应检查刀片无裂纹，刀架螺栓紧固，防护罩牢靠。 2）机械运转正常后方可断料。 3）断料时，手与刀口的距离不得小于150mm。切短钢筋应用套管或钳子夹料，不得用手直接送料。活动刀片行进时严禁送料。 4）钢筋的规格和材质应在切断机的技术文件规定范围内。切低合金钢等特种钢筋时，应使用高硬度刀片。 5）切长钢筋时应有人扶持，操作时应动作一致。在钢筋摆动范围内及切刀附近，非操作人员不得停留。 6）机械运转中严禁用手直接清除刀口附近的短头和杂物。 **2** 除锈机： 1）操作时应戴口罩、手套和防护眼镜。 2）除锈应在调直后进行，操作时应放平握紧，侧身送料，严禁在除锈机正面站人。带钩的钢筋严禁上机除锈。 **3** 调直机： 1）在调直块固定、防护罩盖好前不得送料。作业中严禁打开防护罩及调整间隙。			**1** 查看现场施工记录、施工日志、机械运行记录。资料完整，内容清晰。相关操作均符合规定。对切断机操作人员技术培训到位，安全技术交底及时，监管和指挥得当。符合要求。 1）切断机使用前，均有对机械进行检查，同时检查操作人员自身防护情况，严格按照使用规范执行。 2）现场检查，验收合格。 3）断料时，操作规范，安全意识高，可查现场施工记录。 4）现场检查，符合要求。 5）现场施工时，严格按照使用规范执行。 6）机械运作时，严禁违规操作，造成安全事故，可查现场施工监管记录。 **2** 现场检查，符合要求，查现场施工记录和现场施工监管记录。 1）操作前，检查操作人员自身防护措施。 2）现场施工时，严格按照

续表

序号	强制性条文内容	执行情况		相关资料
		√	×	
16.1.5	2）钢筋送入压滚时，手与滚筒应保持一定的距离。机械运转中不得调整滚筒。严禁戴手套操作。 3）钢筋调直到末端时，操作人员应避开钢筋甩动范围。 4）长度小于2m或直径大于9mm的钢筋调直应低速进行。 4 弯曲机： 1）检查芯轴、挡块、转盘应无损坏和裂纹，防护罩紧固可靠，并经空转正常后方可作业。 2）钢筋应贴紧挡板，插头的位置和回转方向应正确。 3）弯曲长钢筋时应有专人扶抬，并站在钢筋弯曲方向的外侧。钢筋调头时应防止碰撞。 4）更换芯轴、插销、加油以及清理等作业必须在停机后进行。 5）在弯曲钢筋的作业半径内和机身不设固定销的一侧严禁站人。 5 冷拉机： 1）冷拉场地应在两端地锚外侧设置警戒区，装设防护栏杆及警示标志。严禁无关人员停留。操作人员作业时与被拉钢筋的距离不小于2m。 2）作业前，应检查冷拉夹具，夹齿完好，拉钩、地锚及防护装置均应齐全牢固。 3）卷扬机操作人员必须看到指挥人员发出信号，并待所有人员离开危险区后方可进行操作，冷拉时应缓慢、均匀。 4）卷扬机与冷拉中心线距离应大于5m。 5）照明设施应设在张拉警戒区外。确需设置在警戒区内时，其安装高度应大于5m，灯具应加防护罩，不得使用裸线。 6）作业后，应放松卷扬钢丝绳，落下配重，切断电源，锁好开关箱。 6 点焊机： 1）焊机应安装在干燥的场所且平稳牢固。焊机应可靠接地，导线应绝缘			使用规范执行。 3 有相关交底，对钢筋加工机械有相关施工规范的说明，现场检查无违章操作，符合要求。 1）现场检查，符合要求。 2）操作时，保持身体与滚筒的距离，运作时，严禁违规操作。 3）现场施工时，严格按照使用规范执行。 4）对不同尺寸的钢筋应注意调直速度。 4 现场检查，符合要求，查现场施工记录和现场施工监管记录。 1）现场检查，符合要求。 2）现场施工时，严格按照使用规范执行。 3）现场加工中，设有专人扶抬看管。 4）机械完全停止后方可进行内部更换维修清理等操作，可查机械维修检查记录。 5）操作人员注意作业半径内禁止无关人员进入，且及时劝退。 5 现场检查，符合要求。 6 查看现场施工记录、施工日志、机械运行记录。资料

序号	强制性条文内容	执行情况		相关资料
		√	×	
16.1.5	良好。 2）焊接前应根据钢筋截面调整电压，不得使用漏电焊头。 3）操作时应戴防护眼镜及手套，并站在橡胶绝缘垫或木板上。工作棚应用防火材料搭设，棚内严禁堆放易燃易爆物品，并应备有灭火器材。 4）焊机开关的接触点、电极（铜头）应经常检查维修。冷却水管应保持畅通，不得漏水或超过规定温度。			完整，内容清晰。相关操作均符合规定。对焊机操作人员技术培训到位，安全技术交底及时，监管和指挥得当。符合要求。 1）现场对于需要焊机处理的区域均保持干燥安全。 2）焊机使用前，均先根据材料情况对机械进行调整检查。 3）操作人员施工前，对自身的防护措施、周边环境进行检查，施工中，操作规范。 4）焊机关键部位及时检查维修，可查相关机械检查维修记录。
16.1.6	装饰机械应符合下列规定： 1 水磨石机： 1）使用前，应检查各紧固件牢固可靠、砂轮无裂缝；接通电源、水源，检查磨盘旋转方向应与箭头所示方向一致。 2）水磨石机应使用绝缘橡胶软线，操作人员应戴绝缘手套、穿绝缘靴。 3）作业中，发现零件脱落或有异常声响，应立即停车。 4）作业完毕应关掉电源，冲洗干净，平放于干燥处的垫木上。 2 高压无气喷涂泵： 1）作业前，应检查电机接地（或接零）良好，软管、喷枪等连接牢固，在空转及试喷正常后方可作业。 2）喷枪口不得对人，不得用手碰触喷出的涂料。 3）作业间断时，应切断电源，关上喷枪安全锁、卸去压力，并将喷枪放在溶剂桶内。 4）喷枪堵塞时，应先卸压，关上安全锁，然后拆下喷嘴进行清洗。严禁带压清除异物。 5）清洗喷枪时，不得把涂料（尤其是燃点在21℃以下的）喷回密封的容器内。			1 现场检查，符合要求。 2 现场检查，符合要求。 3 有相关交底，对装饰机械

续表

序号	强制性条文内容	执行情况		相关资料
		√	×	
16.1.6	**3** 切割机： **1**）使用前，应先空转并检查正常后方可作业。 **2**）切割中用力应均匀适当，刀片推进时不可用力过猛。发生刀片卡死时应立即停机，退出刀片并重新对正后再进行切割。 **3**）停机时，必须待刀片停止旋转后方可放下。严禁在未切断电源的情况下将切割机放在地上。 **4** 射钉枪： **1**）枪口不得对人，严禁用手掌推压钉管。 **2**）在使用结束时或更换零件、断开射钉枪之前，不准装射钉弹。 **3**）击发时应将射钉枪垂直紧压于作业面上。经两次扣动扳机子弹还不能击发时，应保持原射击位置30s后，再将射钉弹退出。			有相关施工规范的说明，现场检查无违章操作，是否符合要求。 **1**）切割机使用前，均有对机械和周边环境进行检查。 **2**）现场施工时，严格按照使用规范执行。 **3**）机械完全停止后方可进行其他操作，且禁止在未完全停止和切断电源的情况下将机械防止地面，可查现场施工监管记录。 **4** 现场检查，符合要求。
16.1.7	其他机械应符合下列规定： **1** 物料提升机： **1**）操作人员应经培训取得特种作业人员操作证方可上岗。 **2**）作业前应检查机械性能、电气保护、接地保护和避雷装置性能良好。卷扬机的制动器应灵活、可靠。 **3**）架设场地应平整坚实。井架与脚手架之间应保留2m的距离，井架应设缆风绳并拉紧，四周应搭设防护网（栅）。严禁利用脚手架作为井架或部分井架使用。 **4**）吊笼的四角与井架不得互相擦碰，吊笼的固定销和吊钩必须可靠，并有防冒顶、防坠落的保护装置。 **5**）吊笼严禁载人。 **6**）操作人员接到下降信号后，应确认吊笼下面无人员停留或通过时，方可下降吊笼。 **7**）使用中，应经常检查卷扬机的制动器、钢丝绳、滑轮、滑轮轴和导轨等情况，发现影响安全使用的缺陷时应及时修理或更换。 **8**）作业结束后，应将吊笼降到最低位			**1** 现场检查，是否符合要求，查现场施工记录和现场施工监管记录。 **1**）检查相关培训记录和证书、上岗证书，是否符合要求。 **2**）操作人员施工前，对机械性能、自身的防护措施、周边环境进行检查，施工中，操作规范。 **3**）场地平整，严格控制井架和脚手架的距离，查看相关现场施工记录，是否符合要求。 **4**）现场检查验收堆放合格。 **5**）吊笼严禁载人，查看现场施工监管记录，是否符合要求。 **6**）设置专人信号工，确认周围情况正常后发出下降信号，收到信号后方可下降。 **7**）物料提升机机关键部位及时检查维修，可查相关机

续表

序号	强制性条文内容	执行情况		相关资料
		√	×	
16.1.7	置，切断电源，锁好开关箱。 **2** 碎石机（碎砂机）： **1）** 碎石机（碎砂机）应设置在牢固的基础上，并应设有防护栏杆的进料操作平台；现场临时使用的小功率碎石机（碎砂机）可设置在坚实的地坪上。 **2）** 启动前应检查操作平台、筛分支架、锵板及防护罩等，确认完好后方可启动。不得在操作平台上堆放任何杂物。 **3）** 送料应均匀，不得送入超过规定规格的石料。在运行中，不得用手脚或撬棍等强行推入石块，严禁将手脚伸入轧石斗内。发生石块堵塞时，应停机并将石块取出后方可继续作业。 **4）** 应设置防尘装置或采用喷水防尘。作业时操作人员应带防尘面具或防尘口罩。 **3** 机动翻斗车： **1）** 操作人员应取得驾驶证后方可上岗工作。 **2）** 机动翻斗车行驶前，应将料斗锁牢。行驶时，严禁任何人乘坐在翻斗内或站在其他部位。 **3）** 材料、物品的装载高度不得影响操作人员的视线。 **4）** 下坡及转弯时，严禁空档滑行。往基坑内卸料，接近坑边时应减速，坑边应设置挡木，且挡木与坑边保持不小于1m的安全距离。 **4** 吊篮： **1）** 购买的吊篮应有制造许可证、出厂合格证。 **2）** 使用中应符合出厂技术文件的要求，悬挂机构定位应正确，严禁超负荷使用。 **3）** 支撑点的承受载荷应不小于额定载荷的8倍。 **4）** 配重应码放整齐并有防盗措施。 **5）** 使用前应对吊篮进行检查，平台不得出现焊缝裂纹、严重锈蚀、螺钉或铆钉松动、结构破损，提升系统			械检查维修记录。 **8）** 作业完毕后应妥善处理机械，检查机械情况和电源设备。 **2** 现场检查，符合要求。 **3** 现场检查，符合要求，查现场施工记录和现场施工监管记录。 **1）** 检查相关培训记录和证书、上岗证书，符合要求。 **2）** 现场施工时，严格按照使用规范执行。 **3）** 驾驶时，保证视线情况，现场检查符合要求。 **4）** 操作时，保持周边情况和车辆运作情况，运作时，严禁违规操作。 **4** 吊篮： **1）** 证件已报审。 **2）** 符合出厂技术文件的要求，悬挂机构定位正确，无超负荷现象。 **3）** 支撑点的承受载荷符合要求。 **4）** 配重码放整齐并有防盗措施。 **5）** 每日对吊篮进行检查，

续表

序号	强制性条文内容	执行情况		相关资料
		√	×	
16.1.7	不得出现卡绳和堵绳，提升机与悬吊平台应垂直并连接牢固。 **6**）吊篮平台上应装有固定式的安全护栏，靠建筑物一侧的高度不应小于800mm，其余三个面不应小于1.1m，护栏应能承受1000N水平集中荷载。 **7**）底板应完好并有防滑措施；应有排水孔，且不得堵塞；悬吊平台四周应装有高度不低于120mm的挡板，且挡板与底板的间隙不得大于5mm。 **8**）靠近建筑物一侧应设有可靠的靠墙轮、导向轮和缓冲装置。 **9**）工作中，平台的纵向倾斜角度应符合技术文件规定，一般不大于8°。 **10**）爬升式提升机传动系统，不得采用离合器、摩擦传动和皮带传动；手动提升机应设有可靠闭锁装置。 **11**）卷扬式提升机必须设置可靠的上、下限位器。 **12**）卷筒上的钢丝绳应排列整齐，必要时应设置排绳装置。 **13**）卷筒应设挡线盘。吊篮处于高位置时，挡线盘应高出卷筒上的外层钢丝绳，超出高度不应小于钢丝绳直径的2.5倍；吊篮处于最低位置时，卷筒上的钢丝绳安全圈数不应小于3圈，且能承受1.25倍钢丝绳额定拉力。 **14**）吊篮应设置安全锁，且灵敏可靠，定期检定。吊篮额定速度不大于18m/min，当下滑速度大于25m/min时，安全锁应在不超过 100mm距离内动作。安全锁或具有相同作用的独立安全装置，在锁绳状态下不得自动复位。 **15**）吊篮应设置安全钢丝绳并独立悬挂，且与提升装置上使用的安全钢丝绳规格相同，直径不小于6mm。 **16**）吊篮内的作业人员不得超过两人。 **17**）吊篮上应设置急停按钮，紧急状态下能可靠切断主电源。 **18**）吊篮安装后应依次进行绝缘性能、安全锁、安全绳、空负荷试验。			符合要求方可使用。 **6**）吊篮安全护栏符合要求。 **7**）底板挡脚板符合要求。 **8**）玻璃幕墙安装作业设置缓冲装置。 **9**）工作中无纵向倾斜现象。 **10**）爬升式提升机传动系统符合要求。 **11**）上挡板、下限位器设置齐全。 **12**）现场检查，符合要求。 **13**）现场检查，符合要求。 **14**）吊篮应设置的安全锁符合要求。 **15**）吊篮设置的安全钢丝绳符合要求。 **16**）吊篮内的作业人员未超过两人。 **17**）吊篮急停按钮符合要求，紧急状态下能可靠切断主电源。 **18**）吊篮安装后进行试验并验收合格。 **19**）试验符合要求。 **20**）试验符合要求。 **21**）试验符合要求。

续表

序号	强制性条文内容	执行情况		相关资料
		√	×	
16.1.7	**19**）空负荷试验至少应包括全行程运行、行程开关、限位器、安全锁动作和报警装置试验。 **20**）空负荷试验合格后方可进行负荷试验。 **21**）负荷试验应至少包括150%额定载重量的静载荷试验和100%、125%额定载重量的动载荷试验。			

施工单位：	总承包单位：	监理单位：	建设单位：
年　月　日	年　月　日	年　月　日	年　月　日

注：本表1式4份，由施工项目部填报留存1份，上报监理项目部1份，上报总承包项目部1份，上报建设单位1份。

17.土石方

火力发电工程安全强制性条文实施指导大纲检查记录表

单位名称（项目部）：　　　　　　　　　　　　编号：Q/CSEPC-AG-DL5009-4-017

标段名称		专业名称		
施工单位		项目经理		
序号	强制性条文内容	执行情况		相关资料
		√	×	
《电力建设安全工作规程　第1部分：火力发电》（DL 5009.1—2014） 17.1 土石方				
17.1.1	通用规定： **1** 土石方开挖前应根据工程地质勘查资料，制定施工方案及安全技术措施。对环境复杂或开挖深度超过5m的基坑，应编制专项施工方案并经论证，且有应急措施。 **2** 挖掘区域内如发现不能辨认的物品、地下埋设物、文物等，严禁擅自敲拆，必须报告主管部门处理后方可继续施工。 **3** 在有电缆、管道及光缆等地下设施的地方进行土石方开挖时，应取得有关管理部门的书面许可；查明并标识出地下设施宽度或直径、深度、走向；在地下设施外边缘1m范围内，严禁使用冲击工具或机械挖掘，同时应制定相应的安全技术措施且设专人监护。 **4** 挖掘土石方应自上而下进行，严禁底脚挖空。挖掘前应将斜坡上的浮石、悬石清理干净，堆土的距离及高度应按《土方与爆破工程施工及验收规范》（GB 50201）的规定执行。 **5** 在深坑及井内作业应采取可靠的防坍塌措施，坑、井内通风应良好。作业中应定时检测，发现异常现象或可疑情况，应立即停止作业，撤离人员。 **6** 在电杆或地下构筑物附近挖土时，其周围应有加固措施。在靠近建筑物处挖掘基坑时，应采取相应的防塌陷措施。 **7** 沿铁路边缘挖土时，应设专人监护或在轨道外侧设围栏。围栏与轨道中心的距离：宽轨不应小于2.5m，1m宽的轻轨不应小于2m，750mm以下的窄轨不应小于1.5m。 **8** 在交通道路、广场或施工区域内挖掘沟			**1** 土方开挖前已编制施工方案及安全技术措施，超过5m的，已编制专项施工方案并经论证。 **2** 现场实体施工检查符合要求。 **3** 现场施工符合要求，对地下构筑物，采取了相应的安全技术措施且设专人监护。 **4** 土石方高度按《土方与爆破工程施工及验收规范》（GB 50201）的规定执行。 **5** 现场施工符合要求，深坑采取了相应的安全防护措施。 **6** 靠近建筑物处挖掘基坑时，采取相应的防塌陷措施，可查相应的施工方案。 **7** 现场检查，符合要求。 基坑周边设置警示标识，围栏严格按照安全技术要求进行搭设。

续表

序号	强制性条文内容	执行情况		相关资料
		√	×	
17.1.1	道或坑井时，应在其周围设置围栏及警示标志，夜间应设红灯示警，围栏离坑边不应小于800mm。 **9** 上下基坑时，应挖设台阶或铺设防滑走道板。坑边狭窄时，宜使用靠梯，严禁攀登挡土支撑架上下或在坑井边坡脚下休息。 **10** 夜间进行土石方施工时，施工区域照明应充足。 **11** 用风钻打眼时，手不得离开钻把上的风门，严禁骑马式作业。更换钻头应先关闭风门。 **12** 凿岩机的橡胶风管严禁缠绕或打结，严禁用弯折风管的方法停止供气。 **13** 雨季施工应制定专项安全技术措施，工作面不宜过大，应逐段、逐片的分期完成。开挖基坑（槽）时应注意边坡稳定，必要时可适当放缓边坡坡度或设置支撑。施工时应加强对边坡或支撑的检查，采取防止地面水冲刷边坡或流入坑（槽）内的措施。 **14** 土体不稳定，可能发生坍塌、沉陷、喷水、喷气危险时，应立即停止作业。 **15** 天气突变，可能发生暴雨、水位暴涨、泥石流、山洪暴发危险时，应立即停止作业。			**8** 实体验收符合要求，详见检查记录以及建筑专业施工方案1.2土方工程方案。 **9** 夜间开挖的安全防护措施严格按照建筑专业施工方案施工。 **10** 现场检查，符合要求。 **11** 现场检查，符合要求。 **12** 现场检查，符合要求。 **13** 对于雨季施工，制定了专项施工方案。 **14** 对于可能发生坍塌现象的土体，严格按照建筑专业施工方案，禁止人员进入工作。 **15** 对于突发事件，严格按照专项应急方案执行。
17.1.2	排水应符合下列规定： **1** 基坑开挖应有可靠的排水措施；大型坑、井应有专项排水方案。 **2** 水泵的使用按本部分4.7的相关规定执行。 **3** 井点排水。 **1）** 井点排水方案应经设计确定。 **2）** 所用设备的安全性能应良好，水泵接管应牢固、卡紧。作业时严禁将带压管口对准人体或设备。 **3）** 人工下管时应有专人指挥，起落动作一致，用力均匀。人字扒杆应系好缆风绳。 **4）** 机械下管、拔管时，吊臂下严禁站人。 **5）** 有车辆或施工机械通过的地点，敷设的井点应加固。			**1** 现场施工符合要求，严格按照专项施工方案执行。 **2** 现场施工符合要求，按本部分4.7的相关规定执行。 **3** 现场施工符合要求，验收合格。 **1）** 方案一报审。 **2）** 设备功能性能良好。 **3）** 对于下管，设置专人指挥，专人监督。 **4）** 机械施工时，严格按照安全技术交底执行。 **5）** 对于薄弱位置，进行加固措施。
17.1.3	边坡及支撑应符合下列规定： **1** 永久性边坡坡度应符合设计要求。使用时间较长的临时性边坡应由具有相应资质的单位进行边坡及基坑支护设计，施工前应制定专			**1** 现场施工符合要求，验收合格，详见施工记录以及相应施工方案。 **2** 临时性边坡按表17.1.3选

续表

<table>
<tr><th rowspan="2">序号</th><th rowspan="2">强制性条文内容</th><th colspan="2">执行情况</th><th rowspan="2">相关资料</th></tr>
<tr><th>√</th><th>×</th></tr>
<tr><td>17.1.3</td><td>项施工方案。

2 临时性边坡可按表17.1.3选用边坡坡度值。

表17.1.3　临时性挖方边坡坡度值
<table><tr><th colspan="2">土质类别</th><th>边坡坡度</th></tr><tr><td>砂土</td><td>不包括细砂、粉砂</td><td>1:1.25～1:1.50</td></tr><tr><td rowspan="2">一般黏性土</td><td>坚硬</td><td>1:0.75～1:1.00</td></tr><tr><td>硬塑</td><td>1:1.00～1:1.25</td></tr><tr><td rowspan="3">碎石类土</td><td>密实、中密</td><td>1:0.50～1:1.00</td></tr><tr><td>充填坚硬、硬塑黏性土</td><td>1:0.50～1:1.00</td></tr><tr><td>充填砂土</td><td>1:1.00～1:1.50</td></tr><tr><td colspan="3">注：地质条件良好，土质较均匀，深度在10m以内的临时性挖方边坡坡度可参此表。</td></tr></table>
3 在边坡上侧堆土、堆放材料或移动施工机械时，应与边坡边缘保持一定的距离。当土质良好时，堆土或材料应距边缘800mm以外，高度不宜超过1.5m。

4 在坡地开挖时，挖方上方不应堆土。

5 土方开挖时应随时注意边坡的变动情况，出现裂缝、滑动、流砂、塌落等滑坡迹象时，应立即采取下列措施：
1）暂停施工，所有人员和机械撤至安全地点。
2）做好观测并记录。
3）设计单位提出处理措施。

6 拆除支撑应自下而上进行，更换支撑应先装后拆。拆除固壁支撑时应考虑对附近建筑物安全的影响。

7 各类边坡工程施工应按《建筑边坡工程技术规范》（GB 50330）和《建筑施工土石方工程安全技术规范》（JGJ 180）的相关规定执行。</td><td></td><td></td><td>用边坡坡度值取值。

3 边坡堆土要求按照建筑专业施工方案1.2土方工程方案施工。

4 现场实体施工符合要求，可查施工记录。

5 现场施工符合要求，对薄弱处进行监控。

1）出现裂缝、滑动、流砂、塌落等滑坡迹象时，所有人员和机械撤至安全地点。

2）设置相关人员进行观测并记录。

现场检查，符合要求。

6 现场施工符合要求，对附近建筑物制定了安全保护措施。

7 按《建筑边坡工程技术规范》（GB 50330）和《建筑施工土石方工程安全技术规范》（JGJ 180）的相关规定进行各类边坡工程施工。</td></tr>
<tr><td>17.1.4</td><td>人工开挖应符合下列规定：

1 人工挖土的锹、镐、锄等工具应完好，工具把柄应使用硬质木材，并用倒楔子安装牢固。

2 作业中应随时对边坡进行检查，发现有松动、断裂、虚软和悬土层时，应立即采取防坍塌措施。

3 人工开挖时，两人之间的操作距离宜为2～3m，严禁掏挖；打锤者与扶钎者不得面对面作业，扶钎者应戴防护手套。

4 从基坑内向上运土时，应在边坡上挖设宽度不小于700mm的台阶，相邻台阶的高差不得超过1.5m。严禁利用挡土支撑搁置传土工具</td><td></td><td></td><td>1 现场实体施工符合要求。

2 现场施工符合要求，验收合格，可查施工记录。

3 现场检查符合要求，验收合格。

4 现场施工符合要求，在边坡上挖设宽度800mm的台阶，相邻台阶的高差为1m。</td></tr>
</table>

续表

<table>
<tr><th rowspan="2">序号</th><th rowspan="2">强制性条文内容</th><th colspan="2">执行情况</th><th rowspan="2">相关资料</th></tr>
<tr><th>√</th><th>×</th></tr>
<tr><td>17.1.4</td><td>或站在支撑上传递。
5 用杠杆式或推磨式提升吊桶运土时，应经常检查绳索、滑轮、吊桶的牢固程度。吊桶下方严禁人员逗留。
6 人工撬挖石块：
1）严禁站在石块滑落的方向撬挖或上下层同时撬挖，撬挖人员之间应保持适当的间距。
2）在撬挖作业地点的下方严禁通行，并应有专人警戒。
3）撬挖作业时应先清除悬浮层。
4）悬岩陡坡上作业人员应系好安全带，安全带应可靠固定。
7 劈石宜采用铁锲劈石，作业时人员间距离不得小于1m。
8 人员上下坑、槽时应搭设通道，不得踩踏土壁及其支撑上下。</td><td></td><td></td><td>5 现场检查，符合要求。
6 现场检查，符合要求。
7 现场检查，符合要求。
8 现场施工符合要求，可查相应的施工方案。</td></tr>
<tr><td>17.1.5</td><td>机械开挖应符合下列规定：
1 采用大型机械挖土时，应制定施工方案。
2 大型机械进入基坑时，应有防止机身下陷的措施。
3 挖掘机行走或作业应按本章5.2.2条第9款的规定执行。
4 机械装卸石块：
1）装料场及卸料场应划定危险区，无关人员不得进入。
2）起吊大石块时严禁超重。
3）石块未放稳前严禁用力拖拉或转换方向，确认放置平稳后方可松开钢丝绳。
4）土石料运输装料不得超过车厢外边缘，且封闭严密。
5 挖土机械停止运转、司机许可后，方可进行挖斗清理。
6 挖土机械作业时，与建筑物墙体、台阶等结构的安全距离应大于1m；墙体出现沉降时，应立即停止作业。</td><td></td><td></td><td>1 现场机械施工符合要求，严格按照专项的施工方案执行。
2 现场大型机械施工符合要求，有相应的安全防护措施。
3 按本章5.2.2条第9款的规定执行挖掘机作业。
4 现场实际施工符合要求。
1）装卸范围内，无关人员禁止进入。
2）起吊禁止超荷。
3）确认石块放置平稳后方可松开钢丝绳。
5 现场施工符合要求，挖掘作业严格按照建筑专业施工方案执行。</td></tr>
</table>

续表

施工单位：	总承包单位：	监理单位：	建设单位：
年 月 日	年 月 日	年 月 日	年 月 日

注：本表1式4份，由施工项目部填报留存1份，上报监理项目部1份，上报总承包项目部1份，上报建设单位1份。

18.爆破

火力发电工程安全强制性条文实施指导大纲检查记录表

单位名称（项目部）：　　　　　　　　　　编号：Q/CSEPC-AG-DL5009-4-018

标段名称		专业名称		
施工单位		项目经理		
序号	强制性条文内容	执行情况		相关资料
		√	×	
《电力建设安全工作规程　第1部分：火力发电》（DL 5009.1—2014） 18.1 爆破				
18.1.1	爆破作业单位应取得《爆破作业单位许可证》，并在相应等级和作业范围内从事爆破作业。			查资料，符合要求。
18.1.2	爆破从业人员均应持相应证件上岗。			查资料，符合要求。
18.1.3	设计单位、安全监理单位、安全评估单位、爆破效应监测单位应具备相应资质。			查资料，符合要求。
18.1.4	爆破前，责任单位应按有关规定完成爆破设计和安全评估。			查资料，符合要求。
18.1.5	爆破设计应按规定经有关部门审批。			查资料，符合要求。
18.1.6	爆破前应对爆区周围的自然条件和环境状况进行调查，了解危及安全的不利环境因素，采取必要的安全防范措施。			查资料，符合要求。
18.1.7	爆破工程应成立适应等级的指挥组织，并应分工明确，职责清楚，各尽其责。			查资料，符合要求。
18.1.8	爆破指挥组织应建立畅通的通信联络网络。			查资料，查现场，符合要求。
18.1.9	施工开工前1～3d应在作业地点张贴施工通告。施工通告内容应包括：工程名称、建设单位、设计施工单位、安全监理单位、安全评估单位、工程负责人及联系方式、爆破作业时限等。			查资料，查现场，符合要求。
18.1.10	装药前1～3d应发布爆破通告，内容包括：爆破地点、每次爆破起爆时间、安全警戒范围、警戒标志、起爆信号等。爆破通告除以书面形式通知当地有关部门、周围单位和居民外还应以布告形式进行张贴。			查资料，查现场，符合要求。

续表

序号	强制性条文内容	执行情况		相关资料
		√	×	
18.1.11	爆破可能危及供水、排水、供电、供气、通信等线路以及运输交通隧道时，爆破前都应向有关单位发出通知，并采取相应的应急措施。			查资料，查现场，符合要求。
18.1.12	爆破工程施工应进行测量与验收，并保存验收记录。			查资料，符合要求。
18.1.13	爆破作业全过程安全管理、安全允许距离与环境影响评价、爆破器材安全管理等应按《爆破安全规程》（GB 6722）的相关规定执行。			查资料，查现场，符合要求。
18.1.14	爆破效应监测单位，应及时进行爆破效应监测并提交监测报告。			查资料，符合要求。
18.1.15	爆破记录及爆破总结，应及时整理归档。			查资料，符合要求。

施工单位：	总承包单位：	监理单位：	建设单位：
年 月 日	年 月 日	年 月 日	年 月 日

注：本表1式4份，由施工项目部填报留存1份，上报监理项目部1份，上报总承包项目部1份，上报建设单位1份。

19.桩基及地基处理

火力发电工程安全强制性条文实施指导大纲检查记录表

单位名称（项目部）：　　　　　　　　　　编号：Q/CSEPC-AG-DL5009-4-019

标段名称			专业名称	
施工单位			项目经理	

序号	强制性条文内容	执行情况		相关资料
		√	×	
《电力建设安全工作规程　第1部分：火力发电》（DL 5009.1—2014） 19.1 桩基及地基处理				
19.1.1	通用规定： **1** 打桩机操作人员应经培训考试，取得操作合格证后方可上岗作业。 **2** 施工现场应平整压实，大于打桩机高度5m的水平范围内应无高压线路，作业区应有明显标志或围栏，严禁无关人员进入。 **3** 移动桩架时应将桩锤放至最低位置，移动时应缓慢，统一指挥，并应有防倾倒措施。 **4** 卷扬钢丝绳应处于润滑状态。 **5** 作业中，如停机时间较长，应将桩锤落下、垫好。严禁悬吊桩锤进行检修。 **6** 遇雷雨、大雾、雾霾、大雪、六级及以上大风等恶劣天气时应停止作业。当风力超过七级或有强热带风暴警报时，应将桩机顺风向停置，并加缆风绳，必要时应将桩架放倒在地面上。 **7** 打桩机电气绝缘应良好，应有接地或接零保护。电源电缆应有专人收放，不应随地拖放。 **8** 作业完毕应将打桩机停放在坚实平整的地面上，制动并锲牢，桩锤落下，切断电源。			**1** 打桩机操作人员经培训考试，取得操作合格证。 **2** 施工现场符合要求。 **3** 移动桩架时桩锤放至最低位置，移动符合要求。 **4** 卷扬钢丝绳处于润滑状态。 **5** 停止作业将桩锤落下、垫好。无悬吊桩锤进行检修现象。 **6** 恶劣天气时停止作业。 **7** 打桩机电气绝缘良好，有接地或接零保护，电源电缆应有专人收放。 **8** 作业完毕将桩机停放符合要求。
19.1.2	混凝土预制桩、钢管桩、钢板桩及沉管灌注桩施工应符合下列规定： **1** 施工现场坡度不应大于1%，地基承载力不应小于85kN/m²。 **2** 桩帽及衬垫应与桩型、桩架、桩锤相适应。如有损坏，应及时整修或更换。 **3** 锤击不应偏心，开始时落距要小。如遇贯入度突然增大、桩身突然倾斜或位移、桩头			混凝土预制桩施工符合下列规定： **1** 施工现场符合要求。 **2** 桩帽及衬垫符合要求。 **3** 锤击符合要求。 **4** 套送桩作业规范标准。 **5** 用打桩机吊桩符合要求。

续表

序号	强制性条文内容	执行情况		相关资料
		√	×	
19.1.2	严重损坏、桩身断裂、桩锤严重回弹等情况，应停止锤击，采取措施后方可继续作业。 **4** 套送桩时，应使送桩、桩锤和桩身中心在同一轴线上，插桩后应及时校正桩的垂直度。桩入土深度3m以上时，严禁用桩机行走或回转动作纠正桩的倾斜度。 **5** 用打桩机吊桩时，钢丝绳应按规定的吊点绑扎牢固，棱角处应采取保护措施。桩上应系好拉绳，并由专人控制；不得偏吊或远距离起吊桩身。 **6** 吊桩前应将桩锤提起并固定牢靠；在起吊2.5m以外的混凝土预制桩时，应将桩锤落在下部，待桩吊进后方可提升桩锤。 **7** 起吊时应使桩身两端同时离开地面，起吊速度应均匀，桩身应平稳，严禁在起吊后的桩身下通过。 **8** 桩身吊离地面后，如发现桩架后部翘起，应立即将桩身放下，并检查缆风、地锚的稳固情况。 **9** 严禁吊桩、吊锤、回转或行走同时进行。桩机在吊有桩或锤的情况下，操作人员不得离开岗位。 **10** 桩身沉入到设计深度后应将桩帽升高到4m以上，锁住后方可检查桩身或浇筑混凝土。 **11** 送桩拔出后，地面孔洞应及时回填或加盖。			**6** 吊桩作业符合要求。 **7** 吊桩作业符合要求。 **8** 吊桩作业符合要求。 **9** 吊桩作业符合要求。 **10** 桩身沉入到设计深度回填土作业符合要求。 **11** 送桩拔出后，地面孔洞及时回填或加盖。
19.1.3	钻（冲）孔灌注桩施工应符合下列规定： **1** 桩机放置应平稳牢靠，并有防止桩机移位或下陷的措施，作业时应保证机身不摇晃，不倾倒。钻机就位后，应全面检查钻机及配套设施，合格后方可施钻。 **2** 孔顶应埋设钢护筒，其埋深应不小于1m。 **3** 更换钻杆、钻头（钻锤）或放置钢筋笼、接导管时，应采取防止物件掉落孔内的措施，应有专人指挥，钢筋笼、套管下方严禁站人。 **4** 成孔后，孔口必须用盖板保护，附近不得堆放重物。 **5** 泥浆池边不小于1m处，应设高度不小于1.2m的安全防护设施。 **6** 钻机停钻后，应将钻头提出孔外，置于钻架上。 **7** 排污通道应设警示标识，捞取的沉渣应及时清理，达标排放。			**1** 桩机放置平稳牢靠，检查合格后施钻，附件要求。 **2-12** 现场检查，符合要求。

续表

序号	强制性条文内容	执行情况		相关资料
		√	×	
19.1.4	人工挖孔桩施工应符合下列规定： **1** 桩井上下应有可靠的通话联络。井下有人作业时，井上配合人员不得擅离岗位。下班时，应盖好井口或设置安全防护围栏。 **2** 上班前应对桩井护壁、井内气体等进行检查。作业前应先向井底通风，人员方可下井作业。 **3** 井下作业人员应勤轮换，一般井下连续作业时间不宜超过3h。 **4** 使用台架、把杆时，卷扬滚筒上的绳不应有扭结和断丝现象，滚筒上的绳放出后剩余不得少于五圈。 **5** 提运渣土应使用可开启密封容器，开启装置、吊钩或滑轮应有防脱落措施。 **6** 吊土设备应安全可靠。从井下往上吊土时，井下作业人员应暂停工作并躲在安全隔板下。 **7** 挖桩井作业出现井壁塌方、流砂、气体突出及冒水现象时，井下人员应立即撤至地面，采取可靠的安全技术措施后方可继续施工。 **8** 井底抽水或浇灌混凝土时，应待井下人员上至地面后方可进行。 **9** 井内照明应采用不超过12V的安全电压。进入桩井内的所有电气设备的控制开关应设在桩井口上方便于操作处，设专人管理。 **10** 井口应设置高出防止地面杂物落入及雨水流入井内的保护圈，一般应高出地面150mm。 **11** 井口四周严禁堆渣土，护圈顶上不得放置操作工具及杂物。 **12** 从井口到井底应设置一条供井内作业人员应急使用的安全绳，并固定牢固。 **13** 作业人员上下桩井应系好安全带，并正确使用攀登自锁器。 **14** 人工挖孔桩洞口及周边应设立警示标识。			**1** 通信可靠，安全设施、监护到位，符合要求。 **2** 检查合格，符合要求。 **3** 严格执行相关规定。 **4-6** 现场检查，符合要求。 **7** 严格执行相关规定。 **8-14** 现场检查，符合要求。
9.1.5	振冲桩施工应符合下列规定： **1** 施工前应对各部位进行检查，连接应牢固、完好。振冲器与减震器处的上、下两部分应用链条或钢丝绳连接。 **2** 振冲器和电缆应密封严密、绝缘良好。水管接头应严密不漏水。 **3** 应有防止桩机移位或下陷的措施；作业			现场检查，符合要求。

续表

序号	强制性条文内容	执行情况		相关资料
		√	×	
19.1.5	时保持机身垂直，不摇晃、不倾倒。 **4** 振冲器应处于垂直状态，离开地面后方可开机检验及作业。振冲器在土层深处时不应断电停振。 **5** 施工现场泥浆应定点排放，并应有控制泥浆溢流的措施。			
19.1.6	深层搅拌（旋喷）桩施工应符合下列规定： **1** 施工前应对各部位进行检查，连接应牢固、完好。作业中机件有异常响声、变形、发热、冒烟等异常情况时，应查出原因及时排除。 **2** 钻孔过程中，应随时检查主机和井架的支撑情况，如遇机架出现摇晃、移动、偏斜或钻头内发出异响时，应立即停钻，经处理确认安全后，方可继续开钻。 **3** 钻进时如有卡钻现象，应停止给进，严重时应停钻并将钻具提升后进行检查、消缺。 **4** 喷料系统的压力不得超过许可范围，压力过高时，应立即停止空气压缩机运转。 **5** 钻头或管路发生堵塞时，应立即停止喷送，并采取措施排除。清除喷口堵塞物时，喷口朝向应避开人员及设备。			严格执行相关规定，现场检查，符合要求。
19.1.7	强夯作业应符合下列规定： **1** 施工场地必须平整。作业区域应设警戒标志或围栏，严禁非作业人员进入。 **2** 强夯前应对起重设备、索具、卡环、插销及工器具等进行全面检查，并进行试吊、试夯。 **3** 强夯机械应按照强夯等级的要求经过计算选用，严禁超负荷作业。夯机在工作状态时，臂杆仰角应在69°～71°之间。 **4** 夯机应安装夯锤上升高度限位器，起吊夯锤、吊索应保持垂直、匀速，夯锤及挂钩不得碰撞吊臂，吊臂应有防夯锤碰撞保护措施。 **5** 从夯锤提升到夯锤落下，机下人员必须在安全距离以外。严禁在起重机正前方和起重机臂杆下站立。 **6** 夯锤上升时，不应旋转。发生旋转时，应立即停止起落，及时采取措施使其恢复正常状态后方可继续进行工作。 **7** 夯锤在起吊过程中，严禁中途变速及倒转，遇特殊情况，应拉开脱钩器，待锤落下后再进行处理。 **8** 夯锤应有通气孔，作业中通气孔被堵塞			**1** 施工场地必须平整，作业区域应设警戒标志或围栏，现场检查符合要求。 **2** 作业前对起重设备、索具、卡环、插销及工器具等进行全面检查，并进行试吊、试夯。 **3** 强夯机械作业严格按施工方案执行。 **4-11** 现场检查作业规范，符合要求。

续表

序号	强制性条文内容	执行情况		相关资料
		√	×	
19.1.7	或锤顶堆积物过多时，应及时清理。严禁人员钻入通气孔或站在锤下进行清理。 **9** 夯锤落下后，在脱钩器尚未降至夯锤吊环附近前，操作人员不得提前下坑立杆、挂钩。 **10** 从坑中提锤时，严禁人员站在锤上随锤提升。当出现锤底吸力增大时，应采取措施排除，不应强行提锤。 **11** 夯坑地面出现倾斜时，应及时处理或回填，不应强行夯击。夯锤埋入土中500mm以上时，起重机提升不应一次猛起，应先试提，机械无异常现象时，方可起升。 **12** 使用门架时，门架底座应与夯机着地部位保持水平。门架支腿在支垫稳固前，严禁提锤。 **13** 遇阴雨、雾霾、六级及以上大风等天气及夜间照明不足时，不得进行强夯作业。 **14** 作业结束，应将夯锤放在地面上。严禁在非作业时将夯锤悬挂在空中。			**12** 现场检查，符合要求。 **13** 恶劣天气及夜间未进行作业。 **14** 作业结束夯锤停放符合要求。

施工单位：	总承包单位：	监理单位：	建设单位：
年 月 日	年 月 日	年 月 日	年 月 日

注：本表1式4份，由施工项目部填报留存1份，上报监理项目部1份，上报总承包项目部1份，上报建设单位1份。

20.混凝土结构

火力发电工程安全强制性条文实施指导大纲检查记录表

单位名称（项目部）：　　　　　　　　　　　编号：Q/CSEPC-AG-DL5009-4-020

标段名称		专业名称		
施工单位		项目经理		

<table>
<tr><td rowspan="2">序号</td><td rowspan="2">强制性条文内容</td><td colspan="2">执行情况</td><td rowspan="2">相关资料</td></tr>
<tr><td>√</td><td>×</td></tr>
<tr><td colspan="5">《电力建设安全工作规程　第1部分：火力发电》（DL 5009.1—2014）
20.1 混凝土结构</td></tr>
<tr><td>20.1.1</td><td>模板工程应符合下列规定：
1 模板安装、拆除应编制、执行专项施工方案。模板未验收前不得进行下道工序。
2 模板及支撑应满足结构及施工荷载要求，不得使用严重锈蚀、腐朽、扭裂、劈裂的材料。
3 在高处安装或拆除模板时应按本部分4.10.1高处作业有关规定执行。施工人员应从通道上下，并在操作平台内作业。
4 用绳索捆扎、吊运模板时，应检查绳扣牢固程度及模板刚度。用车辆运送模板时，模板应放稳、垫平或绑扎牢固。
5 木料集中堆放时，离火源不应小于10m，且料场四周应设置消防器材。
6 六级及以上大风等天气及夜间照明不足时，不得进行模板装、拆作业。
7 模板安装：
1）模板安装应在支撑系统验收合格后进行。
2）采用钢管脚手架兼作模板支撑时应经过计算，每根立柱（杆）承受的荷载不应大于其承载力，应根据所选用钢管壁厚计算确定。立柱（杆）应设水平拉杆及剪撑。
3）当支架立柱成一定角度倾斜，或其支架立柱的顶表面倾斜时，应采取可靠措施确保支点稳定，支撑底脚应有防滑移的可靠措施。
4）当模板安装高度超过3m时，必须搭设脚手架，宜设置作业平台，并装设栏杆；支设立柱模板时，应及时固定，并搭设脚手（操作）架。安装牛腿模板时，应在排架或支撑上搭设临时脚手架。
5）独立柱或框架结构中高度较大的柱安装后应用缆风绳拉牢。</td><td></td><td></td><td>1 模板安装、拆除已编制专项施工方案，按方案工序进行。
2 模板及支撑符合管理要求。
3 现场检查，施工人员模板高处作业操作平台、上下通道符合规范要求。
4 监护吊装模板，绑扎牢固，符合安全规程。
5 木料堆放场摆放灭火器符合管理要求。
6 大风天气已停止模板作业，符合管理要求。
7 模板支撑安装，经工程专工计算，各道工序验收，符合规程规范。
1）模板验收合格。
2）现场实体检查，符合要求。钢管脚手架兼作模板支撑时应经过计算，每根立柱（杆）承受的荷载不大于其承载力。
3）现场检查符合要求，支架立柱成一定角度倾斜采取可靠措施确保支点稳定。
4）建筑专业施工方案施工中有脚手架平台措施，检查符合要求。
5）现场检查，符合要求。</td></tr>
</table>

续表

序号	强制性条文内容	执行情况		相关资料
		√	×	
20.1.1	6）钢筋、模板组合吊装时，应计算模板刚度并确定吊点，吊点位置在施工中不得任意改变。 7）支承上层楼板的模板时，应复核支承楼面的强度，支承着力点应根据计算确定。 8）使用机械吊装大模板或整体式模板时，应先进行试吊。必须在模板就位并加固后方可脱钩。 8 模板拆除： 1）高处模板拆除时，应办理安全施工作业票，设置警戒区，安排专人监护，严禁非操作人员进入。 2）拆除模板应按顺序分段进行。严禁猛撬、硬砸及大面积撬落或拉倒。 3）拆模作业场所附近及安设在模板上的临时电线、蒸汽管道等，应在通知有关部门拆除后方可进行拆模作业。 4）拆除模板时应选择稳妥可靠的立足点，高处拆模时应系好安全带。 5）拆除的模板严禁抛掷，应用绳索吊下或由滑槽（轨）滑下。滑槽（轨）周围不小于5m处应设置警戒区。螺栓螺帽、垫块、销卡、扣件等小件物品应装袋后吊下。 6）拆除薄腹梁、吊车梁、桁架等易失稳的预制构件的模板，应随拆随顶。 7）在施工设备附近拆模时，应做好设备保护工作。在邻近生产运行部位拆模时，应征得运行单位同意。 8）拆下的模板应及时运到指定地点集中堆放，不应堆放在脚手架或临时搭设的工作台上。 9）下班时，不得留下松动或悬挂的模板以及扣件、混凝土块等悬浮物。 10）高处拆除大模板或整体模板，应先吊挂好后再拆除固定螺栓或其他固定件。在起吊前应检查所有固定件已拆除，并待模板脱离混凝土后方可正式起吊。 11）拆除基础及地下工程的模板时，应先检查基坑边坡的稳定性，在确认安全或采取防范措施后方可进行操作。			6）查资料，查现场，符合要求。 7）支承上层楼板的模板时，支承楼面的强度复核符合要求。 8）使用机械吊装大模板或整体式模板时，必须先进行试吊，必须在模板就位并加固后方可脱钩。 8 现场施工检查验收符合，可查建筑专业施工方案模板工程施工。 1）高处模板拆除时，已办理安全施工作业票，设置警戒区，安排专人监护，非操作人员无法进入。 2）拆除模板按分层分段拆除。 3）查资料，查现场，符合要求。 4）现场施工符合电力安全技术要求，拆模时挂好安全带。 5）现场检查，符合要求，拆除的模板无抛掷现象。 6）实体监督符合相关要求。 7）现场施工监护到位，符合要求。 8）现场有分类存放，有记录。 9）建筑专业施工方案中有有相关安全技术交底，检查符合要求。 10）现场施工符合电力安全技术要求。 11）拆除基础及地下工程的模板时，已检查基坑边坡的稳定性，保证安全。

续表

序号	强制性条文内容	执行情况 √	执行情况 ×	相关资料
20.1.2	钢筋工程应符合下列规定： 1 钢筋加工： 1）钢筋原材料、半成品等应按规格、品种分类堆放整齐，制作场地应平整，工作台应稳固。 2）碰焊机、切割机等操作场所，应保持整洁，并配备消防器材。 3）钢筋碰焊工作应在使用防火材料搭建的碰焊室内或碰焊棚内进行。碰焊时，严禁带电调整电流。 4）碰焊机应有可靠的防触电措施。采用竖向碰焊时，周围及下方的易燃物应及时清理。作业结束后应切断电源，检查现场，确认无火灾隐患后方可离开。 5）手工加工钢筋时使用的板扣、大等工具应完好；在工作台上制作钢筋时，铁屑应及时清理；切割长度小于300mm的钢筋时，应有固定措施，严禁直接用手把持。 2 钢筋、预应力钢筋冷拉及钢绞线预拉： 1）冷拉设备应试拉合格并经验收后方可使用。 2）冷拉设备及地锚应按最大工作物所需牵引力进行计算。成套冷拉设备应标明额定牵引力和冷拉钢筋的允许直径及延伸率。 3）冷拉设备的布置应使司机能看到设备工作情况。冷拉卷扬机前面应设防护挡板，若无挡板应将卷扬机与冷拉方向成90°布置，并使用封闭式导向滑轮。 4）冷拉前，钢丝绳应完好，轧钳及特制夹头焊缝应良好，卷扬机刹车应灵活可靠，平衡箱架子应牢固。 5）冷拉用夹头应经常检查，夹齿有磨损不得使用。冷拉钢筋应上好夹具，发现有滑动或其他异常情况时，应先停车并放松钢筋后方可检修。 6）冷拉粗钢筋夹钳应有防钢筋滑脱飞出的安全装置，冷拉钢筋周围应设置防钢筋断裂飞出的安全装置。操作人员不得在正面作业。 7）冷拉预应力粗钢筋前，应复核冷拉设备及地锚、滑轮、钢丝绳、卷扬机、轧钳、拉力表等部件。钢丝绳及轧钳的安全系数不得小于6，地锚的安全系数不得小于9。 8）冷拉时，沿线两侧各2m范围内严禁通行。			1 现场施工检查验收符合，可查建筑专业施工方案钢筋工程施工方案： 1）钢筋原材料、半成品等已按规格、品种分类堆放整齐，制作场地已平整，工作台已稳固。 2）碰焊机、切割机等操作场所，有配备消防器材。 3）钢筋碰焊工作应符合安全技术要求。 4）碰焊机应有可靠的防触电措施。 5）现场检查，符合要求。 2 钢筋、预应力钢筋冷拉及钢绞线预拉： 1）-2）查资料，符合要求。 3）-4）现场检查，符合要求。 5）严格执行相关规定。 6）-9）现场检查，符合要求。 3 现现场施工检查验收符合，可查建筑专业施工方案钢筋工程施工方案： 1）机械搬运钢筋时，钢筋应绑扎牢固。 2）抬运钢筋时，人工上

续表

序号	强制性条文内容	执行情况		相关资料
		√	×	
20.1.2	9）张拉钢筋采用电热法时，应由专人负责，并有防触电措施。 3 钢筋搬运： 1）机械搬运钢筋时应绑扎牢固。 2）多人抬运钢筋时，起、落、转、停等动作应一致，人工上下传递时严禁站在同一垂直线上。 3）在平台、走道上堆放钢筋应分散、稳妥，钢筋总重量不得超过平台的允许荷载。 4）搬运钢筋时应与电气设施保持安全距离，严禁钢筋与任何带电体接触。 5）吊运钢筋应绑扎牢固并设溜绳，钢筋不得与其他物件混吊。 4 钢筋安装： 1）主厂房框架、煤斗、汽轮机基座、水泵房等重要结构的钢筋安装，应制定专项施工方案。 2）工字梁、花篮梁等容易失稳的构件应设临时支撑。 3）高处或深坑内绑扎钢筋应搭设操作架和通道。粗钢筋的校直工作及垂直交叉施工应有可靠的安全技术措施。 4）绑扎4m以上独立柱的钢筋时，应搭设操作架。严禁依附立筋绑扎或攀登上下，柱筋应用临时支撑或缆风绳固定。 5）绑扎大型基础及地梁等钢筋时，应设附加钢骨架、剪撑或马凳。钢筋网与骨架未固定时，严禁人员上下。在钢筋网上行走应铺设通道。 6）高处绑扎圈梁、挑檐、外墙、边柱等钢筋时，应搭设外挂架和安全网，并系好安全带。 7）预制大型梁、板等钢筋骨架时应搭设牢固、拆除方便的马凳或架子。 8）起吊预制钢筋骨架时，下方严禁站人，待骨架吊至离就位点1m以内时方可靠近，就位并支撑稳固后方可脱钩。 9）穿钢筋应统一指挥并保持联系畅通。			下传递时相互错开。 3）堆放钢筋应分散、稳妥，不可超荷堆放。 4）搬运钢筋时应与电气设施保持安全距离。 5）现场检查，符合要求。 4 现场钢筋安装施工检查验收符合，可查建筑专业施工方案1.3钢筋工程施工方案。 1）详见相关审批的施工方案。 2）容易失稳的构件有设临时支撑。 3）现场施工检查，经验收，符合要求。 4）绑扎4m以上独立柱的钢筋时，有搭设操作架。 5）钢筋网与骨架未固定时，严禁人员上下。特别在绑扎大型基础及地梁等钢筋时，应设附加钢骨架、剪撑或马凳等安全措施。 6）绑扎高处钢筋时应该系好安全带。 7）现场检查，符合要求。 8）现场检查，符合要求。穿钢筋要保持联系畅通。
20.1.3	混凝土工程应符合下列规定： 1 集中搅拌站布置： 1）应制定专项施工方案，设计、计算、安装图齐全，设备应有可靠的防风、防倾倒措施。			1 现场混凝土工程施工检查验收符合，可查建筑专业施工方案混凝土工程施工方案。

续表

序号	强制性条文内容	执行情况		相关资料
		√	×	
20.1.3	2）搅拌站附近应布设平坦的环形道路。搅拌站四周应设排水沟、澄清池，并随时清理，保持畅通。砂石堆放场应有适当的坡度。 3）进料口、储料斗（罐）口等坑口应设安全隔栅或盖板。 2 搅拌系统运行： 1）集中控制室内的各种电源开关应挂标志牌，操作联系应采用灯光或音响信号。 2）运行前应对各系统进行检查，并进行试运行。 3）运行中严禁用铁铲伸入滚筒内扒料、清除皮带上的材料、将异物伸入传动部分。 4）运行中发现故障应切断电源停车检修。 5）停电后应切断电源，即时清理搅拌桶。 6）送料斗提升过程，严禁在斗下敲击斗身或从斗下通过。 7）皮带运输机运行时，严禁从运行中的皮带上跨越或从其下方通过。 8）清扫闸门及搅拌器，应切断电源并挂“有人工作，禁止合闸”标志后进行。 9）下班时应切断电源，电源箱应上锁。 3 散装水泥的装卸过程应密封，并装设除尘设施。使用压缩空气装卸时，安全阀应灵敏有效，进、排气阀、轴承及各部件应完好，输气管路应畅通。 4 水泥运输设备应有防尘设施。 5 采用刮斗式运料设备时，应经常检查钢丝绳的磨损情况。 6 清理送料斗下的砂石，应待送料斗提升并固定稳妥后方可进行。 7 混凝土运输： 1）混凝土运输应按规定路线行驶。采用自卸车、搅拌车运送混凝土时，场区应有环形道路或回车场地。 2）用手推车运送混凝土，运输道路应平坦，斜道坡度不得超过1:10。脚手架跳板应顺车向铺设，固定牢固，并留有回车余地。在溜槽入口处应设50mm高的挡木。 3）用机动车运送混凝土，车辆通过人员来往频繁地区及转弯时，应低速行驶，场区内正常车速不得超过15km/h。在泥泞道路及冰雪路面上应低速行驶，不得急刹车；在冰雪路面上行驶时应装防滑链。 4）用吊罐运送混凝土时，钢丝绳、吊钩、吊扣应符合安全要求，连接应牢固。罐内的			1）已制定专项施工方案，设备应有可靠的防风、防倾倒措施。 2）搅拌站附近道路布设成平坦的环形。四周应设排水沟、澄清池，并随时清理，保持畅通。砂石堆放场应有适当的坡度。 3）进料口、储料斗（罐）口等坑口应设安全措施。 2 现场施工符合要求。 1）电源开关应挂标志牌，操作联系应采用灯光信号。 2）运行前对各系统进行检查，并进行试运行。 3）运行中禁止用铁铲伸入滚筒内扒料、清除皮带上的材料、将异物伸入传动部分。 4）工作中发现故障，操作人员应切断电源停车检修。 5）停电后应切断电源，操作人员即时清理搅拌桶。 6）在送料斗提升过程，严禁操作人员在斗下敲击斗身或从斗下通过。 7）皮带运输机运行时，严禁从运行中的皮带上跨越或从其下方通过。 8）清扫闸门及搅拌器时，设置警示牌。 9）下班时应切断电源，操作人员应该把电源箱上锁。 3 现场施工验收符合要求。 4 现场施工符合要求，验收合格。 5 现场施工符合要求，可查相关记录表。 6 现场不定时监督施工，

续表

序号	强制性条文内容	执行情况		相关资料
		√	×	
20.1.3	混凝土不得装载过满。吊罐转向、行走应缓慢，升降时应听从指挥信号，吊罐下方严禁人员逗留和通过。卸料时罐底离浇筑面的高度不应超过1.2m。 5）用泵输送混凝土时，操作人员不应站在出料口的正前方或建筑物的临边。输送管的接头应紧密可靠，不漏浆，安全阀应完好，固定管道的架子应牢固。输送前应试送。检修时应卸压。 **8** 混凝土浇筑： 1）浇灌（筑）混凝土前应先制定运输及浇灌（筑）施工措施，检查模板及脚手架的牢固情况。运输道路应畅通。 2）当混凝土浇筑高度超过3m时，应使用溜槽或串筒。串筒之间应连接牢固。串筒连接较长时，挂钩应加固。严禁攀登串筒疏通混凝土。 3）往混凝土中加放块石时，块石应吊运或传递，当下方有人作业时，不应向下抛掷。块石不得集中堆放在已绑扎的钢筋或脚手架上。 4）在隧道及深井（坑、池）内浇筑混凝土应有通风设施，上下应有联系信号。 **9** 振捣作业： 1）电动振动器的电源应采用TN-S系统，装设漏电保护器，电源线应采用绝缘良好的软橡胶电缆，开关及插头应完整、绝缘良好。严禁直接将电线插入插座，做到“一机一闸一保一箱”。 2）使用振动器的操作人员应穿绝缘靴、戴绝缘手套，不应站在出料口正前方。 3）搬移振动器或暂停作业时，应切断电源。 4）不得将运行中的振动器放在模板、脚手架或已浇筑但尚未凝固的混凝土上。 5）严禁冲击或振动预应力钢筋。 **10** 混凝土预制构件上易存水的孔洞、凹槽等处不得积水。 **11** 混凝土冬季暖棚法养护： 1）暖棚应经设计并绑扎牢固，设置必要的消防器材。 2）地槽式暖棚的槽沟土壁应加固。 3）混凝土养护期间，应将烟或燃烧气体排至棚外，并采取防止烟气中毒和防火措施。			操作符合要求。 **7** 现场施工符合要求，可查建筑专业施工方案混凝土工程施工方案。 1）按规定路线进行混凝土运输。 2）现场检查，符合要求。 3）在泥泞道路及冰雪路面上应低速行驶，不得急刹车，保证安全措施。 4）采用汽车吊运送混凝土时，钢丝绳、吊钩、吊扣应符合安全技术要求，连接应牢固。罐内的混凝土不得装满。吊罐转向、行走应缓慢，升降时应有指挥人员，下方严禁人员逗留和通过。卸料时罐底离浇筑面的高度为1m。 5）采用天泵输送混凝土时，操作人员不应站在出料口的正前方或建筑物的临边。输送管的接头应紧密可靠，不漏浆，安全阀应完好，固定管道的架子应牢固。输送前应试送。检修时应卸压。 **8** 现场混凝土浇筑施工验收合格，符合要求。 1）浇筑前应验收合格。 2）当混凝土浇筑高度超过3m时，应使用相关安全措施，保证操作人员施工安全。 3）-4）现场检查，符合要求。 **9** 现场实体检查，符合要求，可查施工记录。 1）电动振动器要有保护装置，开关及插头保持完整、绝缘良好。严禁直接将电线插入插座，做到“一机一闸一保一箱”。 2）操作人员应穿戴放电

续表

序号	强制性条文内容	执行情况		相关资料
		√	×	
20.1.3	**12** 混凝土冬季电气加热法养护： **1）**电气加热区应设围栏并悬挂警示标识。 **2）**电气加热时钢筋不得带电，不得触碰钢筋；分段浇筑混凝土时，钢筋应接地。 **3）**电气加热部分浇筑或进行其他作业时，应切断该段电源，并在电源开关处设置明显的“有人工作，禁止合闸”的警示标识，设专人监护。 **4）**钢筋混凝土结构浇筑完成后，通电前，所有人员应撤离至安全区域。 **5）**洒水养护时应及时切断电源。 **13** 混凝土冬季蒸汽加热法养护： **1）**蒸汽锅炉应取得使用登记证，并应制定运行规程及安全管理制度。司炉人员应持证上岗。 **2）**引用高压蒸汽作为热源时，应设减温减压装置并有压力表监视蒸汽压力。 **3）**蒸汽管道应保温，阀门处应挂指示牌。 **4）**采用喷气加热法时应保持视线清晰。 **5）**蒸汽室温度低于40℃时，工作人员方可进入。 **14** 混凝土冬季养护测温： **1）**取暖休息室与养护现场应保持通道畅通、照明充足。 **2）**电气加热法养护时，严禁带电测温。			衣物，比如绝缘靴、戴绝缘手套，并且不应站在出料口正前方。 **3）**暂停作业时，应切断电源。 **4）**已浇筑但尚未凝固的混凝土或模板、脚手架上不得放置运行中的振动器。 **5）**严格执行相关规定。 **10-14** 现场检查符合要求。
20.1.4	构件吊装应符合下列规定： **1** 预制构件在吊装前强度应达到设计要求并经验收合格。 **2** 构件的吊点、吊索及吊环应经计算，并制定施工技术措施。 **3** 吊运过程应设专人指挥，操作人员应位于安全可靠位置，被吊构件上严禁站人。 **4** 构件应绑扎平稳、牢固，不得在构件上堆放或悬挂零星物件。吊起构件跨越障碍物时，构件底部与障碍物之间的距离应大于500mm。 **5** 柱子起吊前，应设临时爬梯或操作平台，并加装攀登自锁器专用安全绳。 **6** 构件就位固定牢固后方可脱钩。 **7** 缆风绳跨越公路时，距离路面的高度不得低于7m，并应设安全警示标识。			**1** 预制构件强度达到设计要求并经验收合格方可起吊。 **2** 构件的吊点、吊索及吊环经验算符合要求，并制定了相应的施工技术措施。 **3** 现场施工符合要求，吊运过程设置起重工，专门指挥吊运。 **4** 现场施工验收符合要求。 **5** 现场施工验收符合要求，可查施工记录。 **6** 现场实体施工验收符合要求。 **7** 现场检查，验收合格。

续表

序号	强制性条文内容	执行情况		相关资料
		√	×	
20.1.5	预应力混凝土工程应符合下列规定： 1 千斤顶张拉： 1）张拉区10m范围内应设置围栏并悬挂“禁止通行”的警示标识。 2）张拉钢筋时，两端严禁站人；操作时应站在侧面作业并采取可靠的安全防护措施。 3）张拉钢铰线束的特制连接套筒，应定期检查其压损情况；与千斤顶连接时拉力中心应吻合，不应偏斜。 4）油压千斤顶的支承座应使用平整的铁块衬垫并接触良好，严禁用螺母衬垫。支承座撑好后应将钢丝绳松掉。 5）作业时，严禁拆换油管或压力表，在油泵工作过程中，操作人员不得离开岗位。 6）工作结束后应切断电源。 2 电热法张拉： 1）电气线路应绝缘良好，便于观察。 2）电源设备及线路装设完毕，应经试验合格，方可开始作业。 3）张拉时，操作人员必须戴绝缘手套，穿绝缘鞋，并应有可靠的防烫伤措施。张拉作业应由专人指挥，电源开关应由专人操作。 4）被张拉钢筋两端的螺母与铁板、钢筋与铁板之间的绝缘必须良好。 5）预应力钢筋的伸长率应预先计算，操作时应测量准确。 6）电压不宜超过75V，作业地点应干燥，电热设备应有降温措施。 3 预应力管制作： 1）管芯成型的电气设备接地应良好，信号清晰，操作方便，并配备事故按钮，进入芯模作业时，应使用行灯照明。 2）管模使用前应检查电动机、振动器、机架等各转动部分完好。 3）用电热法张拉预应力钢筋时，夹具应牢固，张拉小车及配重架四周应隔离；钢筋固定应在停车后，无预应力的状态下进行。 4）压力喷浆应按本部分5.2.3条第3款的规定执行。 5）预应力管的吊装和运输应有防止振动、碰撞和滑移的安全技术措施。			1 千斤顶张拉： 1）-2）现场检查，符合要求。 3）查资料，查现场，符合要求。 4）-6）现场检查，符合要求。 2 电热法张拉：现场检查，符合要求。 3 预应力管制作：现场检查，符合要求。

续表

施工单位：	总承包单位：	监理单位：	建设单位：
年 月 日	年 月 日	年 月 日	年 月 日

注：本表1式4份，由施工项目部填报留存1份，上报监理项目部1份，上报总承包项目部1份，上报建设单位1份。

21.特殊构筑物

火力发电工程安全强制性条文实施指导大纲检查记录表

单位名称（项目部）：　　　　　　　　　　　　编号：Q/CSEPC-AG-DL5009-4-021

标段名称			专业名称	
施工单位			项目经理	
序号	强制性条文内容	执行情况 √	执行情况 ×	相关资料
《电力建设安全工作规程　第1部分：火力发电》（DL 5009.1—2014） 21.1 特殊构筑物				
21.1.1	烟囱工程应符合下列规定： **1** 筒身施工时应划定危险区并设置围栏，悬挂警示牌。当烟囱施工在100m以下时，其周围10m范围内为危险区；当烟囱施工到100m以上时，其周30m范围内为危险区。危险区的进出口处应设专人管理。 **2** 烟囱出入口应设置安全通道，搭设安全防护棚，其宽度不得小于4m，高度以3～5m为宜。施工人员必须由通道内出入，严禁在通道外逗留或通过。 **3** 材料及半成品宜堆放在危险区以外，设置在危险区内的设备，必须有可靠的防护措施。 **4** 烟囱施工井架必须安装防雷装置，接地电阻不得大于10Ω。 **5** 采用竖井架施工时宜搭设防护层，防护层设置间隔宜为20m，或与筒壁内牛腿标高一致。 **6** 筒身采用无井架滑模施工时，可以用灰斗平台代替筒身内的防护层。平台上应铺设煤渣、黄沙等防滑物，定期清理杂物。 **7** 各类防护层搭设： 1）灰斗平台较高时，平台下应搭设防护层。 2）操作室和混凝土料斗上部应搭设防护层。 3）防护层或灰斗平台施工作业时，应停止防护层上部其他作业。 4）筒身内外垂直交叉作业时必须有防护措施。 **8** 使用金属竖井架： 1）管材在组装前应进行检查，不得有锈蚀、裂纹等缺陷。			**1** 筒身施工时划定危险区符合要求并设置围栏，悬挂警示牌。危险区的进出口处设专人管理。 **2** 烟囱出入口设置安全通道，搭设安全防护棚。施工人员出入通道内符合侵权规范，无人员在通道外逗留或通过。 **3** 材料及半成品宜堆放在危险区以外，设置在危险区内的设备设有可靠的防护措施。 **4** 烟囱施工井架防雷装置安装合格，接地电阻为6Ω。 **5** 竖井架施工防护层搭设合格，防护层设置间隔为20m。 **6** 筒身采用无井架滑模施工时，可以用灰斗平台代替筒身内的防护层。平台上应铺设煤渣、黄沙等防滑物，定期清理杂物。 **7** 各类防护层搭设： 1）灰斗平台搭设防护层符合要求。 2）操作室和混凝土料斗上部防护层搭设符合要求。 3）防护层或灰斗平台施工作业符合要求。 4）筒身内外垂直交叉作业防护措施满足规范安全。 **8** 使用金属竖井架：

序号	强制性条文内容	执行情况		相关资料
		√	×	
21.1.1	2）工作平台的允许荷载应经设计确定，并悬挂载荷警示标识。 3）工作平台上铺设的木板与横木必须连接牢固，横木与钢圈宜采用抱箍螺栓连接方式，连接应牢固。平台木板厚度应不小于50mm，铺设平整。 4）提升工作平台应统一指挥，升降应平稳、均匀。 5）罐笼应有安全制动器并定期检验合格，严禁人货混载。 6）施工人员应从井架内的爬梯上下，并应设安全自锁器作为垂直保护，严禁沿钢丝绳或竖井架攀登。内爬梯靠料斗一侧应设防护网，扶梯板应牢固齐全。 7）竖井架的一个节点上不应同时挂两个滑车。 8）吊架应经负荷试验合格，其外侧应设栏杆，两侧和下部应设安全网。 **9** 筒身采用无井架滑模施工时，井架平台设置： 1）井架、平台及吊架应有设计、计算、设计详图、安装说明等技术资料，动载系数不小于1.3。 2）施工平台应经1.25倍额定负荷试验合格后方可使用。 3）千斤顶严禁超载使用。 4）门架间距一般为1.5～1.7m，多不得超过1.9m。 5）施工平台组装时，外半径应比烟囱外半径大1m。 6）施工平台上铺设的脚手板应选用50mm厚的优质木板，并应逐块进行检查。平台铺设应平稳、牢固。 7）平台及吊架的下方及内外侧均应设置全兜式安全网，并随筒壁升高及时调整，使其紧贴筒身内外壁。安全网内的坠落物应及时清除。 8）平台四周应设置1.2m高的栏杆，并围以孔眼不大于20mm的铅丝立网或安全网立网。在扒杆部位下方的栏杆应用管道或角铁加固。 9）平台上的扒杆或平吊臂应规定起重量。其吊钩应有防脱钩装置，扒杆宜在平台上由专人操作，由专人指挥。吊物应设			1）管材在组装前检查合格，无锈蚀、裂纹等缺陷。 2）工作平台的允许荷载经设计计算符合要求，并悬挂载荷警示标识。 3）工作平台上铺设的木板与横木连接牢固，横木与钢圈宜采用抱箍螺栓连接方式，连接牢固。平台木板厚度为80mm，铺设平整。 4）提升工作平台统一指挥，升降应平稳、均匀。 5）罐笼有安全制动器并定期检验合格，无人货混载。 6）施工人员上下通过井架内的爬梯，设安全自锁器作为垂直保护，内爬梯靠料斗一侧设防护网，扶梯板牢固齐全。 7）竖井架的滑车悬挂符合要求。 8）吊架负荷试验合格，其外侧设栏杆，两侧和下部设安全网。 **9** 筒身采用无井架滑模施工时，井架平台设置： 1）井架、平台及吊架设计、计算、设计详图、安装说明等技术资料齐全，动载系数为1.5。 2）施工平台经1.25倍额定负荷试验后合格。 3）千斤顶使用符合要求。 4）门架间距一般为1.5m～1.7m，符合安全规范。 5）施工平台组装，外半径比烟囱外半径大1.2m。 6）施工平台上铺设的脚手板选用50mm厚的优质木板，并逐块进行检查。平台铺设平稳、牢固。 7）平台及吊架的下方及内外侧均设置全兜式安全网，并随筒壁升高及时调整，使其紧贴筒身内外壁。安全网内的坠落

续表

序号	强制性条文内容	执行情况		相关资料
		√	×	
21.1.1	溜绳，其下方严禁有人。 **10**）平台下辐射梁两槽钢间的缝隙应满铺木板。 **10** 筒身采用滑模施工时，吊笼使用应符合下列规定： **1**）上下信号必须一致，除音响信号外还应设灯光信号。 **2**）吊物与乘人的吊笼必须分开，无论是单吊笼还是双吊笼均严禁人货混载。 **3**）乘人吊笼的乘载人数应经计算确定，严禁超载。上下时，人体及物件不得伸出笼外；吊笼内部应设乘坐人员用的扶手。 **4**）乘人吊笼的钢丝绳安全系数不得小于14。 **5**）井架上部必须装设限位开关，且不得少于两道；井架顶部应设置一道机械极限限位；吊笼底部应装设缓冲装置或自动停止装置。 **6**）吊笼应采用双筒卷扬机或两台同型号的卷扬机。制动器必须可靠，除电磁制动器外，还应有手动制动器。卷扬机宜设超负荷制动装置。钢丝绳必须受力均匀；卷扬机房（棚）内应设专人监护。 **7**）吊笼设置自动制动装置时，使用前必须对制动装置进行断绳保险试验，使用中应定期检查抱刹块的磨损情况，并按规定及时更换。 **8**）乘人吊笼两侧应设保险钢丝绳，吊笼进出口处应设两道铁链防护，其他三侧应用钢丝网封闭，吊笼上部的四角应做成圆形的，与平台内钢圈的间隙以150mm为宜。 **9**）吊笼应由专人操作，持证上岗，严禁无关人员进入操作室。 **10**）钢丝绳、导轮、滑轮、绳卡及地锚等均应按有关规定执行，并由专人负责经常性检查、维护。卷扬机留在滚筒上的钢丝绳不得少于五圈。卷扬机使用时应设专人监护。 **11**）除以上规定外，尚应按本部分4.6.4的规定执行。 **11** 滑模施工： **1**）经常调整水平和垂直偏差。			物及时清除。 **8**）平台四周设置1.2m高的栏杆，围以孔眼为15mm的铅丝立网或安全网立网。在扒杆部位下方的栏杆用管道或角铁加固。 **9**）平台上的扒杆或平吊臂起重量符合要求。其吊钩设有防脱钩装置，扒杆宜在台上由专人操作，由专人指挥。吊物设溜绳，其下方无人员滞留。 **10**）平台下辐射梁两槽钢间的缝隙木板铺设符合要求。 **10** 筒身采用滑模施工，吊笼使用符合下列规定： **1**）上下信号一致，除音响信号外设灯光信号。 **2**）吊物与乘人的吊笼必须分开，无论是单吊笼还是双吊笼均严禁人货混载。 **3**）乘人吊笼的乘载人数经计算确定，无超载现象。上下时，人体及物件无伸出笼外现象；吊笼内部设有乘坐人员用的扶手。 **4**）乘人吊笼的钢丝绳安全系数为20。 **5**）井架上部装设限位开关，设有两道；井架顶部设置一道机械极限限位；吊笼底部装设缓冲装置或自动停止装置。 **6**）吊笼采用双筒卷扬机。制动器必须可靠，除电磁制动器外，还设有手动制动器。卷扬机设有超负荷制动装置。钢丝绳受力均匀；卷扬机房（棚）内设专人监护。 **7**）吊笼设置自动制动装置，使用前对制动装置进行断绳保险试验合格，使用中定期检查抱刹块的磨损情况，并按规定及时更换。 **8**）乘人吊笼两侧设保险钢丝绳，吊笼进出口处设两道铁链防护，其他三侧用钢丝网封

续表

序号	强制性条文内容	执行情况		相关资料
		√	×	
21.1.1	2）扒杆弯曲应及时调整加固。 3）每班的施工速度必须得到控制，严防混凝土坍落。 **12** 钢内筒安装： 1）施工应制定专项安全技术措施。 2）基础验收合格后方可进行安装工作。 3）安装使用的起重机械、液压设备、气动装置应按本部分4.6的规定执行。 4）采用起重吊装法安装时，起重机械基础载荷能力应经设计计算。 5）采用液压顶升法或提升法安装时，单台液压顶升或提升设备的工作载荷不得超过额定压力；多台顶升或提升设备同时工作时，其设备性能应相同，最大荷载不得超过设备允许总额定载荷的80%。顶升或提升前，设备应按说明书调试合格。 6）采用液压提升法施工时，钢绞线切割应采用机械切割。 7）采用气顶倒装法安装时，顶升压力不得超过逐节顶升的计算压力；顶升前，气顶设备应调试合格。 8）筒体上应设置导向止晃装置。 9）筒体施工除按上述规定执行外，尚应按《烟囱工程施工及验收规范》（GB 50078）的相关规定执行。 **13** 夜间施工必须有足够的照明，行灯照明电源必须采用安全电压。严禁将电源线直接绑扎在金属构件上。高100m以上的井架顶部应装设航空指示灯。筒身施工宜备有备用电源。 **14** 平台上应配备适量的灭火装置或器材。易燃品应妥善保管。在平台上进行电焊或气割时，应选择适当位置并采取防火措施。 **15** 平台上多余的钢筋、模板等杂物必须在交接班前清理干净，并用扒杆或吊斗送下，严禁向下抛扔。 **16** 采用滑动模板工艺施工时，其脱模强度不得低于0.2MPa。 **17** 采用电动（液压）提模施工时，受力层混凝土强度值应根据平台荷载经过计算确定，低于该值时不得提升平台。 **18** 夏季、雷雨季节施工时，应注意天气变化情况，可能出现雷击危险时，作业人员应立即撤			闭，吊笼上部的四角做成圆形的，与平台内钢圈的间隙为150mm。 9）吊笼由专人操作，持证上岗，无关人员进入操作室。 10）钢丝绳、导轮、滑轮、绳卡及地锚等均按有关规定执行，并由专人负责经常性检查、维护。卷扬机留在滚筒上的钢丝绳为五圈。卷扬机使用时设专人监护。 11）除以上规定外，严格按本部分4.6.4的规定执行。 **11** 滑模施工： 1）经常调整水平和垂直偏差。 2）扒杆弯曲及时调整加固。 3）每班的施工速度严格控制，严防混凝土坍落。 **12** 钢内筒安装： 1）施工制定专项安全技术措施。 2）基础验收合格且进行安装工作。 3）安装使用的起重机械、液压设备、气动装置严格按本部分4.6的规定执行。 4）采用起重吊装法安装，起重机械基础载荷能力经设计计算合格。 5）采用提升法安装时，提升设备的工作载荷未超过额定压力；多台顶升或提升设备同时工作时，其设备性能相同，最大荷载未超过设备允许总额定载荷的80%。顶升或提升前，设备按说明书调试合格。 6）采用液压提升法施工时，钢绞线切割应用机械切割。 7）采用气顶倒装法安装时，顶升压力未超过逐节顶升的计算压力；顶升前，气顶设备调试合格。 8）筒体上设置导向止晃装置。 9）筒体施工除按上述规定执

续表

序号	强制性条文内容	执行情况		相关资料
		√	×	
21.1.1	离。 **19** 烟囱工程施工，下列工作必须填写安全施工作业票： **1**）施工平台试压，扒杆试吊。 **2**）外平台安装。 **3**）乘人吊笼超载试验。 **4**）施工平台调整。 **5**）施工平台和井架拆除。 **20** 施工平台及井架拆除： **1**）划定施工危险区并设围栏，挂警示牌，并派专人监护。严禁无关人员和车辆进入。 **2**）拆除前，应将平台平稳放置在烟囱筒壁上。拆除所用绳扣、钢丝绳、链条葫芦及其他机具应检查合格。 **3**）临时预埋铁件应经计算，焊缝应检验合格。 **4**）拆除工作应统一指挥，分工明确，通信畅通；拆除人员安全带应系挂在可靠处。 **5**）拆除部件应随时吊下，小型零件吊运应使用接料桶，严禁抛扔；吊下的物件应及时转运。 **21** 拆除筒壁模板时应采取可靠的防坠落措施。			行外，严格按《烟囱工程施工及验收规范》（GB 50078）的相关规定执行。 **13** 夜间施工照明足够，行灯照明电源采用安全电压。高100m以上的井架顶部装设航空指示灯。筒身施工备有备用电源。 **14** 平台上配备适量的灭火装置或器材。易燃品保管妥善。在平台上进行电焊或气割时，防火措施符合要求。 **15** 平台上多余的钢筋、模板等杂物在交接班前已清理干净，并用扒杆或吊斗送下。 **16** 采用滑动模板工艺施工时，其脱模强度未0.25MPa。 **17** 电动（液压）提模施工时，受力层混凝土强度值根据平台荷载经过计算确定合格。 **18** 夏季、雷雨季节施工时，注意天气变化情况，存在雷击危险时，作业人员及时撤离。 **19** 烟囱工程施工，下列工作已填写安全施工作业票： **1**）施工平台试压，扒杆试吊。 **2**）外平台安装。 **3**）乘人吊笼超载试验。 **4**）施工平台调整。 **5**）施工平台和井架拆除。 **20** 施工平台及井架拆除： **1**）划定施工危险区并设围栏，挂警示牌，派专人监护。无关人员和车辆进入现象。 **2**）拆除前，平台平稳放置在烟囱筒壁上。拆除所用绳扣、钢丝绳、链条葫芦及其他机具检查合格。 **3**）临时预埋铁件经计算，焊缝应检验合格。 **4**）拆除工作统一指挥，分工明确，通信畅通；拆除人员安全带系挂在可靠处。

序号	强制性条文内容	执行情况		相关资料
		√	×	
21.1.1				**5**）拆除部件随时吊下，小型零件吊运使用接料桶，严禁抛扔；吊下的物件及时转运。 **21** 拆除筒壁模板时应采取可靠的防坠落措施。 现场施工安全规范可查安全体系管理烟囱施工安全文件。
21.1.2	冷却水塔工程应符合下列规定： **1** 水塔施工周围30m范围内为危险区，应设置围栏，悬挂警示标识，严禁无关人员和车辆进入；危险区的进出口处应设专人管理。 **2** 水塔进出口应设置安全通道，搭设安全防护棚，其宽度不应小于6m，高度以3～5m为宜。施工人员必须由通道内出入，严禁在通道外逗留或通过。 **3** 材料及半成品宜堆放在危险区以外，设置在危险区内的设备，必须有可靠的防护措施。 **4** 提升井架、吊桥、缆风绳及地锚应经设计计算。 **5** 水塔施工必须安装防雷装置，接地电阻不应大于10Ω。 **6** 盘道架周围应保持整洁，不得堆放易燃物，道路应保持畅通；水塔、贮水池及盘道周围应做好排水措施；盘道架应定期检查，大风雨后应重新检查。 **7** 吊桥的提升必须统一指挥。提升后必须与井架卡牢。吊桥四周应设高1.2m和中间栏杆与上、下构件的间距不大于500mm两道栏杆。吊桥铺板应采用50mm厚的优质木板并固定牢靠，搭接长度不得少于500mm。铺板严禁任意拆除或搬动。 **8** 施工人员严禁乘坐混凝土吊斗上下。 **9** 悬挂式操作架使用： **1**）操作架应经设计，焊接应牢固。 **2**）操作架的施工荷载不应超过设计规定，一般为380kg/m²。浇灌混凝土时，施工荷载应均匀，不得集中在一侧。 **3**）操作架安装时，螺母必须拧紧，栏杆应完整、牢固，使用过程中应有专人进行检查、维修。 **4**）施工人员必须系安全带，安全带应拴在靠模板一侧的立杆或横杆上，不得拴在其他杆件上。 **5**）在操作架下层工作时，应从指定地点			冷却水塔工程符合下列规定： **1** 间冷塔施工周围30m范围内为危险区，应设置围栏，悬挂警示标识，严禁无关人员和车辆进入；危险区的进出口处应设专人管理。 **2** 间冷塔进出口应设置安全通道，搭设安全防护棚。施工人员必须由通道内出入，严禁在通道外逗留或通过。 **3** 材料及半成品宜堆放在危险区以外。 **4** 提升井架、吊桥、缆风绳及地锚经设计计算符合要求。 **5** 间冷塔施工已安装防雷装置。 **6** 无盘道架。 **7** 吊桥的提升作业符合要求。 **8** 施工人员严禁乘坐混凝土吊斗上下。 **9** 悬挂式操作架使用： **1**）操作架经设计焊接牢固。 **2**）操作架的施工荷载不超过设计规定，浇灌混凝土时，施工荷载应均匀，不得集中在一侧。 **3**）操作架安装时，螺母必须拧紧，栏杆完整、牢固，使用过程中有专人进行检查、维修。 **4**）施工人员必须系安全带，安全带应拴在靠模板一侧的立杆或横杆上，不得拴在其他杆件上。

续表

序号	强制性条文内容	执行情况 √	执行情况 ×	相关资料
21.1.2	上、下，严禁任意攀越，且上、下过程不得失去保护。内外操作架必须拉设全兜式安全网。 6）三角形吊架应悬挂牢固，吊钩应设锁环。拆三角架或模板时，必须使用吊脚手架。严禁从将要拆除的架子上跨越。 **10** 装卸操作架（三角架）及模板时，作业人员应背工具袋，撬杆应用绳系牢，工具、拆下的模板及零件应分散、均匀堆放。 **11** 拆除模板时，其下一节筒壁混凝土强度必须达到施工技术规范的强度要求。 **12** 塔身施工所用移动照明电源应采用安全电压。电源线路应固定，并应有专人定期进行检查、维护。 **13** 严禁筒壁和淋水装置施工交叉作业。 **14** 筒壁滑模施工： 1）操作平台、吊桥及吊架等必须经设计计算，平台荷载不得超过规定，人员不得集中在一侧工作，材料、器具等应分散、均匀堆放。 2）平台上不得堆放易燃物，并应配备适量的消防器材。 3）爬升架提升前，应对混凝土强度进行检验，满足设计强度要求后方可提升。 4）所有电气装置必须接地可靠。 5）内外脚手架必须设置安全网并拴挂牢固。组装滑升结构时，应对架子进行检查后方可攀登。 6）使用升降机、混凝土吊斗和扒杆等应有统一的联系信号。安全制动装置应由专人定期检查、维修。 7）在吊桥及系统提升过程中，升降机及吊桥均不得使用。 8）吊装门架时，严禁人、物同时起吊。拆除门架时，扒杆每次挪动后应固定牢固。导向滑车走绳应正确，不得与混凝土摩擦。吊装及拆除工作均应由专人统一指挥。 9）爬升架提升完毕、停电或电动机发生故障时，立即插好安全销。 **15** 风筒翻模施工： 1）在操作架（三角架）下层作业时，应从指定地点上下，上下处设置爬梯。作业			5）在操作架下层工作时，作业符合要求。 6）三角形吊架悬挂牢固，吊钩设锁环。拆三角架或模板时，使用吊脚手架。严禁从将要拆除的架子上跨越。 **10** 装卸操作架（三角架）及模板时，作业人员背工具袋，撬杆用绳系牢，工具、拆下的模板及零件分散、均匀堆放。 **11** 拆除模板时，其下一节筒壁混凝土强度必须达到施工技术规范的强度要求。 **12** 塔身施工所用移动照明电源采用安全电压。电源线路固定，有专人定期进行检查、维护。 **13** 无交叉作业。 **14** 筒壁滑模施工： 1）操作平台、吊桥及吊架等设置符合要求。 2）平台上无易燃物，配备适量的消防器材。 3）爬升架提升前，对混凝土强度进行检验，满足设计强度要求后方可提升。 4）所有电气装置必须接地可靠。 5）内外脚手架设置安全网并拴挂牢固。组装滑升结构时，架子检查后方可攀登。 6）使用升降机、混凝土吊斗和扒杆等应有统一的联系信号。安全制动装置应由专人定期检查、维修。 7）在吊桥及系统提升过程中，升降机及吊桥均不得使用。 8）吊装、拆除门架时作业符合要求。

续表

<table>
<tr><th rowspan="2">序号</th><th rowspan="2">强制性条文内容</th><th colspan="2">执行情况</th><th rowspan="2">相关资料</th></tr>
<tr><th>√</th><th>×</th></tr>
<tr><td>21.1.2</td><td>完毕及时将盖板复原。
2）操作架（三角架）应经设计计算，必须设置斜支撑和水平连杆。各杆件之间应连接可靠。每次安装时，应对杆件和连接螺栓逐根检查，发现开裂、破损、弯曲、丝扣损坏等不得使用。
3）内外操作架（三角架）必须布设全兜式安全网。操作架（三角架）上的脚手板，应铺平垫实。
4）操作架（三角架）拆装前，应对混凝土强度进行检验，满足设计强度要求后方可拆装。
5）风筒施工照明电源应采用安全电压。
6）拆模必须里外模板同时拆装。
16 金属井架基础、中心、缆风绳及天轮等应定期检查合格。
17 安全网布设：
1）塔内15m标高处宜设一层全兜式安全网。
2）塔外壁10m标高处宜设一圈宽10m的安全网。
3）顶层操作架的外侧应设栏杆及安全网。
4）钢制三角形吊架下应设兜底安全网。
18 水塔内壁防腐涂料喷刷：
1）应制定可靠的防中毒措施。
2）采用空气压缩机喷涂时，疏通喷嘴时严禁对着人。
3）手沾涂料时不得操作电气开关及空气阀。</td><td></td><td></td><td>9）爬升架提升完毕、停电或电动机发生故障时，立即插好安全销。
15 现场检查，符合要求。
16 查资料，查现场，符合要求。
17 安全网布设符合要求。
18 查资料，查现场，符合要求。</td></tr>
<tr><td>21.1.3</td><td>沉井工程应符合下列规定：
1 沉井土方人力或机械开挖：
1）人工开挖时必须设置牢固的爬梯。用机械吊运土方时，挖土人员应远离吊运区域下方，严禁在吊钩的正下方站立或通过。
2）人工开挖上下交叉作业时，应有隔离保护措施。照明应充足，行灯电压不得超过12V。
3）井内隔墙上应设有供潜水员通过的预留孔，井内障碍物及插筋应清除。
4）井内应搭设供潜水员使用的浮动平台。潜水员的增压、减压及职业病防治应按</td><td></td><td></td><td>沉井工程应符合下列规定：
1 沉井土方人力或机械开挖：
1）-6）现场检查，符合要求。
7）查资料，查现场，符合要求。
8）按本部分9.1.3、17.1的相关规定执行。</td></tr>
</table>

续表

序号	强制性条文内容	执行情况		相关资料
		√	×	
21.1.3	有关规定执行。 **5**）空气压缩机的贮气罐应设有安全阀。有潜水员工作时应有滤清器。进气口应设在空气洁净处，供气控制应有专人负责。 **6**）作为水中作业用或作为降水措施的空压设备或真空设备，其备用量应为实际需要量的一倍。 **7**）压气作业人员及潜水员应经训练并考试合格，非专业人员不得从事该项工作。 **8**）除上述规定外，尚应按本部分9.1.3、17.1的相关规定执行。 **2** 沉井施工： **1**）沉井承垫木的规格及铺设方法应按总荷载计算确定。 **2**）必须待混凝土达到设计强度后方可抽出承垫木。 **3**）抽、拔承垫木应按施工方案规定的顺序进行。抽、拔时严禁人员从刃脚、底梁及隔墙下通过。 **4**）沉井的内外脚手架如不能随沉井下沉，则应与沉井的模板、钢筋分开。井字架、扶梯均不得固定在井壁上。 **5**）沉井井顶周围应设防护栏杆，沉井下沉前应把井壁上的栏杆螺栓和铁钉割掉。 **3** 沉井在淤泥质黏土或亚黏土中下沉时，井内的工作平台应采用活动平台，不得固定在井壁、隔墙或底梁上。沉井发生突然下沉时，平台应能随井内涌土上升。 **4** 施工用抽水设备应有备用电源。 **5** 采用井内抽水强制下沉时，井上人员应离开沉井，并有人员不能离开时保证其安全的措施。沉井由不排水转为排水下沉时，抽水后应经过观测，确认沉井稳定后方可下井工作。 **6** 采用套井与触变泥浆法施工时，套井四周应有防护措施。 **7** 在汛期进行沉井施工时，应与当地气象部门及上游水文机关直接取得联系，准备足够的防汛器材，并应有保证施工人员因停电或其他自然灾害等遇险时能立即撤离危险区的措施。 **8** 近水或涉水工作人员均应穿着救生衣，并应备有救生船只。			**2** 沉井施工： 现场检查，符合要求。 **3-8** 现场检查，符合要求。

续表

序号	强制性条文内容	执行情况		相关资料
		√	×	
21.1.4	顶管工程应符合下列规定： **1** 顶管施工前应查明顶管沿线地下障碍物的情况，对管道穿越地段上部的房屋、桥梁等结构物必须采取安全技术措施。 **2** 吊装顶铁或钢管时，严禁在吊臂回转半径内停留。往作业坑内下管时应有保险钢丝绳，并缓慢地将管道送入导轨就位。 **3** 在拼接管段前或因故障停顿时，应及时通知工具管头部操作人员停止冲出泥土。在长距离顶管施工中应加强通风。 **4** 因吸泥莲蓬头堵塞，水力机械失效等需要打开胸板上的清石孔进行处理时，必须采取防冒顶塌方的措施。 **5** 管道顶进或停止应以工具管头部发出的信号为准。顶进系统发生故障时，应发信号给工具管头部的操作人员。 **6** 顶进过程中严禁站在顶铁两侧操作。顶进中应有防毒、防燃、防爆、防水淹的措施。 **7** 工具管中的纠偏千斤顶应绝缘良好，操作电动高压油泵时应戴绝缘手套。			**1** 查资料，查现场措施执行情况，符合要求。 **2-4** 现场检查，符合要求。 **5** 严格执行相关规定。 **6-7** 现场检查，符合要求。
21.1.5	取水构筑物施工应符合下列规定： **1** 施工前应收集下列资料： **1）** 施工区域的地质、地下水位、水质、流向及渗透系数等资料。 **2）** 水位、流速、浪高、潮位和历史最高、最低水位资料，在寒冷地区应有河流结冰厚度、冻融期流冰最大尺寸及其流速等资料。 **3）** 雨季起讫日期、暴雨情况、连续最大降雨量。 **4）** 附近区域内的航道及航运情况。 **2** 施工过程中应与当地气象台、水文站取得联系，及时掌握气象和水文变化情况。 **3** 取水构筑物地下部分施工，宜安排在枯水季节或地下水位较低时进行。 **4** 凡在原有建（构）筑物、铁路、公路附近进行取水构筑物施工时，均应采取保证原有建（构）筑物安全的技术措施。 **5** 围堰在施工期间应加强观察、维护和必要的维修。 **6** 围堰拆除应制定安全可靠的拆除方案及措施。			**1-2** 查资料，符合要求。 **3** 现场检查，符合要求。 **4-6** 查资料，查现场，符合要求。

续表

序号	强制性条文内容	执行情况		相关资料
		√	×	
21.1.5	7 基坑开挖： 1）施工过程中对基坑边坡应进行经常检查，发现异常情况应及时采取措施处理。 2）基坑边坡顶上的施工机械，应按边坡稳定性计算所规定的位置设置，不得超越规定位置或移向边坡的边缘。 3）基坑挖出的土方应运至指定地点堆放。堆放位置与基坑边缘的安全距离，应通过边坡稳定性计算确定，一般不小于基坑深度的1.5倍。 4）除以上规定外，尚应按本部分17.1、18.1的相关规定执行。			7 基坑开挖： 1）-3）查资料，查现场，符合要求。 4）按本部分5.3、5.4的相关规定执行。
21.1.6	贮灰坝施工应符合下列规定： 1 贮灰坝施工应制定施工方案，施工过程中应加强沉降观测。 2 度汛与排水： 1）山谷贮灰场和江、河、湖、海滩及滩涂灰场跨越汛期施工时，必须安排好灰场汇流面积内的泄洪和施工区域的排水，并制定度汛技术措施。 2）当度汛需要设置穿越坝体的临时排洪涵管时，其结构和施工质量均应满足坝体安全和度汛泄洪的要求，并应防止上游的木料等漂浮物堵塞涵管。工程完毕后临时排洪涵管应可靠地封堵。 3）施工期间应根据降雨强度制定排水措施，排水系统畅通。 4）施工期间应加强对泄洪设施和排水系统的维护管理。 3 坝基与岸坡处理一般应自上而下进行，不应采用自下而上或造成岩体倒悬的开挖方式。当坝基范围比较开阔且无上下干扰时，岸坡和坝基可同时施工，但应采取可靠的安全技术措施。 4 取料时的开挖应按本部分17.1、18.1的相关规定执行。 5 在坝区附近取料： 1）坝肩上下游不得取土。取土范围必须在坝肩坡脚线50m以外，并保持坡度的稳定性。分期填筑子坝时，应在最终坝肩坡脚线50m以外取土。 2）在坝脚外取土时，应离开坝脚线3倍坝高以上距离，且不得小于10m。			1 查资料，查现场，符合要求。 2 度汛与排水： 1）查资料，查现场，符合要求。 2）-4）现场检查，符合要求。 3 查资料，查现场，符合要求。 4 按本部分17.1、18.1的相关规定执行。 5 在坝区附近取料： 1）查资料，查现场，符合要求。 2）查资料，查现场，符合要求。 3）现场检查，符合要求。

续表

序号	强制性条文内容	执行情况		相关资料
		√	×	
21.1.6	3）取土深度应不大于坝高的一半；大于坝高的一半时，离开坝脚的距离应通过核算确定。 4）当坝基为软土时，取土边线应满足设计要求。 **6** 坝体填筑： 1）运输、平土和碾压的操作人员应持证上岗。 2）施工期间应定期检查碾重，每周应对气胎碾压机的胎压力检查1～2次。 3）压实机械及其他重型机械在已经压实的土层上行驶时，不宜来往同走一辙。 4）土坝临时坡面应做好排水。土坝填筑面应中部凸起向上、下游倾斜，斜墙的填筑面应稍向上游倾斜。 5）冬季施工前应编制坝体冬季施工方案，做好料场选择，并采取适当的保温防冻措施。			4）查资料，查现场，符合要求。
21.1.7	煤码头施工应按《水运工程施工安全防护技术规范》（JTS 205-1）等水运交通行业现行有关标准执行。			按《水运工程施工安全防护技术规范》（JTS 205-1）等水运交通行业现行有关标准执行。
21.1.8	沉箱施工应按国家、水运交通行业相关标准执行。			按国家、水运交通行业相关标准执行。
21.1.9	空冷岛施工应符合下列规定： **1** 空冷岛结构柱及设备吊装应编制专项安全技术措施，并设专人监护。 **2** 空冷岛施工区域应设置围栏，设立警戒区封闭管理，并悬挂安全警示标识。 **3** 材料及半成品宜堆放在警戒区以外，设置在警戒区内的设备，必须有可靠的防护措施。 **4** 空冷立柱施工脚手架必须验收合格后方可使用，并随施工进度分段验收。 **5** 空冷柱盘道架周围应保持整洁，不得堆放易燃物，通道应保持畅通。基础应做好排水措施。			**1** 查资料，查现场，符合要求。 **2-3** 现场检查，符合要求。 **4** 查验收资料，符合要求。 **5** 现场检查，符合要求。

施工单位：	总承包单位：	监理单位：	建设单位：
年 月 日	年 月 日	年 月 日	年 月 日

注：本表1式4份，由施工项目部填报留存1份，上报监理项目部1份，上报总承包项目部1份，上报建设单位1份。

22.砖石砌体

火力发电工程安全强制性条文实施指导大纲检查记录表

单位名称（项目部）：　　　　　　　　　　编号：Q/CSEPC-AG-DL5009-4-022

标段名称		专业名称			
施工单位		项目经理			
序号	强制性条文内容	执行情况		相关资料	
		√	×		
《电力建设安全工作规程　第1部分：火力发电》（DL 5009.1—2014） 22.1 砖石砌体					
22.1.1	施工前作业环境符合安全要求。			经现场检查各项环境符合安全要求，施工前作业环境详见开工报告。	
22.1.2	严禁站在墙身上进行砌砖、勾缝、检查大角垂直度及清扫墙面等作业或在墙身上行走，不得用砖垛、砌块或灰斗搭设临时脚手架。			现场施工符合安全规范，进行砌砖、勾缝、检查大角垂直度及清扫墙面等作业符合要求。	
22.1.3	墙身砌体高度超过地坪1.2m以上时，应搭设脚手架。采用外脚手架应设护身栏杆和挡脚板后方可砌筑。采用里脚手架砌砖时，必须安设外侧防护墙板或安全网。墙身每砌高4m，防护墙板或安全网应随墙身搭设。			砌筑超过1.2M已搭设脚手架，安全设施齐全，验收符合要求。	
22.1.4	用里脚手架砌筑突出墙面300mm以上的屋檐时，必须搭设挑出墙面的脚手架。			现场检查砌筑脚手架符合管理要求。	
22.1.5	脚手板上堆放的砖、石材料距墙身不得小于500mm，荷载不得大于270kg/m^2，砖侧放时不得超过三层。			现场施工符合安全规范，脚手板上堆放的砖、石材料符合要求。	
22.1.6	轻型脚手架（吊脚手架、挑脚手架）上一般不得堆放砖、石。必须堆放时，应先进行强度计算及试验。			现场施工符合安全规范，轻型脚手架（吊脚手架、挑脚手架）未堆放砖、石。	
22.1.7	用滑轮起吊砂浆和砖等物料时，应对固定滑轮的架体进行设计计算。使用前检查其稳固性。吊升时不得碰撞脚手架。砂浆及砖吊上后应用铁钩向里拉至操作平台上，不得直接用手牵引吊绳。			现场施工符合安全规范，经设计计算合格，用滑轮起吊砂浆和砖等物料作业符合要求。	
22.1.8	在高处砍砖时，不得向墙外砍砖。挂线用的线坠，应绑扎牢固。下班时应将脚手板及墙上的碎砖、砂浆清扫干净。			高处砍砖符合要求，挂线用的线坠绑扎牢固，脚手板及墙上的碎砖、砂浆清扫干净。	

续表

序号	强制性条文内容	执行情况		相关资料
		√	×	
22.1.9	严禁用手向上抛砖运送，人工传递时应稳递稳接，两人作业位置应避免在同一垂直线上。			现场施工符合安全规范，抛砖运送采用滑轮起吊，人工传递时稳递稳接。
22.1.10	吊装大型砌块时，应根据重量和装卸斗半径选择吊装机械，严禁用夹钳吊装砌块。砌块吊至墙面后，应待放置平稳、灰缝对正后方可松钩。			现场施工符合安全规范，吊装大型砌块选择符合要求，砌块吊至墙面后，放置平稳、灰缝对正后松钩。
22.1.11	采用龙门架及井字架物料提升机起吊砂浆及砖时，应明确升降联络信号。吊笼进出口处应设带插销的活动栏杆，吊笼到位后应采取防坠落的安全措施。			现场施工符合安全规范，采用龙门架及井字架物料提升机起吊砂浆及砖时，明确升降联络信号。吊笼进出口处设带插销的活动栏杆，吊笼到位后采取防坠落的安全措施。
22.1.12	山墙砌完后应立即安装桁条或加设临时支撑。			现场施工符合安全规范，山墙砌完后立即加设临时支撑。
22.1.13	搬运石料和砖的绳索、工具应牢固。搬运时应相互配合，动作一致。			现场施工符合安全规范，搬运石料和砖的绳索、工具牢固。搬运时相互配合，动作一致。
22.1.14	往坑、槽内运石料时不得乱丢，应用溜槽或吊运。卸料时，下面不得有人。			往坑、槽内运石料时，采用用溜槽或吊运。卸料时，无施工人员滞，现场施工符合安全规范。
22.1.15	在脚手架上砌石不得使用大锤。修整石块时，应戴防护眼镜，严禁两人对面操作。			在脚手架上砌石采用钢锯，修整石块时，施工人员戴防护眼镜，现场施工符合安全规范。

施工单位：	总承包单位：	监理单位：	建设单位：
年 月 日	年 月 日	年 月 日	年 月 日

注：本表1式4份，由施工项目部填报留存1份，上报监理项目部1份，上报总承包项目部1份，上报建设单位1份。

23.装饰装修

火力发电工程安全强制性条文实施指导大纲检查记录表

单位名称（项目部）：　　　　　　　　　　编号：Q/CSEPC-AG-DL5009-4-023

标段名称		专业名称		
施工单位		项目经理		
序号	强制性条文内容	执行情况		相关资料
		√	×	
《电力建设安全工作规程　第1部分：火力发电》（DL 5009.1—2014） 23.1 装饰装修				
23.1.1	室内装饰装修作业应符合下列规定： **1** 不得在易损建（构）筑物或设备上搁置脚手材料及工具。 **2** 不得将梯子搁在楼梯或斜坡上工作。 **3** 严禁站在窗台上粉刷窗口四周的线脚。 **4** 在高处粉刷应搭设脚手架，脚手架应经验收合格挂牌后方可使用。 **5** 室内抹灰使用的木凳、金属支架应搭设稳固，脚手板跨度不得大于2m，架上堆放材料不得过于集中，在同一跨度内施工的人员不得超过两人。 **6** 施工区域照明应充足。在狭窄作业场所操作时，应设专人监护。			室内装饰装修作业符合规定，可查建筑专业施工方案装饰工程施工方案。
23.1.2	外墙装饰装修作业应符合下列规定： **1** 吊篮使用应按本部分16.1.7条第4款规定执行。 **2** 索具、手扳葫芦等应检验合格后使用。 **3** 安全绳与工作索具应分别固定在不同的固定点上，且应牢固可靠。在建筑物的凸缘或转角处应垫有防绳索磨损的衬垫。 **4** 安装门、窗、玻璃及油漆施工时，严禁操作人员站在樘子、阳台栏板上操作。 **5** 门、窗临时固定及封填材料未达到强度时，严禁手拉门、窗进行作业。			外墙装饰装修作业符合规定，可查建筑专业施工方案装饰工程施工方案。

续表

序号	强制性条文内容	执行情况		相关资料
		√	×	
23.1.3	进行磨石作业时，应防止草酸中毒。使用磨石机时，电源线不得破损漏电，操作人员应戴绝缘手套，穿绝缘靴。			磨石作业采取良好的防护措施，磨石机使用符合安全规范，操作人员安全防护措施到位，现场施工符合各项安全规范。
23.1.4	进行仰面粉刷作业时，作业人员应佩戴防尘口罩，并应采取防粉末、涂料等侵入眼内的措施。			仰面粉刷作业时，作业人员安全措施到位，现场施工符合各项安全规范。
23.1.5	在调制耐酸胶泥和铺设耐酸瓷砖时，应保持通风良好，作业人员应戴耐酸手套。			调制耐酸胶泥和铺设耐酸瓷砖作业环境良好，通风流畅，人员安全措施到位，现场施工符合各项安全规范。
23.1.6	喷浆作业应按本部分5.2.3条第3款的相关规定执行。			按本部分5.2.3条第3款的相关规定执行。

施工单位：	总承包单位：	监理单位：	建设单位：
年 月 日	年 月 日	年 月 日	年 月 日

注：本表1式4份，由施工项目部填报留存1份，上报监理项目部1份，上报总承包项目部1份，上报建设单位1份。

24.其他

火力发电工程安全强制性条文实施指导大纲检查记录表

单位名称（项目部）：　　　　　　　　　　编号：Q/CSEPC-AG-DL5009-4-024

标段名称		专业名称	
施工单位		项目经理	

序号	强制性条文内容	执行情况		相关资料
		√	×	
《电力建设安全工作规程　第1部分：火力发电》（DL 5009.1—2014） 24.1 其他				
24.1.1	沥青施工应符合下列规定： **1** 患皮肤病、眼结膜病及对沥青、油漆等有严重过敏的人员不得从事沥青作业。 **2** 熬制沥青及调制冷底子油应通风良好，作业人员的脸和手应涂抹专用软膏或凡士林油，戴好防护眼镜，穿专用工作服并配备有关防护用品。 **3** 熬制沥青及调制冷底子油应在建（构）筑物的下风方向，距建（构）筑物不得小于25m，距易燃物不得小于10m，并应备有足够的消防器材。 **4** 不得在电线的垂直下方熬制沥青。严禁在室内熬制沥青或调制冷底子油。 **5** 熬制沥青应由有经验的人员看守并控制沥青温度。沥青量不得超过沥青锅容量的3/4，下料应缓慢溜放，严禁大块投放。下班时应熄火，关闭炉门并盖好锅盖。 **6** 加热沥青的锅灶应设置在通风处，并采取防雨、防火措施。锅内沥青着火时，应立即用铁锅盖盖住，停止鼓风，封闭炉门，熄灭炉火，并用干砂、湿麻袋或灭火器扑灭，严禁往燃烧的沥青锅中浇水。 **7** 配制冷底子油时，下料应分批、少量、缓慢且不停地搅拌。下料量不得超过锅容量的1/2，温度不得超过80℃，并严禁烟火。 **8** 沥青冷底子油作业时和施工完结后的24h内，其作业区周围30m内严禁明火。室内施工时，照明应按防爆规定执行。 **9** 装运沥青的勺、桶、壶等工具不得用锡焊。盛沥青量不得超过容器的2/3。肩挑或用手			**1** 查体检资料，符合要求。 **2-10** 现场检查，符合要求。

续表

序号	强制性条文内容	执行情况		相关资料
		√	×	
24.1.1	推车时，道路应平坦，索具应牢固。垂直吊运时，下方严禁有人。 **10** 在屋面上铺设卷材时，靠近屋面边缘处应侧身操作或采取其他安全技术措施。			
24.1.2	玻璃幕墙、玻璃隔断墙施工应符合下列规定： **1** 切割玻璃应在指定的场所进行，切下的边角余料、碎玻璃应及时清理、集中堆放。 **2** 搬运玻璃前应先检查玻璃，确认无裂纹特别是无暗裂后方可搬运。 **3** 搬运玻璃应戴防护手套，数量较大时，应装箱搬运，玻璃片直立于箱内，箱底和四周垫稳。两人以上共同搬抬较重玻璃时，应互相配合，呼应一致。 **4** 在天窗上或其他高处危险部位安装玻璃时，应有作业平台，自上而下逐层安装。 **5** 在高处安装玻璃时，应将玻璃放置平稳，垂直下方严禁有人作业或通行，必要时，应采取适当的防护隔离措施。 **6** 玻璃吊装时，应绑扎牢靠并缓慢吊运，玻璃下方设置溜绳。 **7** 作业时，应有工具袋，严禁口含铁钉或卡簧。 **8** 玻璃门窗、隔断墙安装后，应及时贴色带或色标，并随手挂好风钩或插上插销，锁住窗扇。 **9** 严禁将梯子靠在玻璃面上操作。 **10** 玻璃幕墙安装作业应编制专项施工方案，严格按照方案施工。 **11** 玻璃幕墙安装作业前应严格检查施工机具。电动工具应进行绝缘试验；手持玻璃吸盘及玻璃吸盘机应进行吸附重量和吸附持续时间试验。 **12** 采用螺栓连接的幕墙构件，应有可靠的防松、防滑措施；采用挂接或插接的幕墙构件，应有可靠的防脱、防滑措施。 **13** 当玻璃幕墙安装施工与其他施工作业交叉时，应设置防护隔离层。			**1** 现场未加工玻璃。 **2** 搬运玻璃符合要求。 **3** 搬运玻璃符合要求。 **4** 在天窗上或其他高处危险部位安装玻璃时，应有作业平台，自上而下逐层安装。 **5-13** 现场检查作业规范，符合要求
24.1.3	防水施工应符合下列规定： **1** 可燃类材料应远离火源，露天堆放时，应采用不燃材料覆盖，使用时，应采取可靠的防火措施。 **2** 不得直接在可燃类防水材料上进行热熔			**1** 现场检查防火措施符合要求。 **2** 未进行热熔施工法。

续表

序号	强制性条文内容	执行情况		相关资料
		√	×	
24.1.3	或热粘接法施工。 **3** 屋面周边和预留孔部位，应设置安全围栏和安全网。 **4** 配制和使用有毒材料时，现场应采取通风措施，操作人员应穿防护服，戴口罩、手套和防护眼镜。			**3** 安全设施符合要求。 **4** 现场检查，符合要求。
24.1.4	清洗施工应符合下列规定： **1** 高处清洗作业人员应持证上岗，配备眼面护具、防护手套、防滑靴等合格的劳动防护用品。 **2** 清洗施工应办理安全施工作业票，作业人员应经安全交底并签字后方可施工。 **3** 使用坐板式单人吊具时，作业人员应先系好安全带，再将自锁器按标记方向安装在安全绳上，扣好保险，后安装座板装置，检查无误后方可自行调整工作绳进行作业。 **4** 每次施工前检查固定点、坐板、工作绳、安全绳、安全带、下降器、连接器、自锁器等零部件应齐全、可靠，连接部位应灵活、无磨损、锈蚀、裂纹。 **5** 安全绳使用前，应进行静态和动态的力学试验，合格后方可使用。严禁两人共用一条安全绳。安全绳承受的负荷不得超过100kg。 **6** 固定点应设置牢固。每个固定点只供一人使用，工作绳和安全绳不得使用同一固定点。严禁利用屋面砖混砌筑结构、通气孔、避雷线等结构作为固定点。 **7** 悬吊作业区域下方应划定警戒区域，设置警示标识。作业时屋面及作业区域下方均应设专人监护。 **8** 工作绳、安全绳在建筑物的凸缘或转角处应有防绳索磨损的措施。 **9** 垂放绳索时，绳索应先在固定点固定，并按顺序缓慢下放，严禁整体抛下。 **10** 工作绳、安全绳每次使用前、后都应进行检查，保存环境应干燥、通风，远离热源。 **11** 每年应按批次对工作绳、安全绳进行一次破断力试验。试验不合格时，该批安全绳严禁使用并做“禁止使用”标识；试验用安全绳应及时销毁。 **12** 风力大于四级或下雨、下雪、大雾、雾霾等恶劣天气严禁清洗作业。			**1** 现场检查，符合要求。 **2** 查资料，符合要求。 **3-10** 现场检查，符合要求。 **11** 查资料，查现场，符合要求。 **12** 严格执行相关规定。

续表

施工单位：	总承包单位：	监理单位：	建设单位：
年 月 日	年 月 日	年 月 日	年 月 日

注：本表1式4份，由施工项目部填报留存1份，上报监理项目部1份，上报总承包项目部1份，上报建设单位1份。

25.安装一般规定

火力发电工程安全强制性条文实施指导大纲检查记录表

单位名称（项目部）：　　　　　　　　　编号：Q/CSEPC-AG-DL5009-4-025

标段名称		专业名称	
施工单位		项目经理	

序号	强制性条文内容	执行情况		相关资料
		√	×	
《电力建设安全工作规程　第1部分：火力发电》（DL 5009.1—2014） 25.1 安装一般规定				
25.1.1	施工作业人员应无高血压、恐高症、色盲等生理缺陷或禁忌证。			查体检表，施工作业人员进场前均进行体检，达到要求方可入场。
25.1.2	施工人员应具备必要的安全知识和技能，充分了解安装设备、所用机械设备、工器具的性能和安装、使用要求。			查教育记录，施工人员进场前进行三级及过程中教育，施工人员具备必要的安全知识和技能。
25.1.3	操作前应检查作业环境符合安全要求，道路畅通，机具完好牢固，安全设施和防护用品齐全，经检查符合要求后方可施工。			查穿转子等风险作业环境确认表，检查作业环境符合安全要求。
25.1.4	施工中，工器具严禁通过抛掷方式进行传递。			现场检查工器具无通过抛掷方式进行传递。
25.1.5	夜间施工应有充足照明。厂房内应保证光线充足、环境整洁。			项目部安排夜间管理人员值班，确保夜间施工应有充足照明。
25.1.6	进入设备、封闭容器内部检查应按受限空间作业管理；封闭前，应对人员、工器具进行清点，确认无遗漏后方可封闭。			查受限空间作业许可证及安全条件确认单，受限空间作业管理符合安规要求。
25.1.7	检修设备时应先切断电源并在开关处挂“禁止合闸”警示牌。			现场检查，符合要求。
25.1.8	工作完毕后应对设备内部进行检查，严禁将工具、材料、零部件等杂物遗留在设备内。			查受限空间作业许可证及安全条件确认单，符合要求。
25.1.9	机械设备应定期维护和保养，应在明显部位张贴、悬挂操作规程。			查定期检查及维护记录，符合要求。
25.1.10	机械使用前，操作人员应进行检查，机械各部件应完好，根据操作规程进行试转。			查管理制度及相关记录，机械使用前，进行检查并根据操作规程进行试转。

续表

序号	强制性条文内容	执行情况		相关资料
		√	×	
25.1.11	应严格按操作规程操作机械，严禁超载、超速作业，严禁任意扩大使用范围。			现场检查，符合安规要求。
25.1.12	机械操作人员工作时应集中精力，不得擅自离开工作岗位，不得将机械交给无证人员操作，不得从事与作业无关的活动。			现场检查及查验相关日志，机械操作人员持证上岗。
25.1.13	与操作无关的人员不得进入作业机械的控制室、操作室。			现场检查，符合要求。
25.1.14	行灯照明应符合本部分4.5.4第22款规定。			现场检查，符合安规要求。
25.1.15	采用双重绝缘或有接地金属屏蔽层的变压器，二次侧不得接地。			现场检查，符合安规要求。
25.1.16	必须使用软体作业时，只允许一人工作。			须使用软体作业时，符合要求。
25.1.17	高处作业、焊接作业、脚手架、防护设施应按本部分的相关要求执行。			现场检查及查验相关记录如脚手架检查记录，符合安规要求。

施工单位：	总承包单位：	监理单位：	建设单位：
年 月 日	年 月 日	年 月 日	年 月 日

注：本表1式4份，由施工项目部填报留存1份，上报监理项目部1份，上报总承包项目部1份，上报建设单位1份。

26.热机安装

火力发电工程安全强制性条文实施指导大纲检查记录表

单位名称（项目部）：　　　　　　　　　　　编号：Q/CSEPC-AG-DL5009-4-026

<table>
<tr><td colspan="2">标段名称</td><td></td><td>专业名称</td><td colspan="2"></td></tr>
<tr><td colspan="2">施工单位</td><td></td><td>项目经理</td><td colspan="2"></td></tr>
<tr><td rowspan="2">序号</td><td rowspan="2" colspan="2">强制性条文内容</td><td colspan="2">执行情况</td><td rowspan="2">相关资料</td></tr>
<tr><td>√</td><td>×</td></tr>
<tr><td colspan="6">《电力建设安全工作规程　第1部分：火力发电》（DL 5009.1—2014）
26.1 热机安装</td></tr>
<tr><td>26.1.1</td><td colspan="2">通用规定：
1 用锯床、锯弓、切管器切割管道时，应垫平卡牢，用力均匀，操作时应站在侧面。作业时，应戴防护眼镜，管道将近切断时，应用手或支架托住。砂轮切管机的砂轮片应完好。管道较长时，尾部应使用支撑架。
2 用坡口机加工管道坡口时，坡口机应固定牢固并调整好中心，进刀应缓慢。管道应稳固。
3 打磨坡口时，作业人员应戴防护眼镜，对面不得站人。
4 现场使用的油料应存放在密闭的金属容器内，由专人负责保管。
5 不得任意在平台、梁、柱、楼板上打凿、开洞；确需打凿、开洞，应经有关部门批准。
6 使用三脚扒杆时，扒杆脚应稳固，并有可靠的防滑措施。
7 转动、调整、就位、拆装设备部件或管道对口时，作业人员严禁将手伸入结合面和螺丝孔内。
8 设备组合支架、组合平台、组件的临时加固方法和临时就位固定方法均应有设计。临时加固件使用后应及时拆除。
9 严禁在已安装的管道及联箱内存放工具和材料。管口均应加封堵。
10 发电机穿转子时，进入定子内的人员应穿连体工作服及软底鞋。
11 炉膛、烟道、风道及金属容器内作业，应办理受限空间安全作业票，作业人员作业</td><td></td><td></td><td>1 用切管器切割管道时，垫平卡牢，用力均匀，操作时已站在侧面。作业时，戴防护眼镜，管道将近切断时，用手或支架托住。符合要求。
2 坡口机加工管道坡口时，坡口机已固定牢固并调整好中心，符合要求。
3 打磨坡口作业人员符合要求。
4 现场使用的油料存放符合要求。
5 在平台、梁、柱、楼板上打凿、开洞符合要求。
6 未涉及。
7 转动、调整、就位、拆装设备部件或管道对口时，符合要求。
8 设备组合支架、组合平台、组件的临时加固方法和临时就位固定方法均有设计。符合要求。
9 未在已安装的管道及联箱内放工具和材料，管口均加封堵，符合要求。
10 发电机穿转子时，进入定子内的人员穿衣符合要求。</td></tr>
</table>

续表

序号	强制性条文内容	执行情况		相关资料
		√	×	
26.1.1	时，外部应有专人监护；作业完毕后，施工负责人应清点人数，检查核实无人员、工器具和材料遗留在内部且无火灾隐患后方可封闭。 **12** 点焊的构件、管道等严禁起吊。 **13** 就位后的构件、管道应及时连接牢固。 **14** 所有油系统在进油前，应对系统进行严密性试验和吹扫，采取隔离措施，配备充足的消防器材，清除系统周围易燃物。 **15** 油系统进油后，应避免在油系统设备、管道附近进行动火作业，如确需动火作业，应根据相关规定办理动火工作票，并采取可靠的防火防爆措施。严禁在充油设备、管道上动火作业。 **16** 设备在场内运输必须绑扎牢靠，在可能滚动、滑动的方向垫好楔子。 **17** 吊挂存放或中途暂停施工临时吊挂的设备、管道必须采取防坠落的二次保护措施。 **18** 机械、设备油站周围应无易燃品并配备消防器材。 **19** 拆除包装物时，应检查可燃物或可燃气体在设备内部的实际状态。可能发生火灾危险时，设备应通风，并采取可靠防火措施。			**11** 炉膛、烟道、风道及金属容器内作业，已办理受限空间安全作业票，外面有专人监护，符合要求。 **12** 点焊的构建、管道等符合要求。 **13** 就位后的构件、管道连接牢固符合要求。 **14** 所有油系统在进油前，对系统进行严密性试验和吹扫，采取隔离措施，符合要求。 **15** 油系统进油后，避免在油系统设备、管道附近进行动火作业，如确需动火作业已办理相关的动火作业票，设监护人，配置消防器材，采取可靠的防火措施。 **16** 设备在场运输绑扎牢靠，符合要求。 **17** 吊挂存放或中途暂停施工临时吊挂的设备、管道采取了相应的二次保护措施。 **18** 未涉及。 **19** 拆除包装物时，检查可燃物或可燃气体在设备内部的实际状态，符合要求。
26.1.2	汽轮机、燃机安装应符合下列规定： **1** 安装作业前，平台周围防护设施应完善。安装防护栏杆时应同时设置挡脚板，孔洞、平台与基座伸缩缝应全部安装盖板。 **2** 平台上的设备应定置化管理。设备、零部件摆放整齐，远离基础边缘。 **3** 建筑外露钢筋应煨弯至与平台相平或用盖板整体覆盖。 **4** 燃机安装前，与燃机内部相通的管孔、测量孔应可靠封闭。 **5** 汽轮机下缸就位后，低压缸排汽口应临时封堵，汽缸两侧应用花纹钢板或木板铺满。 **6** 在汽轮机气缸下部进行清理或涂刷作业时，应采取可靠的支撑措施，严禁在起吊状态下进行清理或涂刷作业。 **7** 调整瓦枕垫片应在翻转的轴瓦固定后进			**1** 安装作业前，平台周围防护设施完善。安装防护栏杆时符合要求。 **2** 平台上的设备定置化管理，符合要求。 **3** 建筑外露钢筋符合要求。 **4** 现场检查，符合要求。 **5** 轮机下缸就位后，低压缸排汽口已临时封堵，符合要求。 **6** 在汽轮机气缸下部进行清理或涂刷作业时，已采取可靠的支撑措施符合要求。 **7** 调整瓦枕垫片在翻转的轴瓦固定后进行，轴瓦复位

<table>
<tr><th rowspan="2">序号</th><th rowspan="2">强制性条文内容</th><th colspan="2">执行情况</th><th rowspan="2">相关资料</th></tr>
<tr><th>√</th><th>×</th></tr>
<tr><td>26.1.2</td><td>行，轴瓦复位时，应采取防止轴瓦滑下的措施。
8 汽轮机安装时，施工用的工器具应进行登记，作业人员每次作业完成应盘点工器具。
9 汽轮机安装时，清理端部轴封、隔板汽封或其他带有尖锐边缘部件应戴帆布手套。
10 汽轮机扣缸应连续进行，不得中断，扣缸人员应穿专用工作服。
11 拆卸汽轮机自动主汽门时，应用专用工具均匀地放松弹簧。
12 盘动转子。
1）盘动前应通知周围无关人员不得靠近转子。
2）用桥式起重机盘动转子时，人员不得站在拉紧钢丝绳受力的对面和两侧。
3）汽轮机安装过程中，站在汽缸结合面上用手盘动转子时，不得穿带钉的鞋，鞋底必须干净，不得戴线手套。
13 汽轮机翻缸、转子叶轮拆装等特殊作业应制定专项安全技术措施。
14 热紧汽轮机螺栓时，螺栓电加热柜、棒需经电气检验合格，并可靠接地。在移动或更换时，应先切断电源。
15 清洗部件宜使用煤油，清洗区域严禁烟火，地面上的油污应及时清除。废油与使用后的棉纱、破布应分别存放在不燃专用容器内，集中处理。</td><td></td><td></td><td>时，采取了防滑措施。
8 汽轮机安装时，施工用的工器具已进行登记，并按要求盘点。
9 汽轮机安装时，有工器具登记台账，符合要求。
10 汽轮机扣缸连续进行，不得中断，扣缸人员符合要求。
11 拆卸汽轮机自动主汽门时，已用专用工具均匀地放松弹簧。
12 盘动转子作业符合要求。
13 汽轮机翻缸、转子叶轮拆装等特殊作业时已定制了专项安全技术措施。
14 热紧汽轮机螺栓时，螺栓电加热柜、棒时检验合格，符合要求。
15 清洗部件已使用煤油，清洗区域严禁烟火，地面上的油污及时清除，符合要求。</td></tr>
<tr><td>26.1.3</td><td>锅炉安装应符合下列规定：
1 锅炉钢结构平台与土建结构平台之间的伸缩缝应用盖板盖严。
2 钢架立柱吊装前应搭设柱头操作平台，绑扎临时爬梯，设置攀登自锁器主绳。
3 锅炉本体安装不宜使用软爬梯上下。
4 锅炉安装施工升降机出入口必须设防护棚。
5 锅炉平台、梯子、栏杆安装。
1）应与锅炉钢架同步安装，并形成通道。
2）梯子、平台、栏杆应焊接牢固。
3）正式平台通道未安装完成时，应搭设临时施工通道，并符合本部分</td><td></td><td></td><td>1 锅炉钢结构平台与土建结构平台之间的伸缩缝符合要求。
2 钢架立柱吊装前已搭设柱头操作平台，符合要求。
3 锅炉本体安装符合要求。
4 炉安装施工升降机时已设防护棚。
5 锅炉平台、梯子、栏杆安装符合相关要求。
6 板梁吊装前在梁上搭设临时操作平台。
7 受热面对口支撑架（平台经设计计算，验收合格。</td></tr>
</table>

续表

序号	强制性条文内容	执行情况		相关资料
		√	×	
26.1.3	4.10.1的相关规定。 **4）**平台上的孔洞防护应按本部分4.2.2的相关规定执行。 **6** 板梁吊装前应在梁上搭设临时操作平台。 **7** 受热面对口支撑架（平台）应经设计计算，验收合格后方可使用。 **8** 受热面通球试验时，操作人员禁止站在管道出口的正前方，接球器具应能承受钢球的冲击力。 **9** 在锅炉上临时存放设备、材料、工器具。 **1）**存放小件设备、材料，宜用牢固的容器盛装。 **2）**小件设备、材料在存放平台散放时，应在平台四周设牢固的全封闭围挡，设备存放高度不得高于围挡高度。 **3）**严禁在横梁、平台上随意堆放设备、材料、工器具等。 **4）**存放的设备、材料、工器具不得占用通道。 **5）**锅炉上搭设的存放大件设备的临时设施应经设计计算，承载力和稳定性应满足要求。 **6）**临时吊挂使用的钢丝绳与设备、结构等的棱角处应有保护措施。钢丝绳表面使用绝缘材料包缠。 **10** 锅炉钢架、受热面施工过程中应在炉膛内设置安全网，并对平台上的孔洞进行防护。 **11** 锅炉临时悬吊设备应采取防风、稳固措施。 **12** 高处作业时，应按本部分9.1.1的相关规定执行。 **13** 安装叠置式或悬挂式锅炉设备时，严禁在设备未连接或未固定好的情况下继续安装设备。 **14** 锅炉安装期间，在正式消防水系统投用前锅炉上应布置临时消防设施。 **15** 利用炉膛刚性梁作工作平台时，内侧应铺脚手板，外侧应搭设双层防护栏杆及挡脚板。 **16** 炉膛内进行交叉作业时，应搭设严密、牢固的隔离层，并铺设防火材料；严禁用安全网代替隔离层。 **17** 炉膛内的工作照明应按本部分4.1.4第24			**8** 受热面通球试验时，操作人员操作符合要求。 **9** 在锅炉上临时存放设备、材料、工器具，均有防坠落措施，符合要求。 **10** 锅炉钢架、受热面施工过程中在炉膛内已设安全网，并进行防护。 **11** 锅炉临时悬吊设备二次保护措施符合要求。 **12** 高空作业时安规定执行。符合要求。 **13** 安装叠置式或悬挂式锅炉设备作业符合相关要求。 **14** 锅炉安装期间，在正式消防水系统投用前锅炉上已布置临时消防设施。 **15** 利用炉膛刚性梁作工作平台时，内侧铺脚手板，符合要求。 **16** 炉膛内进行交叉作业时，搭设严密、牢固的隔离

续表

序号	强制性条文内容	执行情况		相关资料
		√	×	
26.1.3	款的规定执行。			层，并铺设防火材料，符合要求。 **17** 炉膛内的工作照明按条款规定执行。
26.1.4	管道安装应符合下列规定： **1** 套丝工件应支平夹牢，工作台应平稳，两人以上操作时动作应协调。 **2** 弯制小管时，管道应固定牢固。 **3** 管道移动和对口时，严禁将手放在管口和法兰连接处，翻动管道应有防止滑动和倾倒措施。 **4** 管道吊装就位后，宜立即装好支架、吊架。临时吊挂时，吊挂装置应能承受吊挂物的重量。 **5** 管道安装时，不得强制对口。对管道进行割管检查时，应采取加固措施。 **6** 压缩支架和吊架弹簧的千斤顶应安放平稳。千斤顶的中心与支（吊）架的中心应对正，不得偏斜。 **7** 在深1m以上的管沟或坑道中施工时，沟、坑两侧或周围应设围栏并设专人监护。 **8** 在沟内敷设管道如遇有土方松动、裂纹、渗水等情况时，应及时加固壁支撑。严禁用固壁支撑代替上下扶梯或吊装支架。 **9** 人工往沟槽内下管时，所有索具、桩锚应牢固，沟槽内不得有人。 **10** 输送易燃易爆、有毒有害介质的管道、阀门、法兰应接地良好。 **11** 用生料带做垫料时，应有防止氟中毒措施。 **12** 与运行的管道连接前应办理工作票；连接后，管道上的隔离门应关严并上锁。 **13** 弹簧阀门解体时，应先均匀地放松弹簧。 **14** 研磨阀门结合面时应将阀体固定好。 **15** 阀门水压试验台应设泄压阀。试验结束，应待压力泄尽后方可拆卸阀门。			**1** 套丝工件支平夹牢，工作台平稳，操作协调。 **2** 弯制小管时，管道固定牢固，符合要求。 **3** 管道移动和对口时，严禁将手放在管口和法兰连接处，翻动管道有防滑和倾倒措施。 **4** 管道吊装就位后，立即装好支架、吊架。承受重量符合要求。 **5** 管道安装时，不得强制对口。符合要求。 **6** 压缩支架和吊架弹簧的千斤顶安放平稳。符合要求。 **7** 在深1m以上的管沟或坑道中施工时，两侧已设围栏并有专人监护。 **8** 在沟内敷设管道如遇有土方松动、裂纹、渗水等情况时，及时加固壁支撑。符合要求。 **9** 人工往沟槽内下管时，所有索具、桩锚牢固，符合要求。 **10** 输送易燃易爆、有毒有害介质的管道、阀门、法兰接地良好。 **11** 用生料带做垫料时，设有氟中毒措施。 **12** 与运行的管道连接前办理工作票；连接后符合要求。 **13** 弹簧阀门解体作业符合要求。 **14** 现场检查，符合要求。 **15** 阀门水压试验台设泄压阀，符合要求。

续表

序号	强制性条文内容	执行情况		相关资料
		√	×	
26.1.5	水压试验应符合下列规定： **1** 水压试验临时封头应经强度计算，严禁采用内插式封头。 **2** 试压泵周围应设置围栏，非工作人员严禁入内。 **3** 试压泵出口应设置再循环管道及控制阀门。 **4** 加药人员应正确穿戴耐酸、碱手套、防护服、防护面具等劳动防护用品。 **5** 进水时，设置专人管理，相关人员严禁擅自离开岗位。 **6** 升压前，施工负责人应进行全面检查，待所有人员全部离开后方可升压。 **7** 水压试验时，人员不得站在焊缝处、堵头对面或法兰盘侧面。 **8** 升压过程中，严禁在试验的系统上作业。 **9** 超压试验时严禁进行任何检查工作，应待压力降至工作压力以下后方可进行。超压试验时，所有人员应在安全距离以外。 **10** 进入经水压试验后的金属容器前，应先检查放水门、空气门，确认无正压或负压后方可打开人孔门。 **11** 水压试验期间检查工作，应统一指挥，进入炉膛检查应有两人或以上同行，严禁敲击检查。 **12** 水压试验后的排水水质应按国家现行环保标准执行。			**1** 水压试验临时封头经强度计算，符合要求。 **2** 试压泵周围符合要求。 **3** 试压泵出口设置符合要求。 **4** 加药人员穿戴正确，符合要求。 **5** 进水时，设置专人管理符合要求。 **6** 升压前，施工负责人进行全面检查，待人员全部离开后升压。 **7** 水压试验时，符合要求。 **8** 升压过程中，符合要求。 **9** 超压试验时不得进行任何检查，符合要求。所有人员安全距离以外。 **10** 进入经水压试验后的金属容器前，将放水门、空气门进行检查符合要求。 **11** 水压试验期间检查工作，统一指挥，符合要求。 **12** 水压试验后的排水水质符合国家标准。
26.1.6	附属机械及辅助设备安装应符合下列规定： **1** 凝汽器安装： **1**）凝汽器穿管作业前，低压缸与凝汽器联结处下方应可靠封闭。 **2**）凝汽器穿管作业时，内部操作人员严禁手握管头，胀管、切管和焊接人员应站在牢固的架子上。 **3**）在凝汽器内进行气割作业时，割具应在外面点燃，作业结束后应在凝汽器外熄灭。 **4**）凝汽器钛管施工时应有可靠的防火措施。 **2** 空冷岛安装： **1**）作业面下方及周围应划定安全区域，严禁无关人员进入和通行，宜			**1** 凝汽器安装： **1**）凝汽器穿管作业前，低压缸与凝汽器联结处下方封闭可靠。 **2**）凝汽器穿管作业时，内部操作人员不得手握管头，胀管、切管和焊接人员符合要求。 **3**）在凝汽器内进行气割作业时，割具符合要求。 **4**）凝汽器钛管施工时有可靠的防火措施。 **2** 查资料，查现场，符合要求。

续表

序号	强制性条文内容	执行情况		相关资料
		√	×	
26.1.6	设置安全通道。 2）空冷岛设备、管道安装应制定专项安全技术措施。 3）空冷平台作业时，安全防护设施应牢固、可靠，下方应铺设安全网。 3 安装升降式旋转滤网时，应锁住链条。 4 吊装有补偿器的烟道、风道、煤粉管道时，补偿器应进行加固；在管道支架安装及对口连接完成前，不得拆除加固件。 5 球磨机安装： 1）顶升球磨机筒体使用的千斤顶应满足承载力的要求，使用前应对其进行检查，确认无缺陷后方可使用。 2）球磨机每顶升10mm，应检查千斤顶的平衡及稳固情况，检查托箍焊缝有无裂纹、变形现象，确认无异常后方可继续顶升。 3）球磨机筒体就位使用的枕木、塞木应可靠固定。 4）研刮球磨机轴瓦时，轴瓦应放置稳固。仰面研刮时，施工人员应戴防护眼镜和口罩。 5）吊装球磨机大齿轮及齿轮罩时，应搭设脚手架或平台；施工人员不得站在筒体上进行拉链条葫芦等作业。 6）安装球磨机钢瓦应使用装卸架。 7）钢球堆放时应有防止钢球散落措施。 6 风机叶轮及水泵转子找静平衡用的支架应设置稳固，平衡轨道两端应有防止叶轮及转子滚出轨道的措施。 7 进入煤斗及煤粉仓的作业人员，安全带应系挂在煤斗或煤粉仓外面的牢固处，并应有专人在外面监护。			3 现场检查，符合要求。 4 吊装有补偿器的烟道、风道、煤粉管道时，补偿器进行加固，符合要求。 5 现场检查，符合要求。 6 风机叶轮及水泵转子找静平衡用的支架设置稳固，平衡轨道有防止叶轮及转子滚出措施。 7 进入煤斗的作业人员，安全带应系挂在煤斗外面的牢固处，有专人监护。
26.1.7	炉墙砌筑和保温应符合下列规定： 1 拆除保温材料的包物应在指定地点进行，并应采取防火措施。堆放场附近严禁放置易燃、易爆等危险物品。 2 砌筑及保温作业面应牢固、稳定。 3 作业人员应穿密封式工作服，正确使用护目镜、手套、口罩等劳动防护用品。 4 作业场所的灰桶、耐火砖和保温材料应放在牢固稳妥的地方，码放整齐，砖的堆放高度不宜超过三层，严禁阻塞通道。			1 拆除保温材料的包物在指定地点进行，并采取防火措施。堆放场放置符合要求。 2 保温作业面牢固、稳定。 3 作业人员穿密封式工作服，护目镜、手套、口罩等劳动防护用品使用正确。 4 作业场所的保温材料放在牢固稳妥的地方，码放整

续表

序号	强制性条文内容	执行情况		相关资料
		√	×	
26.1.7	**5** 砌筑施工： **1**）碎砖块、渣沫等边角料应及时清除，严禁向下清扫。 **2**）合理控制砌筑速度，下部砌体强度符合要求后方可继续施工。 **3**）耐火材料的包装物应及时清理。 **6** 保温施工： **1**）裸露在保温层外的铁丝头和保温钩钉应及时弯倒。 **2**）剪切护板时应防止毛刺伤手，裁剪成型的护板在运输时应绑扎、包覆，剪掉的护板应及时清除。 **3**）护板安装工具应放入工具袋中。 **4**）护板应放置牢固，采取防止高处滚落或被大风吹落的措施。安装后应固定牢固。作业完成后，将所有护板及边角料清理干净。 **5**）喷涂保温时，给料机与喷枪之间应有可靠的信号联系；在清理堵塞的喷枪及管道时，喷枪、管道口对面严禁站人。 **7** 人工提吊保温材料时，上方接料人员应站在平台上防护栏杆内侧并系挂好安全带。 **8** 在高温部位、转动机械设备附近施工时，应采取隔离措施。 **9** 严禁在已完成安装的保温材料上进行焊接和其他明火作业。			齐，符合要求。 **5** 砌筑施工： **1**）碎砖块、渣沫等边角料及时清理，符合要求。 **2**）合理控制砌筑速度，符合要求。 **3**）耐火材料的包装物及时清理。 **6** 保温施工： **1**）裸露在保温层外的铁丝头和保温钩钉按要求弯倒。 **2**）剪切护板时防止毛刺伤手，裁剪成型的护板运输符合要求。 **3**）护板安装工具符合要求。 **4**）护板放置牢固，并采取了滚落和大风吹落的措施，安装后固定牢固，及时清理。 **5**）现场检查，符合要求。 **7** 人工提吊保温材料时，上方接料人员符合要求。 **8** 现场检查，符合要求。 **9** 现场操作符合要求。

施工单位： 年 月 日	总承包单位： 年 月 日	监理单位： 年 月 日	建设单位： 年 月 日

注：本表1式4份，由施工项目部填报留存1份，上报监理项目部1份，上报总承包项目部1份，上报建设单位1份。

27.电气和热控安装

火力发电工程安全强制性条文实施指导大纲检查记录表

单位名称（项目部）：　　　　　　　　编号：Q/CSEPC-AG-DL5009-4-027

标段名称		专业名称			
施工单位		项目经理			

序号	强制性条文内容	执行情况		相关资料
		√	×	
《电力建设安全工作规程　第1部分：火力发电》（DL 5009.1—2014） 27.1 电气和热控安装				
27.1.1	通用规定： 1 远控设备的调整应有可靠的通信联络。 2 凡具有双回路及远控回路必须经过校核，确认其一次及二次回路均对应无误后方可启动。 3 所有转动机械的电气回路，应经操作试验，并确认控制、保护、测量、信号等回路均可靠无误后方可启动。转动机械在初次启动时，就地应设有紧急停车装置。 4 干燥电气设备或元件，均应控制其温度。干燥场所不得有易燃物，并应有适用的消防器材。 5 严禁在组合式阀型避雷器上攀登或进行作业。 6 10kV及以上升压站（配电室）进行扩建时，已就位的设备及母线应接地或屏蔽接地。 7 在运行的升压站及高压配电室内搬动较长物件时，应放倒搬运，并应与带电部分保持安全距离。 8 邻近带电体作业时，应使用绝缘梯子，严禁使用铝合金材质或其他易导电的梯子。 9 在带电设备周围不得使用钢卷尺或带有金属丝的皮卷尺进行测量工作，应采用木尺或其他绝缘量具。 10 电气设备设施拆除： 1）应确认被拆的设备或设施不带电，并做好安全措施。 2）不得破坏原有安全设施的完整性。 3）防止因结构受力变化而发生破坏或			1 远控设备的调整通信联络可靠。 2 具有双回路及远控回路经过校核，符合要求。 3 所有转动机械的电气回路，经操作试验，确认控制、保护、测量、信号等回路均可靠无误后启动，并设有紧急停车装置。 4 干燥电气设备或元件，均控制其温度。干燥场所没有易燃物，并设有消防器材。 5 现场检查，符合要求。 6 现场检查，符合要求。 7 现场检查，符合要求。 8 邻近带电体作业时，使用绝缘梯子，符合要求。 9 在带电设备周围进行测量工作时符合要求。 10 电气设备设施拆除。符合所有规定要求。 11 电容器试验完毕后必立即进行放电，符合要求。 12 起吊、装卸大型或精密设备，由专业技术人员制定安全技术措施，并办理了安全施工作业票。

序号	强制性条文内容	执行情况 √	执行情况 ×	相关资料
27.1.1	倾倒。 **4**）拆除旧电缆时应从一端开始，严禁在中间切断或任意拖拉。 **5**）拆除有张力的软导线时应缓慢释放，严禁突然释放。 **6**）弃置的废旧动力电缆头，除有短路接地线外，应一律视为有电。 **11** 电容器试验完毕后必须立即进行放电。已运行的电容器组需检修或扩容时，必须办理安全施工作业票，应先进行放电。 **12** 起吊、装卸大型或精密设备，应事先由专业技术人员制定安全技术措施，并办理安全施工作业票。			
27.1.2	盘、柜的安装应符合下列规定： **1** 动力盘、控制盘、保护盘等应在土建条件满足安装要求后方可进行安装。与热机安装交叉作业时，应采取防护措施。 **2** 盘柜拆箱后应立即将箱板等杂物清理干净。 **3** 盘柜运输时，应做好防倾倒和防止盘柜损坏措施，并设专人统一指挥。 **4** 盘柜移动时，应人力充足，统一指挥，狭窄处应有防挤伤措施。 **5** 备用的盘柜孔洞，应有防止人员踏空和物品掉落的措施。 **6** 盘柜底部加垫时不得将手或脚伸入盘底，单面盘并列安装时应做好防止靠盘时挤手的措施。 **7** 盘柜在安装固定好以前，应有防止倾倒的措施。 **8** 安装设备时应有人扶持设备。 **9** 在墙上安装操作箱及其他较重的设备时，应设置临时支撑，待固定好后方可拆除。 **10** 动力盘、控制盘、保护盘内的各式熔断器，直立布置时上口接电源，下口接负荷。水平布置时左侧接电源，右侧接负荷。 **11** 新装盘的小母线在与运行盘上的小母线接通前，应采取隔离措施。 **12** 在已运行或已安装仪表的盘上补充开孔前应编制施工措施，开孔时应防止铁屑散落到其他设备及端子上。对于邻近的因震动可引起误动作的保护装置应申请临时退出运行。 **13** 高压开关柜、低压配电屏、保护盘、控			**1** 动力盘、控制盘、保护盘等在土建条件满足安装要求后方可进行安装。与热机交叉作业时采取了防护措施。 **2** 盘柜拆箱后立即将垃圾清理干净。 **3** 盘柜运输时，做好防倾倒和防止盘柜损坏措施，并设专人统一指挥。 **4** 盘柜移动时，符合要求。 **5** 备用的盘柜孔洞，有防坠落措施。 **6** 盘柜底部加垫时不得将手或脚伸入盘底，单面盘并列安装时有防止挤手措施。 **7** 盘柜在安装固定好以前，有防止倾倒措施。 **8** 安装设备时符合要求。 **9** 在墙上安装操作箱及其他较重的设备作业符合要求。 **10** 动力盘、控制盘、保护盘内的各式熔断器，直立布置时上口接电源，下口接负荷。符合要求。 **11** 新装盘的小母线在与运行盘上的小母线接通前，采取隔离措施。 **12** 在已运行或已安装仪表的盘上补充开孔前编制施工

续表

序号	强制性条文内容	执行情况		相关资料
		√	×	
27.1.2	制盘、热控盘及各式操作箱等需要部分带电时： 1）带电前应清除杂物，电缆防火施工应完善。 2）应有围栏或门禁、防雨、防潮、防火等措施。 3）需要带电的系统应安装、调试、检查完毕，设置明显的盘柜已带电警告标志。 4）带电系统与非带电系统应有明显可靠的隔离措施，确保非带电系统无串电的可能，并应设警示标识。 5）拟带电的系统和设备，宜设专门的组织和人员负责管理。 **14** 在已带电的盘、柜上作业时： 1）应办理工作票，带电部分与非带电部分用绝缘物可靠隔离。 2）了解盘内带电系统的情况。穿戴好工作服、工作帽、绝缘鞋和绝缘手套并站在绝缘垫上。 3）工具手柄应有绝缘并采取防坠落措施。 4）设监护人。 **15** 在带电体周围安装盘柜时，应采取隔离措施，保持与带电部分的安全距离。			措施，开孔时防止铁屑散落到其他设备及端子上。 **13** 高压开关柜、低压配电屏、保护盘、控制盘、热控盘及各式操作箱等需要部分带电时符合相关要求，并设有警示标识。 **14** 在已带电的盘、柜上作业时办理了作业票，并设有监护人监护，符合要求。 **15** 在带电体周围安装盘柜时，采取了隔离措施，并保持安全距离。
27.1.3	母线安装应符合下列规定： **1** 软母线架设和硬母线安装： 1）测量软母线挡距时，应确保绳、尺与带电体保持安全距离。 2）新架设的母线与带电母线靠近或平行时，新架设的母线应接地，并保证安全距离。安全距离不够时应采取隔离措施。 3）母线架设前金属附件应符合设计要求，构架横梁应牢固。 4）清洗线夹时，应在通风良好、无其他易燃物品处进行，作业区域严禁烟火。清洁用品的回收应定点存放。 5）放线应统一指挥，通信畅通，线盘应架设平稳。放线速度不宜过快，推转线盘的人员不应站在线盘的前面。当线盘上的导线即将放尽时，应缓慢放线，且线盘上导线的盘绕			**1** 母线安装应符合下列规定： 1）测量软母线挡距时，确保绳、尺与带电体保持安全距离。 2）新架设的母线与带电母线靠近或平行时，新架设的母线接地，并保证安全距离。安全距离不够时采取隔离措施。 3）测量软母线挡距时，应确保绳、尺与带电体保持安全全距离。 4）清洗线夹作业符合要求。 5）放线统一指挥，通信畅通，线盘架设平稳。符合要求。 6）在挂线时导线下面符合

续表

序号	强制性条文内容	执行情况		相关资料
		√	×	
27.1.3	圈数不少于6圈。 **6**）在挂线时，导线下方不得有人逗留或行走。 **7**）紧线应缓慢，并随时检查导线无卡塞、钩挂现象，严禁跨越正在收紧的导线。 **8**）切割导线时，应将切割处的两侧扎紧并固定好。 **9**）软母线引下线与设备连接前应进行临时固定，不得任其悬空摆动。 **10**）在软母线上作业，宜使用高空作业车，使用竹梯或竹杆横放在导线上骑行作业时应系好安全带。骑行作业母线的截面一般不得小于120mm²。 **11**）压接软母线所用油压机的压力表应完好，压接过程中应设专人监视压力表读数，严禁超压或在夹盖卸下的状态下使用。 **12**）绝缘瓷瓶及母线不得承重。 **13**）硬母线焊接时应通风良好，作业人员应穿戴防护用品，并应按本部分4.13的有关规定执行。 **14**）大型铝合金管形母线应采用吊车多点吊装，吊具应采用尼龙吊装带；支持型母线就位前施工人员严禁登上支持绝缘子。 **15**）母线悬空连接时，人员应在牵引绳受力面的外侧，严禁跨越牵引中的绳索和导线。闪电、雷雨天气严禁作业。 **2** 软母线爆破压接： **1**）进行母线爆破压接的操作人员应经过培训，考试合格。 **2**）爆破压接单次作业不得超过两个接头，作业时严禁吸烟。 **3**）炸药、导火索、导爆索及雷管应分别存放并设专人管理，由专人领用，用后应立即将剩余的炸药及雷管退库。 **4**）药包应在专设的加工房内制作，室内严禁烟火。作业人员不得穿带钉子及铁掌的鞋。雷雨天气严禁填装药包。装药应用木棒、竹棒轻塞，			要求。 **7**）紧线缓慢，并随时检查导线无卡塞、钩挂现象，符合要求。 **8**）切割导线作业符合要求。 **9**）软母线引下线与设备连接符合要求。 **10**）在软母线上作业，操作符合要求。 **11**）压接软母线所用油压机的压力表完好，压接过程中设专人监视压力表读数，符合要求。 **12**）绝缘瓷瓶及母线没有承重。 **13**）硬母线焊接时通风良好，作业人员穿戴按有关规定执行。 **14**）大型铝合金管形母线采用吊车多点吊装，符合要求。 **15**）母线悬空连接时，人员在牵引绳受力面的外侧，符合要求。 **2** 现场检查，符合要求。

续表

序号	强制性条文内容	执行情况		相关资料
		√	×	
27.1.3	严禁用力抵入或用铁器捣实。药包装雷管的作业应在爆破现场于爆破前进行。 5）在运行的升压站内进行爆破压接时，严禁使用电雷管或将电雷管改作火雷管使用。 6）导火索在使用前应做燃速试验，其长度应使点火人离开后到起爆之间的时间不少于20s，且不得短于200mm。 7）切断导爆索及导火索应使用锋利的子，严禁使用剪或钳子。雷管与导火索连接时，应使用专用钳子夹雷管口，严禁碰触雷汞部分及用牙咬雷管口或用普通钳子夹雷管口。 8）爆破点离地面一般不得小于1m，离瓷件一般不得小于5m。人员应离开30m以外。距爆破点50m以内的建筑物玻璃窗应打开，并挂好风钩。 9）放炮时，应通知周围作业人员及电气运行值班人员，并设警戒。 10）遇有盲炮时，应待15min后方可处理。 11）爆破作业的其他安全规定应按本部分18.1的有关规定执行。			
27.1.4	电缆应符合下列规定： 1 电缆敷设： 1）装卸、运输电缆时，应有防止电缆盘在车上、船上滚动的措施。盘上的电缆头应固定好。电缆盘严禁从车上、船上直接推下。滚动电缆盘的地面应平整，破损的电缆盘不得滚动。滚动时应顺着电缆盘上箭头指示或电缆的缠紧方向，操作人员应站在电缆盘前进方向的侧后方。 2）敷设电缆前，电缆通道、电缆沟及电缆夹层内应清理干净，无杂物、积水，并应有足够的安全照明。 3）在开挖直埋电缆沟时，应取得有关地下管线等资料，否则在施工时应采取措施，加强监护。在确认地下无其他管线时方可用机械开挖。 4）敷设电缆时，电缆盘应架设牢固平稳，盘边缘与地面的距离不得小于			1 电缆敷设： 1）装卸、运输电缆时，有防止电缆盘在车上、船上滚动的措施。盘上的电缆头固定好。电缆盘严禁从车上、船上直接推下。滚动电缆盘的地面平整，破损的电缆盘不得滚动，符合要求。 2）敷设电缆前，电缆通道、电缆沟及电缆夹层内符合要求。 3）开挖直埋电缆沟时，取得有关地下管线等资料，在施工时采取了措施和监护。 4）敷设电缆时，电缆盘架设牢固平稳，符合要求。 5）敷设电缆由专人指挥，统一行动，并有明确的联系

续表

序号	强制性条文内容	执行情况		相关资料
		√	×	
27.1.4	100mm，电缆应从盘的上方引出，速度不得过快。引出端头的铠装如有松弛则应绑紧。 5）敷设电缆应由专人指挥，统一行动，并有明确的联系信号，不得在无指挥信号的情况下随意拉引。 6）高处敷设电缆时，作业面应安全可靠。作业人员应系好安全带，严禁攀登电缆架或吊架。 7）进入带电区域内敷设电缆时，应取得运行单位的同意，办理工作票，采取安全措施，并设监护人。 8）用机械敷设电缆时，应按有关操作规程执行，加强巡视，并有可靠的联络信号。放电缆时，应特别注意多台机械运行中的衔接配合与拐弯处的情况。 9）电缆通过孔洞、管道或楼板时，两侧应设监护人，入口侧应有防止电缆被卡或手被带入孔内的措施，出口侧的人员不得在正面接引。 10）敷设电缆时，拐弯处的施工人员应站在电缆外侧。 11）临时打开的隧道孔应设遮栏或标志，完工后立即封闭。 12）敷设电缆时，不得在电缆上攀吊或行走。 13）电缆穿入带电的盘内时，盘上应有专人接引，并采取防止电缆触及带电部位的隔离措施。 14）进入电缆竖井、沟道敷设电缆时，应符合本部分9.1.3的要求。 2 电缆头制作及接线应符合下列规定： 1）电缆头制作时，应保持通风良好，操作人员应戴口罩和手套。 2）电缆头制作及接线时，应配置适用的灭火器材，周边不应有易燃易爆物品，工作结束后及时清除杂物。 3）制作阻燃电缆的电缆头时，应有防止纤维吸入体内及刺激皮肤的措施。 4）制作铠装电缆的电缆头时，应做好截取部位的绑扎。 5）邻近带电体接线时，应做好隔离和绝缘措施，设专人监护。			信号，符合要求。 6）高处敷设电缆时，作业面安全可靠。作业人员操作符合要求。 7）进入带电区域内敷设电缆时，取得运行单位的同意，并办理了工作票、采取了安全措施、设有监护人。 8）用机械敷设电缆时，按有关操作规程执行，加强巡视，并有可靠的联络信号。放电缆时，符合要求。 9）电缆通过孔洞、管道或楼板时，两侧设监护人，入口侧有防止电缆被卡或手被带入孔内的措施符合要求。 10）敷设电缆时，拐弯处的施工人员符合要求。 11）临时打开的沟道孔设有标志、完工后立即封闭。 12）敷设电缆作业符合要求。 13）电缆穿入带电的盘内时，盘上有专人接引，并采取了相应的隔离措施。 14）进入电缆竖井、沟道敷设电缆时，符合本部分要求。 2 电缆头制作及接线应符合下列规定： 1）电缆头制作时，保持通风良好，操作人员按要求戴口罩和手套。 2）缆头制作及接线时，配置适用的灭火器材，符合此条规定。 3）制作阻燃电缆头时，设有防止纤维吸入人体的措施。 4）制作铠装电缆的电缆头时，符合要求。

序号	强制性条文内容	执行情况		相关资料
		√	×	
27.1.4				**5**）邻近带电体接线时，做好隔离和绝缘措施，并设专人监护。
27.1.5	蓄电池安装应符合下列规定： **1** 蓄电池室应在设备安装前安装好照明、通风和温度调节设施，照明和通风设施的控制开关应安装在蓄电池室外，并做明显标识。 **2** 蓄电池设备安装完成后，室内严禁明火作业。 **3** 蓄电池设备充电后，作业人员进入室内应穿着防静电服。 **4** 蓄电池室应备有足够的小苏打溶液和清水等急救用品，并贴有明显的标志，分别存放。 **5** 蓄电池室应配备足够、适用的消防器材。			**1** 蓄电池室在设备安装前安装好照明、通风和温度调节设施，照明和通风设施符合要求、并做明显标识。 **2** 蓄电池设备安装完成后，室内符合要求。 **3** 蓄电池设备充电后，作业人员进入室内符合要求。 **4** 蓄电池室备有足够的小苏打溶液和清水等急救用品，并贴有明显的标志，分别存放。 **5** 配备足够的消防器材。
27.1.6	发电机及电动机安装（电气部分）应符合下列规定： **1** 人工拆卸或安装电动机部件时，两人抬运的重量不得超过100kg，抬起高度不得超过1m。 **2** 在干燥房内对电动机进行干燥时，应有防火措施。干燥房内不得有易燃物，并应配备适用的消防器材。 **3** 开启式电动机在安装期间应有防止杂物掉入电动机内的措施。 **4** 在滑环上打磨碳刷时，应在不高于盘车的转速下进行。打磨碳刷时，操作人员应戴口罩及防护眼镜。 **5** 发电机引出线绝缘包扎时，应加强通风，严禁烟火。操作人员应使用必要的防护用品，操作时应有专人监护。 **6** 发电机现场干燥应符合制造厂技术说明书的要求。			**1** 人工拆卸或安装电动机部件时，两人抬运的重量符合要求，重超过100kg，采用液压小叉车。 **2** 在干燥房内对电动机进行干燥时，没有易燃物，并配备适用的消防器材。 **3** 开启式电动机在安装期间有防止杂物掉入的措施。 **4** 在滑环上打磨碳刷时，在不高于盘车的转速下进行。打磨碳刷时，操做人员符合要求。 **5** 发电机引出线绝缘包扎时，加强通风，严禁烟火。操作人员使用必要的防护用品、并有专人监护。 **6** 发电机现场干燥符合制造厂技术说明书的要求。
27.1.7	变压器安装应符合下列规定： **1** 对充氮变压器器身检查，在没有排氮前，任何人不得进入油箱。当油箱内的含氧量未达到18%以上时，人员不得进入。 **2** 内部检查过程中，应向箱体内持续补充			**1** 对充氮变压器器身检查，在没有排氮前，任何人不得进入油箱，符合要求。 **2** 内部检查过程中，向箱体

续表

序号	强制性条文内容	执行情况		相关资料
		√	×	
27.1.7	露点低于－40℃的干燥空气，以保持含氧量不得低于18%。充氮变压器注油排氮时，任何人不得在排气孔处停留。 **3** 大型油浸式变压器在放油及滤油过程中，外壳及各侧绕组应可靠接地。 **4** 变压器吊芯检查时，不得将铁芯叠放在油箱上，应放在事先准备好的大油盘内或准备好的干净支垫物上。在松下起吊绳索前，不得在铁芯上进行任何作业。 **5** 变压器吊罩检查时，在未移开外罩或未做可靠支撑前，不得在铁芯上进行任何作业。 **6** 变压器吊芯或吊罩时应起落平稳，吊装时应设专人监护，严禁碰撞铁芯。 **7** 进行变压器内部检查时，通风和照明应良好，并设专人监护；工作人员应穿无钮扣、口袋的工作服，穿耐油防滑鞋，带入的工具应拴绳、登记、清点。严禁工具及杂物遗留在变压器内。 **8** 外罩法兰螺栓应对称、均匀地松紧。 **9** 检查变压器铁芯时，应搭设脚手架或梯子，严禁攀登引线绝缘支架上下。 **10** 变压器附件有缺陷需要进行焊接处理时，应放尽残油，除净表面油污，运至安全地点后进行。 **11** 变压器引线焊接不良需在现场进行补焊时，应采取绝热和隔离措施，并配备适用的消防器材。 **12** 储油和油处理现场应配备足够可靠的消防器材，制定具体的消防管理方案；场地应平整、清洁，10m范围内不得有火种及易燃易爆物品。			内持续补充露点符合要求。 **3** 大型油浸式变压器在放油及滤油过程中，外壳及各侧绕组有可靠接地。 **4** 变压器吊芯检查时，不得将铁芯叠放在油箱上，按要求放置。 **5** 变压器吊罩检查时，在未移开外罩或未做可靠支撑前，符合要求。 **6** 变压器吊芯或吊罩时起落平稳，吊装时设专人监护，严谨碰撞铁芯。 **7** 进行变压器内部检查时，通风和照明应良好，并设专人监护，工作人员穿戴符合要求，带入的工具进行盘点。 **8** 外罩法兰螺栓对称、均匀地松紧。 **9** 检查变压器铁芯时，安球搭设脚手架。 **10** 未涉及。 **11** 未涉及。 **12** 储油和油处理现场配备足够可靠的消防器材，场地符合要求。
27.1.8	变压器干燥应符合下列规定： **1** 变压器进行干燥前应制定安全技术措施并交底。 **2** 变压器干燥使用的电源及导线应经计算，电路中应有过负荷自动切断装置及过热报警装置。 **3** 变压器干燥时，应根据干燥的方式，在铁芯、绕组或上层油面上装设温度计，严禁使用水银温度计。 **4** 变压器干燥应设值班人员。值班人员应经常巡视各部位温度有无过热及其他异常情况，并做好记录。值班人员不得擅自离开干燥			**1** 变压器进行干燥前制定安全技术措施并交底。 **2** 变压器干燥使用的电源及导线经计算，电路中有切断装置和过热警报装置。 **3** 变压器干燥时，根据干燥的方式，在铁芯、绕组或上层油面上装设温度计符合要求。 **4** 变压器干燥设值班人员。值班人员将巡视情况和异常，并做好记录。

续表

序号	强制性条文内容	执行情况		相关资料
		√	×	
27.1.8	现场。 **5** 采用短路干燥时，短路线应连接牢固，使用裸线时应采用安全电压，并应有可靠的绝缘措施。 **6** 采用涡流干燥时，应使用绝缘线。 **7** 使用外接电源进行干燥时，变压器外壳应接地。 **8** 采用真空热油循环进行干燥时，其外壳及各侧绕组应可靠接地。 **9** 变压器干燥现场不得放置易燃物品，并应配备适用的消防器材。			**5** 现场检查，符合要求。 **6** 现场检查，符合要求。 **7** 现场检查，符合要求。 **8** 采用真空热油循环进行干燥时，其外壳符合要求。 **9** 变压器干燥现场不得放置易燃物品，并配备适用的消防器材。
27.1.9	断路器及互感器安装应符合下列规定： **1** 在下列情况下不得搬运开关设备。 **1）** 隔离开关、刀型开关的刀闸处在断开位置时。 **2）** 油断路器、真空断路器、六氟化硫断路器、自动空气断路器、传动装置以及有返回弹簧或自动释放的开关，处于合闸位置且未可靠闭锁。 **2** 在调整、检修开关设备及传动装置时，应有防止开关意外脱扣的可靠措施，作业人员应避开开关可动部分的动作空间。 **3** 对于液压、气动及弹簧操作机构，严禁在有压力或弹簧储能的状态下进行拆、装或检修工作。 **4** 放松或拉紧开关的返回弹簧及自动释放机构弹簧时，应使用专用工具，不得快速释放。 **5** 凡可慢分慢合的开关，初次动作时不得快分快合。空气断路器初次试动作时，应从低气压做起。施工人员应与被试开关保持一定的安全距离或设置防护隔离设施。 **6** 就地操作分合空气断路器时，工作人员应戴耳塞，并应事先通知附近的作业人员，特别是高处作业人员。 **7** 在调整断路器、隔离开关及安装设备连线和引下线时，严禁攀登套管绝缘子。 **8** 隔离开关采用三相组合吊装时，应检查确认框架强度符合起吊要求。 **9** 断路器、隔离开关安装时，在隔离刀刃及动触头横梁范围内不得有人作业。必要时应在开关可靠闭锁后方可进行作业。 **10** 室内设备充装六氟化硫气体时，应开启通风系统。严禁用明火加热气瓶。			**1** 搬运作业符合要求。 **2** 在调整、检修开关设备及传动装置时，有防止开关意外脱扣的可靠措施，作业人员符合要求。 **3** 对于液压、气动及弹簧操作机构，符合要求。 **4** 放松或拉紧开关的返回弹簧及自动释放机构弹簧时，使用专用工具符合要求。 **5** 可慢分慢合的开关，初次动作时不得快分快合。空气断路器初次试动作时，从低气压做起。保持了安全距离并设防护隔离措施。 **6** 就地操作分合空气断路器时，工作人员符合要求。 **7** 在调整断路器、隔离开关及安装设备连线和引下线时，符合要求。 **8** 隔离开关采用三相组合吊装时，检查确认框架强度符合起吊要求。 **9** 断路器、隔离开关安装时，在隔离刀刃及动触头横梁范围内不得有人作业，进行作业符合要求。 **10** 室内设备充装六氟化硫气体时，符合要求。 **11** 修六氟化硫断路器时，设备内的六氟化硫气体不得

续表

序号	强制性条文内容	执行情况		相关资料
		√	×	
27.1.9	11 检修六氟化硫断路器时，设备内的六氟化硫气体不得向大气排放，应采用净化装置回收，经处理检测合格后方可再使用。回收时，作业人员应站在上风侧。需拿取容器内的吸附物时，工作人员应戴橡胶手套、护目镜等劳动防护用品。 12 六氟化硫气瓶的搬运和保管： 1）六氟化硫气瓶的安全帽、防震圈应齐全，安全帽应拧紧；搬运时应轻装轻卸，严禁抛掷、溜放。 2）六氟化硫气瓶应存放在防晒、防潮和通风良好的场所；不得靠近热源和油污的地方，阀门上严禁油污和水。 3）六氟化硫气瓶不得与其他气瓶混放。 13 瓷套型互感器注油时，其上部金属帽应接地。			向大气排放，采用净化装置回收，经处理检测合格后可再使用。符合要求。 12 六氟化硫气瓶的搬运和保管。 13 瓷套型互感器注油时，其上部金属帽接地。
27.1.10	GIS安装应符合下列规定： 1 室内设备安装时，建筑门窗、孔洞应封堵完成，照明、通风设施良好，具备投用条件。 2 室外设备安装时，工作区域内应设防风、防尘的围挡，现场应整洁干燥、无积水和污染气体。区域内的孔洞及沟道应有防护措施和警示标识。 3 预充氮气的箱体应先经排氮，然后充干燥空气，箱体内空气中的氧气含量必须达到18%以上时，安装人员才允许进入内部进行检查或安装。 4 室内设备充注六氟化硫气体时，周围环境相对湿度应不大于80%，同时应开启通风系统，避免六氟化硫气体泄漏到工作区。 5 GIS充装六氟化硫前应经过真空严密性检查，合格后方可充入，应设专人负责。 6 夜间施工时，应有足够的照明，器身内照明应使用24V以下安全电压。 7 GIS安装过程中，工器具应登记造册，施工完毕后应及时清查核对。 8 GIS气室内部有六氟化硫气体时严禁打开气室。 9 焊接时，应有防火、防爆、防烧伤、防触电的措施，易燃易爆物品离焊接点至少10m以上。			1 室内设备安装时，建筑门窗、孔洞封堵完成，照明、通风设施良好，具备投用条件。 2 室外设备安装时，工作区域内设防风、防尘的围挡，现场整洁干燥、无积水和污染气体。区域内设有防护措施和警示牌。 3 预充氮气的箱体先经排氮，然后充干燥空气，箱体内空气中的氧气含量符合要求。 4 室内设备充注六氟化硫气体时，周围环境相对湿度符合要求。 5 GIS充装六氟化硫前经过真空严密性检查，合格后充入，设专人负责。 6 夜间施工时，有足够的照明符合要求。 7 GIS安装过程中，工器具登记造册，施工完毕后及时清查核对。 8 GIS气室内部有六氟化硫气体时不得打开气室。

续表

<table>
<tr><th rowspan="2">序号</th><th rowspan="2">强制性条文内容</th><th colspan="2">执行情况</th><th rowspan="2">相关资料</th></tr>
<tr><th>√</th><th>×</th></tr>
<tr><td>27.1.10</td><td>10 进行六氟化硫充气时，气室应干燥，工作人员应戴手套，严禁用明火加热气瓶。充气时应缓慢充入，并有专人监视气室的压力情况。</td><td></td><td></td><td>9 焊接时有相关的触电措施，符合要求。
10 进行六氟化硫充气时，气室干燥，工作人员戴手套、符合要求并有专人监视。</td></tr>
<tr><td>27.1.11</td><td>取源部件及敏感元件安装应符合下列规定：
1 使用大型电钻或扳钻在管道、联箱上钻孔时，钻架应有足够的强度并固定牢固，还应有防止滑钻、钻头松脱、钻体坠落及管道滚动等安全技术措施。
2 丝扣连接的高、中压插入式温度计，应用固定扳手紧固，操作时应站稳，用力不得过猛。
3 在与运行系统已连接好的或已充压的，及可能由于阀门泄漏而充压的设备或管道上开孔、安装取源部件及敏感元件等时，应办理工作票，并采取防护措施，严禁在无可靠隔离装置或残压未放尽时施工。</td><td></td><td></td><td>1 钻孔时作业，钻架有足够的强度并固定牢固，并有防止滑钻、钻头松脱、钻体坠落及管道滚动等安全技术措施。
2 丝扣连接的高、中压插入式温度计，用固定扳手紧固，符合要求。
3 在与运行系统已连接好的或已充压的及可能由阀门泄漏而充压的设备或管道上开孔、安装取源部件及敏感元件等时办理相关的作业票，并采取防护措施。</td></tr>
<tr><td>27.1.12</td><td>管路敷设应符合下列规定：
1 在场内搬运较长的钢材、管材时，应两人以上进行。管材等成束吊运时，应捆扎牢固。在施工地点存放的管材，应按品种规格分别平放，严禁竖立。
2 仪表管敷设后，如不能及时焊接，应固定牢固。
3 汽、水仪表管的排污漏斗应有盖或使用小联箱。
4 管路敷设完毕后，应对管道连接的正确性进行检查。高压管道上严禁装设低压设备。
5 试验用的压力表应事先校验合格。压力试验过程中，当压力达到0.49MPa以上时，严禁紧固连接件或密封件。
6 检查及疏通堵塞的仪表管时，严禁人体对着管口或锯开的锯口。疏通时，应先关一次门。</td><td></td><td></td><td>1 在场内搬运较长的钢材、管材时，两人以上进行。管材等成束吊运时，捆扎牢固。符合要求。
2 仪表管敷设后，按要求操作。
3 汽、水仪表管的排污漏斗有盖或使用小联箱。
4 管路敷设完毕后，对管道连接的正确性进行检查。符合要求。
5 试验用的压力表事先校验合格。压力试验过程中符合要求。
6 检查及疏通堵塞的仪表管时，符合要求。</td></tr>
<tr><td>27.1.13</td><td>执行机构安装应符合下列规定：
1 储存、搬运执行机构时，应按厂家要求进行，并采取防雨、防潮措施。
2 吊装执行机构时，应起落平稳。
3 执行机构应安装牢固，不妨碍通行。</td><td></td><td></td><td>1 符合厂家要求进行相应的防雨及防潮措施。
2 吊装执行机构时，起落平稳。</td></tr>
</table>

续表

序号	强制性条文内容	执行情况		相关资料
		√	×	
27.1.13	**4** 严禁将执行机构作为起吊和拖运物件的吊挂点。			**3** 执行机构应安装牢固，未妨碍通行。 **4** 符合要求。

施工单位：	总承包单位：	监理单位：	建设单位：
年 月 日	年 月 日	年 月 日	年 月 日

注：本表1式4份，由施工项目部填报留存1份，上报监理项目部1份，上报总承包项目部1份，上报建设单位1份。

28.金属检验

火力发电工程安全强制性条文实施指导大纲检查记录表

单位名称（项目部）：　　　　　　　　　　编号：Q/CSEPC-AG-DL5009-4-028

标段名称		专业名称	
施工单位		项目经理	

序号	强制性条文内容	执行情况		相关资料
		√	×	
《电力建设安全工作规程　第1部分：火力发电》（DL 5009.1—2014） 28.1 金属检验				
28.1.1	通用规定： **1** 使用放射性同位素、射线装置的单位，应按国家规定获得辐射安全许可证并在相应的许可种类和范围内开展工作。 **2** 从事放射性工作的人员应具备相应专业、防护知识及健康条件。 **3** 严禁将放射性同位素、射线装置借给无辐射安全许可证的单位。 **4** 放射性同位素、射线装置的运输、保管、使用必须按国家有关规定执行。 **5** 放射性同位素、射线装置丢失或被盗时应保护好现场，立即向当地主管部门报告。			**1** 射线装置单位证件齐全符合范围内工作。 **2** 放射人员具备放射资质，健康体检良好。 **3** 现场检查，无违规现象。 **4** 射线装置运输、保管符合国家规定。 **5** 未出现丢失现象。
28.1.2	射线检测应符合下列规定： **1** 从事放射性工作的人员应经培训、考试合格，并取得合格证；对准备参加射线检测工作的人员必须进行体格检查，有不适应症者不得参加此项工作。 **2** 射线检测应配备射线监测仪。作业时，操作人员应佩戴防辐射眼镜、铅防护服等防护用品和射线报警仪、个人剂量计。 **3** 射线检测工作人员及相邻的非工作人员接受照射的最大允许剂量当量，不得超过《电离辐射防护与辐射源安全基本标准》（GB 18871）的规定。 **4** γ射源的存放： **1）** 应存放在专用的储藏室内，不得与易燃、易爆、腐蚀性的物质一起存放。贮存场所应采取防火、防盗、防射线泄漏等安全技术措施，并指			**1** 从事放射性人员培训考试合格，体检合格，符合管理规定。 **2** 操作人员按操作规程操作，劳动防护用品齐全。 **3** 接受射线照射的在允许计量值，符合国标标准。 **4** γ射源单独存放，专人管理，定期检查，符合安全管理要求。

续表

序号	强制性条文内容	执行情况		相关资料
		√	×	
28.1.2	定专人管理，定期检查，严格领用制度。 2）作业现场严禁存放射源。 3）存放射源的容器必须经过计算和实测复核，确认符合安全要求并标明射源名称后方可使用。一般距存放射源的容器在0.5m处的剂量率应低于3×10^{-5}Sv/h。 4）存放射源的容器必须加双锁，钥匙分别保管。 5 γ线射源运输： 1）托运应按国家现行标准和当地政府主管部门的有关规定执行。 2）在现场搬运射源时，搬运人员一般应距射源容器不小于0.5m，容器抬起高度不得超过膝部；上下梯子时宜用起吊工具。 3）射源运达目的地后应立即进行交接检查，确认完好，并办理交接手续。 6 采用X射线机检测： 1）操作人员应熟悉 X射线机的性能，掌握操作知识，不得单独操作。 2）X射线机安置处的周围必须干燥。搬运或安放时，应避免强烈振动。 3）X射线机必须有可靠的接地。连接或拆除电缆时，应先切断电源。 4）X射线机应定期进行检查和试验。 5）X射线机在第一次试用或停放三天及以上后再启用时，应按规定进行一次 X射线管的训机。 6）夏季X射线机应避免在阳光下使用。 7 在施工现场进行射线检测： 1）射线检测应避开正常工作时间段，如不能避开，应制定安全技术措施。 2）射线检测应履行告知手续，设置警戒区，悬挂醒目的警示标识，严禁非作业人员进入，并应在规定的地点和时间内完成检测作业。 3）夜间进行射线检测，应有明显的警示标识，如设置自激式警灯等。 4）射源处于工作状态时，操作人员严禁离开现场。 5）射线装置应由专人操作，专人监			5 γ线射源运输： 1）执行国家现行标准和当地政府主管部门的有关规定。 2）在现场搬运射源时，搬运人员一般应距射源容器不小于0.5m，容器抬起高度不得超过膝部；上下梯子时用起吊工具。 3）射源运达目的地后应立即进行交接检查，确认完好，并办理交接手续。 6 X射线机检测： 1）操作人员熟悉X射线机的性能，掌握操作知识，两人作业。 2）X射线机安置处干燥，安放平稳，符合管理要求。 3）X射线机接地良好，规范操作。 4）射线机定期检验完整有效。 5）射线机放置三天后再次使用训机符合规范。 6）夏季射线避免阳光符合安规要求。 7 施工现场进行射线检测： 1）射线检测避开工作时间段，并制定安全技术措施。 2）射线检测申请告知手续，设置隔离区悬挂警示标识牌符合要求。 3）夜间检测按规范施工符合安规要求。

续表

序号	强制性条文内容	执行情况		相关资料
		√	×	
28.1.2	护，如发生卡源，应在采取防护措施后方可处理。 **6**）在高处进行射线检测，应搭设工作平台，并应将射线装置固定在牢固可靠处。 **7**）X射线机的射线窗口侧宜设铅质滤光隔板。 **8**）射源掉落时，应立即撤离现场全部人员，设专人守卫，并上报。在做好安全防护措施后，方可有组织地用仪器寻找。 **8** 射源的销毁按现行国家标准及当地主管部门的规定执行，严禁自行处置。			**4**）操作人员恪尽职守符合管理要求。 **5**）射线时专人操作、专人监护，防护措施可靠，符合安规要求。 **6**）高处射线作业，安全设施齐全。 **7**）射线机的窗口铅质滤光隔板，符合规范。 **8**）射源的销毁符合国家标准。 **8** 符合要求。
28.1.3	渗透检测和磁粉检测应符合下列规定： **1** 渗透检测剂储存地点应挑选冷暗处，且不得堆放，储存容器应加盖密封。 **2** 渗透检测作业时，应远离火源、热源且不小于5m。 **3** 检测区域应保持通风良好，作业人员应佩戴防护眼镜、乳胶手套、防毒口罩等。 **4** 安装心脏起搏器人员严禁从事磁粉检测作业。 **5** 严禁将渗透检测药品对人喷射。磁粉检测时，检测仪器和被检测件应可靠接地。			**1** 渗透检测剂储存符合管理规定。 **2** 渗透检测作业离火源距离符合要求。 **3** 作业人员劳动防护用品佩戴正确。 **4** 检查现场无违规现象。 **5** 检测仪器接地良好，操作规范。
28.1.4	金相分析应符合下列规定： **1** 金相机械制片： **1**）金相试样只应在砂轮侧面轻轻地磨制。当试片的厚度小于10mm时，应经镶嵌后再进行打磨。 **2**）严禁在磨片机旋转时更换砂纸、砂布。 **3**）试样打磨、抛光时应握紧试样，并与磨面接触平稳，严禁两人同时在一个旋转盘上操作。磨光时，作业人员应佩带防护眼镜及防尘口罩。 **4**）腐（浸）蚀、电解金相试样的化学药品试剂应按其性质分类储存和保管，配制、使用时，操作人员应熟悉药剂性质和操作方法；进行电解时，应严格控制电解液的温度及电流密度。 **5**）倒注、配制或浸蚀化学浸蚀剂和电解浸蚀剂时，作业人员应佩戴防护			**1** 金相机械制片： **1**）-**2**）金相试样磨制符合要求。 **3**）-**5**）现场检查规范作业，无违章行为。 **2** 金相腐蚀、电解操作室通风良好。 **3** 废液处理符合规范要求。 **4** 现场金相试验措施符合要求，完工后杂物清理干净。

续表

序号	强制性条文内容	执行情况		相关资料
		√	×	
28.1.4	镜、耐酸碱手套等劳动防护用品。 **2** 金相腐（浸）蚀、电解、复型的操作室应通风良好，并设有自来水和急救酸、碱伤害时中和用的溶液。 **3** 金相试验用过的废液应经处理达标排放，严禁将未经处理的废液倒入下水道。 **4** 现场进行金相试验时，应有防止试剂或溶液泼洒、滴落的措施；作业完毕后应将杂物、废液清理干净。			
28.1.5	暗室工作应符合下列规定： **1** 暗室应通风良好，室温宜控制在20℃左右。 **2** 工作人员在暗室内连续工作时间不宜超过2h。 **3** 暗室内应有安全红灯，电源线不得有裸露的带电部分并装设漏电保护器，电源控制应采用拉线开关。 **4** 工作台前应铺设绝缘垫。 **5** 不得在暗室内存放药品（显影液、定影液除外）及配制试剂。暗室内的通道应平坦通畅，不得堆放杂物。			**1** 暗室通风良好，温度符合规范。 **2** 暗室工作不超过2h，符合规定。 **3** 暗室内电源线绝缘良好，并装设漏电保护器，符合要求。 **4** 现场检查暗室内符合规程规范。
28.1.6	机械性能试验应符合下列规定： **1** 拉力、压力及弯曲试验： **1**）试验机主体压力台处应采用带保护罩的行灯照明。 **2**）做拉力、压力和弯曲试验时，工作面上应有保护罩。 **3**）夹放试样时，严禁启动试验机。 **2** 冲击试验： **1**）试验前必须检查摆锤、锁扣及保护装置，应安全可靠，制动灵敏。 **2**）试验时，应设置防护围栏，摆锤摆动方向前后不得站人或存放其他物品。 **3**）手动冲击试验机安放试样时，应将摆锤移到不影响安放试样的最低位置；严禁在摆锤升至试验高度时安放试样。			**1** 拉力、压力及弯曲试验： **1**）试验机主体压力台处采用带保护罩的行灯照明。 **2**）做拉力、压力和弯曲试验时，工作面上有保护罩。 **3**）夹放试样时，严禁启动试验机。 **2** 冲击试验： **1**）试验前检查摆锤、锁扣及保护装置，应安全可靠，制动灵敏。 **2**）试验时，设置防护围栏，摆锤摆动方向前后不得站 人或存放其他物品。 **3**）手动冲击试验机安放试样时，将摆锤移到不影响安放试样的最低位置；严禁在摆锤升至试验高度时安放试样。

续表

序号	强制性条文内容	执行情况		相关资料
		√	×	
28.1.7	光谱分析应符合下列规定： **1** 作业人员应穿绝缘鞋、戴绝缘手套。 **2** 使用交流220V供电的光谱仪，应有可靠的接地线。作业时，不得将火花发生器外壳拿掉。 **3** 更换或调整电极时，应切断电源，激发电极已充分冷却。 **4** 移动光谱分析装置时应切断电源。 **5** 雨、雪天气不得在露天进行光谱分析作业。 **6** 严禁在装有易燃、易爆物品的容器和管道上进行光谱分析。 **7** 严禁在储存或加工易燃、易爆物品的房间内进行光谱分析。在室外易燃、易爆物品附近进行光谱分析时，应按本部分4.14的有关规定执行。 **8** 工作时不应触摸电极架、直视弧光。 **9** 在容器内进行光谱分析时，除应按本部分4.13.1中第16款的有关规定执行外，尚应采取下列防止触电的措施： **1）** 作业人员所穿戴的工作服、鞋、帽等必须干燥，作业时应使用绝缘垫。 **2）** 容器外应设监护人。监护人应站在可看见光谱分析人员和听见其声音的位置，电源开关必须设在容器外监护人伸手可及的地方。			**1** 作业人员劳动防护用品正确佩戴并建台账。 **2-6** 交流220V供电的光谱仪接地良好，作业规范符合要求。 **7-8** 现场检查光谱作业符合安规要求。 **9** 现场检查，符合安规要求，专人监护，规范操作无违规行为。

施工单位：	总承包单位：	监理单位：	建设单位：
年 月 日	年 月 日	年 月 日	年 月 日

注：本表1式4份，由施工项目部填报留存1份，上报监理项目部1份，上报总承包项目部1份，上报建设单位1份。

29.修配加工

火力发电工程安全强制性条文实施指导大纲检查记录表

单位名称（项目部）：　　　　　　　　　　　　编号：Q/CSEPC-AG-DL5009-4-029

标段名称		专业名称		
施工单位		项目经理		
序号	强制性条文内容	执行情况		相关资料
		√	×	
《电力建设安全工作规程　第1部分：火力发电》（DL 5009.1—2014） 29.1 修配加工				
29.1.1	通用规定： **1** 机床的操作人员应经过培训，考试合格后方可进行操作。机床应由专人操作。 **2** 作业前检查机械、仪表及工具等应完好。 **3** 机加工设备应定期维护和保养，设备上或附近应张贴明显的安全操作规程。 **4**　机床与建筑物墙体间应按其最大行程留出不小于1m的通道。 **5** 转动机械的操作人员应穿工作服并扎紧袖口，长发应盘入帽内，严禁系领带、戴手套。 **6** 机床外露的传动轴、传动带、齿轮、皮带轮等应装防护罩；不加装防护罩的旋转连接部位楔子、销子不凸出；机床接地应良好。 **7** 机床在切削过程中，操作人员的面部不得正对刀口，不得在刀架的行程范围内检查切削面。 **8** 机床开动后严禁将头、手伸入其回转行程内。 **9** 严禁在运行的机床上面递送工具、夹具及其他物件，或直接用手触摸加工件。 **10** 严禁手拿沾有冷却液的棉纱冷却转动的工件或具。 **11** 机械上的边角料及剪切下来的零星材料严禁直接用手清除；缠在具或工件上的带状切屑，必须用铁钩清除，清除时必须停车。 **12** 切削脆质金属或高速切削时，应戴防护眼镜，并按切屑飞射方向加设挡板；切削生铁时应戴口罩。 **13** 突然停电时，应立即关闭机床及其他启动装置，将刀具退出工作部位。 **14** 每班工作完毕后，应切断电源，退出刀架，将各部手柄放在空挡位置，并清擦机械，做好保养工作和交接班手续。 **15** 金属工作平台接地应良好。 **16** 设备清洗、脱脂不得使用汽油，工作场所应通风良好，严禁烟火。清洗后的零部件应待油气挥发后再进行组装。			**1-3** 查资料，查现场，符合要求。 **4-12** 现场检查，符合要求。 **13-14** 严格执行相关规定。 **15-16** 现场检查，符合要求。

续表

序号	强制性条文内容	执行情况		相关资料
		√	×	
29.1.2	机床作业应符合下列规定： **1** 车床作业： **1**）工作前，应仔细检查车床各部件和保护装置，并低速空载运转2～3min。 **2**）装卸卡盘时，应在主轴孔内穿钢管或穿入坚实木棍。 **3**）加工件超出床头箱或机床尾部时，必须用托架并设围栏。偏重较大时，应加平衡铁块并用低速切削；平衡铁块必须安设牢固。 **4**）车削薄壁工件时，应将工件卡紧，严格控制切削量及切削速度，并随时紧固架螺丝；车刀不宜伸出过长。转动小刀架应停车。 **5**）高速切削大型工件时，不得紧急制动或突然变换旋转方向，如需换向，应先停车。 **6**）当切屑飞溅严重时，应在机床周围安装挡板。 **7**）使用锉刀抛光时应将刀架退到安全位置；操作时一般情况应右手在前、左手握柄，严防衣袖触及工件或手臂碰到卡盘。 **8**）作业开始前应把车刀上牢，刀尖不可露出过长。 **9**）使用自动走刀时应扣上保险。清理车头轴眼、顶尖套筒等时，必须停车。 **10**）顶尖与尖眼中心孔应相互配合，不得用旧顶尖。车床在运行中不得松开顶尖座。 **11**）立车转盘上严禁堆放物件，并应设防护装置。 **2** 铣床及刨床作业： **1**）铣床自动进料时，必须拉开工作台上的手柄，严防旋转伤人。 **2**）不得利用铣床动力去紧心轴螺母。 **3**）刨床开动前应检查其周围的环境，在其行程范围内不得有杂物或其他无关人员，当行程较长时，应设围栏隔离。 **3** 砂轮机作业： **1**）使用前检查砂轮防护罩应牢固，严禁使用有裂纹或有不稳定现象的砂轮片。 **2**）快速给进时，砂轮与工件应平稳接触。工作台移动时，工件应先与砂轮脱开。 **3**）修整砂轮必须使用专用具，严禁使用凿子或其他工具。 **4**）手工修整砂轮时，具架的底面必须抵在导板或垫板架上；机动修整砂轮时，进给量应均匀平稳，人应站在砂轮的侧面。 **4** 机床有下列情况之一时，必须停车。 **1**）检查精度，测量尺寸，校对冲模剪口。			**1** 车床作业： **1**）**-4**）现场检查，符合要求。 **5**）**-6**）严格执行相关规定。 **2-3** 现场检查，符合要求。 **4** 严格执行相关规定。

续表

序号	强制性条文内容	执行情况		相关资料
		√	×	
29.1.2	2）加工件变动位置。 3）机床发出不正常响声或运转不正常。 4）操作人员离开作业岗位。			
29.1.3	钳工作业应符合下列规定： **1** 台虎钳的钳把不得用套管接长加力或用手锤敲打；所夹工件不得超过钳口最大行程的2/3。 **2** 使用钢锯时工件应夹紧，工件将锯断时，应用手或支架托住。 **3** 使用活动扳手时，扳口尺寸应与螺帽相符，不得在手柄上加套管使用。 **4** 在同一工件台两边凿、铲工件时，中间应设防护网。单面工作台应有一面靠墙。操作人员应戴防护眼镜。 **5** 两人在同一工件上进行刮研时，不得对面操作。 **6** 检查设备内部时，应使用行灯或手电筒照明，严禁用明火。检查容易倾倒的设备时，必须支撑牢固。检查机械零部件的接合面时，应将吊起的部分支撑牢固，手不得伸入接合面内。 **7** 工作结束应将设备内部工具、材料、零部件等杂物清理干净。 **8** 拆卸的设备零部件应放置稳固。装配时，严禁用手插入接合面或探摸螺孔。取放垫铁时，手指应放在垫铁的两侧。 **9** 在用链条葫芦吊起的部件下进行工作时，必须将手拉链扣在起重链上，并用支架将吊件垫稳。 **10** 使用钻床时，工件应夹（压）牢固，严禁手扶施钻。 **11** 冲压工件时，操作人员应戴防护眼镜。每冲完一次，脚必须离开踏板。 **12** 装带顶杆的模具时，必须调整好上、下挡铁，缓慢调试；进行压印校正时，其行程不得超过大行程的65%。 **13** 磁铁钻的电源线绝缘和保护接地应完好，漏电保护装置灵敏有效。操作时钻头和工件必须保持垂直，手柄不得加套管。严禁手直接接触铁屑。 **14** 磁力吸盘电钻的磁盘平面应平整、干净、无锈，进行侧钻或仰钻时，应采取防止失电后钻体坠落的保护措施。			现场检查，符合要求。
29.1.4	铆工作业应符合下列规定： **1** 从事铆接作业时，应穿戴必要的防护用品；铲除毛刺时，应戴防护眼镜；碎屑飞出方向不得有人。 **2** 滚动台两侧滚轮应保持水平，拼装体中心垂线与滚轮中心线夹角不得小于35°，工件转动时外缘的线速度不得超过3m/min。 **3** 在滚动台上拼装容器采用卷扬机牵引时，钢丝绳应沿容器底部表面引出，并应在相反方向设置安全绳。 **4** 风铲的风管接头、阀门等应完好，铲头有裂纹的严禁使用；操作中应及时清理毛刺，铲头前方不得站人；更换铲头时风			**1** 按照相关规定购买合格的防护用品，并且有检验报告，领用台账。 **2** 现场安全设施防护要求。 **3** 施工机械使用

续表

序号	强制性条文内容	执行情况		相关资料
		√	×	
29.1.4	枪口必须朝下；严禁操作人员面对风枪口。 **5** 铆钉枪、风铲不用时应关闭风门、取出弹子。提拿时枪口应朝下，严禁将枪口对着人。 **6** 使用大锤前应检查锤头、锤把、锤楔牢固可靠。锤把应用光滑木杆。 **7** 使用冲子冲孔时，对面不得有人，并应有防止冲子飞出伤人的措施。 **8** 工字钢、槽钢等型钢立放时，必须卡牢、支撑稳固。 **9** 组对容器、钢结构与电焊工协同作业时，应戴防护眼镜。组对时严禁把手放在对口处。 **10** 多人搬运或翻钢板时，应有专人指挥，步调应一致。 **11** 在容器内进行锤击时，应有保护耳膜的措施。 **12** 卷板展开时，拉伸索具必须牢靠。展开方向两侧及板上不得站人，严防松索或切板时回弹伤人。 **13** 使用平板机时，人员应站在两侧操作，钢板过长时应用托架式小车或吊车配合。板上不得站人。 **14** 组对H型钢，使用吊钩垂直起吊钢板时，人员应站在两端处，严禁在钢板未稳定加固前，敲击钢板铲除毛刺。 **15** 使用矫直机调直型钢时，应放稳卡牢，人员应站在滚轮架外侧，严禁站在型钢行进的前方。移动时，不得偏离滚轮架。大型H型钢或长形焊接构件应在地面翻好身后上机校正。 **16** 卷板时，人员应站在卷板机的两侧操作。钢板卷到尾端时，应留有足够裕量。卷大直径筒体应有吊具配合。 **17** 严禁跨越转动着的卷板机或平板机的滚筒，不得站在行走的钢板上或其正前方。 **18** 卷板对缝或用样板检查圆弧度时，必须在停机后进行。 **19** 圆管滚动时，应在滚动方向的前方设置限位装置。 **20** 用矫直机调直或弯制型钢，应放稳并卡牢。移动型钢时，手应放在外侧，顶具应焊有手柄。 **21** 使用剪板机时，钢板应放置平稳。剪板时，上剪片未复位时不得送料或将手伸入刀口下方。严禁剪切超过规定厚度的钢板，或剪切压不住的窄钢板。剪大块板材时，机后应加适当托架。剪板机后严禁人员逗留或通过。 **22** 刨边机的行走轨道不得有障碍物，清除刨屑必须停车。			前必须检查，施工用电符合要求。查检查记录表。 **4** 剪板机后严禁人员逗留或通过，有专人监护。 **5** 按照操作规程操作，不得有人员违章，不该去的地方严禁不去，查过程检查记录。 **6** 刨边机的行走轨道不得有障碍物，清除刨屑必须停车。其他区域垃圾、废材料清理及时。

施工单位：	总承包单位：	监理单位：	建设单位：
年 月 日	年 月 日	年 月 日	年 月 日

注：本表1式4份，由施工项目部填报留存1份，上报监理项目部1份，上报总承包项目部1份，上报建设单位1份。

30.调整试验及试运行一般规定

火力发电工程安全强制性条文实施指导大纲检查记录表

单位名称（项目部）：　　　　　　　　　编号：Q/CSEPC-AG-DL5009-4-030

标段名称			专业名称	
施工单位			项目经理	
序号	强制性条文内容	执行情况		相关资料
		√	×	
《电力建设安全工作规程　第1部分：火力发电》（DL 5009.1—2014） 30.1 调整试验及试运行一般规定				
30.1.1	工作场所应符合下列规定： **1** 调整试验及试运行区域应设警戒区，悬挂警示标识。 **2** 试运系统、设备应与正在施工、运行的系统、设备可靠隔离。 **3** 试运行区域的通道应保持畅通。 **4** 试运现场的井、坑、孔、洞、沟道、楼梯、平台等临边安全防护设施，应按本部分4.2.2的规定执行。工作中确需拆除盖板或围栏时，应装设牢固的临时遮栏，并设有明显警示标识。施工结束后，必须立即恢复原状。 **5** 高出地面或操作平台1.5m以上，且经常操作的阀门，应装有便于操作、牢固可靠的梯子或平台。 **6** 调整试验及试运行区域应按消防法规配备充足的消防器材和设施并定期检查和试验，保持完好状态。严禁将消防设施移作他用。 **7** 试运前应划定易燃易爆等危险区域，设置警示标识，设专人值班管理。 **8** 进入易燃易爆等危险区域不得携带无线通信设备，穿易产生静电的服装、穿带铁钉的鞋，不得使用铁制工具，严禁将火种带入危险区域。 **9** 严禁在工作场所存储易燃易爆物品。试运期间所需小量的润滑油和日常使用的油壶、油枪，应存放在指定储藏室内。 **10** 试运系统的保温工作应全部结束。 **11** 试运期间必要场所应配备急救箱，并指定专人对医用器械、药品、医用材料经常检查、补充或更换。 **12** 调整试验及试运行的安全技术措施应 完备，专业工器具和劳动防护用品应配备齐全。 **13** 主控室、配电室、危险区域应设专人值			**1** 调整试验及试运行区域设警戒区，并悬挂有警示标识。 **2** 隔离可靠。 **3** 试运行区域的通道畅通。 **4** 按本部分4.2.2的规定执行，并符合要求。 **5** 高出地面或操作平台1.5m以上，且经常操作的阀门，装有便于操作、牢固可靠的平台。 **6** 消防器材和设施符合要求。 **7** 设有警示标识及专人值班管理。 **8** 现场检查符合要求。 **9** 现场检查符合要求。 **10** 系统的保温工作全部结束后试运。 **11** 急救箱符合要求。 **12** 查资料，现场检查符合要求。 **13** 现场检查，符合要求。 **14** 现场检查符合要求。

续表

序号	强制性条文内容	执行情况		相关资料
		√	×	
30.1.1	班，未经授权的人员不得进入。 **14** 试运行前应确认各密闭容器、设备、系统内部清洁无杂物，人员已全部撤出，封闭合格。			
30.1.2	工作人员与个人防护应符合下列规定： **1** 试运相关人员应经安全教育培训，考试合格后方可上岗。 **2** 参加调试人员应取得试运相关专业的资格证书。 **3** 参加试运的人员应具备必要的安全救护知识，掌握紧急救护方法。 **4** 使用易燃、易爆及有毒物品的人员，应熟悉有关规程及应急处理常识。 **5** 使用化学药剂的人员应熟悉相关安全注意事项并做好防护措施。 **6** 在有毒、有害和腐蚀性系统附近工作时，应有防止人员受伤和中毒的遮挡或隔离措施。 **7** 调整试运人员应穿着合格的工作服，并应系好衣扣和领口。			**1** 试运相关人员均安全教育培训，考试合格后上岗。 **2** 调试人员进场前已报审试运相关专业的资格证书。 **3** 现场检查符合要求。 **4** 咨询检查符合要求。 **5** 现场检查符合要求。 **6** 现场检查符合要求。 **7** 调整试运人员穿着合格的工作服，并系好衣扣和领口。
30.1.3	试运及设备维护应符合下列规定： **1** 进入试运区域进行设备安装、检修、消缺均应办理工作票，工作结束后应及时销票。严禁擅自操作试运范围内的设备及系统。 **2** 设备的转动部分应装设防护罩或其他 防护装置（如栅栏），露出的轴端必须设有护盖。 **3** 转动设备试运过程中或未切断电源时，严禁取下设备的防护设施。 **4** 严禁对运行设备的旋转、移动部分进行清扫、擦拭或润滑。擦拭设备的固定部分时，不得将抹布缠在手上。 **5** 严禁在栏杆、防护罩或运行设备的轴承上坐、立或行走。 **6** 检修、消缺作业时应有防烫伤措施，严禁在设备安全附件、高温高压介质排放口、高温高压阀门法兰附近长时间停留。 **7** 设备运行异常或可能危及人身安全时，应立即停止设备运行，及时汇报，并做好隔离措施。 **8** 在运行的压力管道上进行检修、消缺作业时，应有可靠的安全专项措施。 **9** 氢气管道、阀门、设备发生冻结时，应			**1** 按工作票制度执行。 **2** 现场检查防护设施符合要求。 **3** 现场检查设施符合要求。 **4** 符合要求。 **5** 现场检查符合要求。 **6** 符合要求； **7** 设备运行异常或可能危及人身安全时，立即停止设备运行，及时汇报，并做好隔离措施。 **8** 在运行的压力管道上进行检修、消缺作业时，有可靠的安全专项措施。 **9** 现场检查，符合要求。 **10** 承压部件检查、消缺符合要求。 **11** 试运行及维护符合要求。

续表

序号	强制性条文内容	执行情况		相关资料
		√	×	
30.1.3	用蒸汽或热水解冻，严禁火烤。 **10** 进行停运后的承压部件检查、消缺时： **1）** 作业前应先将蒸汽、给水、排污、疏水、加药等母管与运行系统有效隔离，电动阀门的电源应切断，手动阀门挂“禁止操作”警示牌。 **2）** 管道上的排空门应打开，管道内的积水应放净，压力表指示为零。 **3）** 经检查、确认隔离条件符合要求后方可作业。 **11** 转动机械试运行及维护时： **1）** 启动时，除运行操作人员外，其他人员应远离，并站在转动机械的轴向位置。 **2）** 开始检修工作前，应确认已采取防止转动的措施。 **3）** 检修完毕后，防护装置未恢复前严禁启动。			
30.1.4	技术措施及试运应符合下列规定： **1** 调整试验及试运行前，调试方案应经审批。调试方案中应有可靠的安全技术措施。 **2** 调整试验及试运行前应对参加试运人员进行安全技术交底，交底人和被交底人应签字。 **3** 试运前应对单机、分系统和整套启动试运条件进行检查确认。 **4** 保护逻辑和定值应经审批后执行。设备运行时，保护、联锁装置应全部投入。退出时，应严格执行审批制度。 **5** 整套试运前，应确认消防系统已正式投运，备用和保安电源运行正常，防火工程施工完毕、无尾工。 **6** 进入整套试运阶段，电梯经检定合格，正常投入使用。 **7** 机组带负荷试运前，应对发电机、变压器电气保护的交流回路进行检查，严禁电流回路开路、电压回路短路。 **8** 对介质为易燃易爆、有毒的设备、管道、系统进行不活泼气体置换时，应制定防止爆炸的专项安全技术措施。 **9** 调整试验及试运时应配备充足的通信器材，保持通信畅通。 **10** 转动设备启动前，应检查：			**1** 调整试验及试运行前，调试方案经审批生效。调试方案中有可靠的安全技术措施。 **2** 检查资料符合要求。 **3** 按要求执行，并符合要求。 **4** 按要求执行，并符合要求。 **5** 现场检查确认消防系统符合要求。 **6** 查资料、查现场符合要求。 **7** 查检查记录符合要求。 **8** 查资料符合要求。 **9** 现场检查符合要求。 **10** 查检查记录符合要求。 **11** 按要求执行。

续表

序号	强制性条文内容	执行情况		相关资料
		√	×	
30.1.4	**1**）联轴器螺栓安装齐全、紧固。 **2**）转动部位的防护设施齐全，安装牢固。 **3**）地脚螺栓及机体各部位连接螺栓应齐全、紧固。 **11** 试运过程中，发生异常或危及人身、设备安全情况时应立即停止试运。			

施工单位：	总承包单位：	监理单位：	建设单位：
年 月 日	年 月 日	年 月 日	年 月 日

注：本表1式4份，由施工项目部填报留存1份，上报监理项目部1份，上报总承包项目部1份，上报建设单位1份。

31.锅炉专业

火力发电工程安全强制性条文实施指导大纲检查记录表

单位名称（项目部）：　　　　　　　　　　编号：Q/CSEPC-AG-DL5009-4-031

<table>
<tr><td colspan="2">标段名称</td><td></td><td>专业名称</td><td colspan="2"></td></tr>
<tr><td colspan="2">施工单位</td><td></td><td>项目经理</td><td colspan="2"></td></tr>
<tr><td rowspan="2">序号</td><td colspan="2" rowspan="2">强制性条文内容</td><td colspan="2">执行情况</td><td rowspan="2">相关资料</td></tr>
<tr><td>√</td><td>×</td></tr>
<tr><td colspan="6">《电力建设安全工作规程　第1部分：火力发电》（DL 5009.1—2014）
31.1 锅炉专业</td></tr>
<tr><td>31.1.1</td><td colspan="2">通用规定：
1 燃油系统、制粉系统、输煤系统各区域应有可靠、适用的消防设施。
2 锅炉启停过程中，应严格控制汽温、汽压变化速率。
3 锅炉在启动中应防止炉膛出口烟温超过规定值。
4 给煤机在运行中发生卡、堵时，严禁用手直接清理。
5 蒸汽吹管时，汽轮机盘车及真空系统应具备投运条件。条件不具备时，应有防止蒸汽进入汽轮机的隔离措施。
6 试运过程中应对飞灰可燃物进行监测，飞灰可燃物含量超出正常水平时，应采取防爆燃措施。</td><td></td><td></td><td>1 现场检查消防设施符合要求，检查日常巡检记录。
2 检查日常运行记录表。
3 不超过规定值，符合要求。
4 现场检查，检查热力机械工作票。
5 查资料现场检查符合要求。
6 现场监测符合要求。</td></tr>
<tr><td>31.1.2</td><td colspan="2">锅炉本体及系统调试应符合下列规定：
1 锅炉冷态通风及炉内空气动力场试验进行吹扫前，应通知参加试验人员避开风口。
2 锅炉上水后应标定汽包就地水位计零位，并与操作员站水位进行核对。
3 冲洗汽包、汽水分离器水位计时，工作人员操作水位计阀应站在侧面。开、关阀门时，应缓慢小心，并选择好躲避路线。
4 锅炉点火启动过程中应监视本体热膨胀情况，发现膨胀异常，应停止升温升压，采取消除措施。
5 开启锅炉看火门、检查孔及灰渣门时，应在炉膛负压工况下缓慢小心地进行，作业人员应站在门、孔侧面，并选好躲避路线。</td><td></td><td></td><td>1 现场检符合要求，检查热力机械工作票。
2 不涉及。
3 检查热力机械工作票。
4 现场检查，检查膨胀记录表。
5 检查热力机械工作票，现场检查符合要求。</td></tr>
</table>

序号	强制性条文内容	执行情况		相关资料
		√	×	
31.1.2	**6** 观察锅炉炉膛内燃烧情况时，应戴防护眼镜。严禁站在看火孔、检查门正对面观察。			**6** 现场检查符合要求。
	7 作业人员应避免在循环流化床等正压锅炉的人孔门及与炉膛连接的膨胀节处长时间停留。			**7** 现场检查符合要求。
	8 安全阀整定： 1）安全阀校验时应制定专项安全技术措施，现场应有专人负责统一指挥。参加安全阀校验的工作人员应熟悉设备系统及阀门特性、技术要求、安全阀校验措施的具体步骤。 2）电动释放阀起跳后不回座时，必须立即关闭隔离门，采取降压措施，确认无泄漏后方可处理。 3）安全阀调整期间严禁靠近主安全阀。 4）锅炉安全阀校验和蒸汽严密性试验时，向空排汽阀或压力控制阀（PCV）应操作灵活，并置于手动操作位置。			**8** 检查施工方案，检查交底记录，检查热力机械工作票，现场检查。 1）检查施工方案，检查交底记录。 2）现场检查符合要求。 3）现场检查符合要求。 4）现场检查符合要求。
	9 锅炉蒸汽严密性试验时的全炉检查，应两人及以上共同进行。			**9** 检查热力机械工作票，现场检查。
	10 当炉膛已经灭火或已局部灭火并濒临全部灭火时，严禁投运助燃油枪。当锅炉灭火时应立即停止燃料供给（含煤、油、燃气、制粉乏气风），重新点火前应对炉膛进行充分通风吹扫。			**10** 检查日常巡检记录，检查日常运行记录，检查热力机械工作票。
	11 锅炉首次升温升压过程中热紧螺栓时，应由专业人员用标准扳手操作，严禁接长扳手的手柄。操作人员应处在躲避可能有汽或水泄出的位置。			**11** 检查热力机械工作票，现场检查。
	12 除焦时，工作人员应穿着防烫伤工作服、工作鞋，戴防烫伤面罩、手套，使用专用工具。			**12** 现场检查符合要求，检查施工记录，检查热力机械工作票。
	13 进入停运的炉膛内部、设备内部、保温罩壳、烟风系统、煤粉系统等工作时： 1）应按照操作规程降低设备或系统的温度，严禁急速降温。 2）与工作部位相连的系统应可靠地隔断。 3）设备壁温降至50℃以下方可打开孔门。 4）开启孔门时，作业人员不得站在孔门的正面，应有人监护。 5）设备、系统内部温度降至40℃以			**13** 现场检查符合要求，检查日常运行记录，检查热力机械工作票。 1）检查日常运行记录。 2）检查日常运行记录，检查热力机械工作票。 3）现场检查符合要求。 4）现场检查符合要求。 5）现场检查符合要求，检查热力机械工作票。 6）现场检查符合要求，检

续表

序号	强制性条文内容	执行情况		相关资料
		√	×	
31.1.2	下且经确认无安全威胁时，工作人员方可入内。工作时外部应设专人监护，并保持设备、系统内通风良好。 **6**）在内部工作时，照明应采用安全电压。使用电动工器具时，应有专项安全技术措施。 **7**）汽包人孔门开启前，应采取卸压、降温措施，待内部压力为零后，缓慢松开人孔门锁紧螺母，待验证内部无剩余热蒸汽后，方可打开人孔门。 **8**）进入汽包内作业，汽包内部的管孔应盖好，作业人员离开汽包时人孔门应加网状封板。 **9**）作业完毕后，应清点人数和工器具、材料，确认无误方可封闭。 **14** 吹管系统及固定支架应由有资质的设计单位设计，并验收合格。 **15** 吹管排汽口应加装消音器，工作人员应佩戴耳塞。 **16** 吹管管道应采取保温措施，严禁使用易燃材料。吹管管道及消音器周围不得存放易燃易爆材料。 **17** 吹管消音器周围应加装防护围挡，排汽口不得对着设备或建筑物。排汽口和所有临时管应设警戒线，并悬挂“严禁入内”“禁止通行”“小心烫伤”等警示牌，并设专人巡护。 **18** 吹管前应发布公告，施工现场工作人员应做好防护，不得在吹管排汽影响范围内进行高处作业。 **19** 吹管时现场应有可靠的防火措施。 **20** 锅炉蒸汽吹管拆装靶板。 **1**）拆装靶板前，应与当值人员联系，确认吹管临时门关闭并切断电源，关闭临时门的旁路门。 **2**）再次开启临时门时，应确认靶板更换人员已经离开。 **21** 预吹管前，应充分暖管疏水。吹管过程中，应严格控制汽包的饱和温度下降小于42℃。 **22** 采用二阶段工艺吹管时，再热器入口应加堵板。			查热力机械工作票。 **7**）现场检查，符合要求。 **8**）现场检查，符合要求。 **9**）现场检查符合要求，检查日常运行记录。 **14** 检查资质报审表，检查验收记录表。 **15** 现场检查符合要求。 **16** 检查施工方案，检查交底记录，现场检查符合要求。 **17** 现场检查验收合格，符合要求。 **18** 现场检查符合要求，检查日常巡检记录。 **19** 检查动火作业票，现场检查符合要求。 **20** 检查施工方案，检查交底记录。 **1**）检查热力机械工作票，检查日常运行记录。 **2**）检查现场符合要求，检查热力机械票。 **21** 现场检查符合要求。 **22** 检查热力机械工作票，现场检查符合要求。

续表

序号	强制性条文内容	执行情况		相关资料
		√	×	
31.1.2	**23** 煮炉碱液的配制与添加。 **1**）碱液箱应做严密性试验。 **2**）碱液箱应加盖并放在安全可靠处。 **3**）配制碱液应在安全可靠的地点进行，加水、加碱应缓慢进行。 **4**）确认炉内无压力后方可向炉内注入碱液。			**23** 检查施工方案，检查交底记录。 **1**）现场检查符合要求。 **2**）现场检查符合要求。 **3**）现场检查符合要求。 **4**）现场检查，符合要求。
31.1.3	锅炉附属机械及辅助设备试运应符合下列规定： **1** 空气滤清器以及其他零件的清洗应按本部分4.7.2中第2款规定执行。 **2** 空气预热器的消防系统和水冲洗系统在锅炉启动前应具备投入条件，火灾报警装置应完整可靠。 **3** 空气预热器试运前应将内部杂物清理干净，并进行转子蓄热元件通透性专项检查。 **4** 回转式空气预热器在锅炉启动、低负荷、煤油混烧、烟气侧压差增加等工况下，应连续吹灰。停炉期间应检查积油、积灰情况，并加大锅炉通风量进行专门吹扫。 **5** 采用等离子及微油点火方式启动的锅炉，应加强尾部受热面、空气预热器吹扫。 **6** 轴流风机不得在喘振工作区运行。 **7** 磨煤机运行及停运后应密切监视磨出口温度，温度过高时可投入磨煤机消防蒸汽。 **8** 制粉系统停止运行后，应对输粉管道进行充分的通风冷却和吹扫。磨煤机紧急停运后，应有防止积粉自燃的措施。 **9** 配置正压直吹式制粉系统的锅炉，一次风机试运时，应先启动密封风机对各点进行密封。 **10** 储仓式制粉系统，应定期降粉，长期停炉前粉仓应空仓。 **11** 发现制粉系统温度异常升高或确认系统内有自燃现象时，应及时投运灭火系统。 **12** 当制粉系统截断门未关闭时，严禁打开检查门。 **13** 进入煤粉仓作业前，应放空仓内煤粉，检查仓内一氧化碳等有毒有害气体浓度及含氧量，确认具备条件后方可进入，必要时应进行活物试验，严禁给人供纯氧。			**1** 现场检查，符合要求。 **2** 检查施工记录，现场检查符合要求。 **3** 现场检查，符合要求。 **4** 检查施工方案，检查交底记录，现场检查符合要求。 **5** 现场检查，符合要求。 **6** 现场检查，符合要求。 **7** 现场检查，符合要求。 **8** 严格执行相关规定。 **9-13** 现场考察，符合要求。

续表

序号	强制性条文内容	执行情况		相关资料
		√	×	
31.1.4	输料、除灰、除渣试运应符合下列规定： **1** 燃油、燃气系统进介质前： **1）**接地电阻和防静电装置应安装、验收合格。 **2）**燃油、燃气系统严密性试验合格。 **3）**燃气系统应用惰性或其他不活泼气体置换合格。 **4）**系统设计有化学防腐保护时，保护系统应按设计施工完毕，运行正常。 **2** 带式输送机不宜带载启动。带式输送机启动前应确认输送带及周边无人。 **3** 非紧急状况下，严禁触碰带式输送机紧急停止保护。 **4** 通过带式输送机应走人行过桥，严禁跨越带式输送机或在带式输送机上行走。 **5** 严禁在运行的皮带上传递工具、材料。 **6** 带式输送机运行时，严禁人工清理皮带滚筒上的粘煤和其他物料。 **7** 人工清理落煤管堵煤时，工具应置于身体的侧面，不得用身体顶着工具工作。 **8** 人工清理灰斗堵灰时，作业人员不得站在灰管开口的正对面。 **9** 严禁在运行中的桥式起重机抓斗下停留、通行。 **10** 进入石灰石输送走廊应佩戴口罩、护目镜。 **11** 检修捞渣机、斗轮提升机等链条式输送机械时，不得将手伸入链条与链轮之间。			**1** 检查施工方案，检查交底记录，检查日常运行记录。 **1）**现场检查符合要求，检查施工验收记录。 **2）**现场检查符合要求，检查施工验收记录。 **3）**现场检查符合要求。 **4）**现场检查符合要求。 **2** 现场检查符合要求，检查日常巡检记录。 **3** 现场检查符合要求。 **4** 现场检查符合要求。 **5** 现场检查符合要求。 **6** 检查热力机械工作票，现场检查符合要求。 **7** 检查热力机械工作票，现场检查符合要求。 **8** 检查热力机械工作票，现场检查符合要求。 **9** 检查热力机械工作票，现场检查符合要求。 **10** 现场检查符合要求。 **11** 检查热力机械工作票，现场检查符合要求。
31.1.5	除尘系统试运应符合下列规定： **1** 除尘器运行时严禁打开人孔门。 **2** 除尘器投入运行期间应监视灰斗灰位，当灰位超过高位报警值时，应立即采取降低灰位的措施。 **3** 锅炉点火时，除尘器应连续排灰，严禁灰斗存灰。 **4** 灰斗加热测温装置应远离进风口、排灰孔、人孔。 **5** 布袋除尘器应严格控制入口烟气温度。			**1** 现场监督检查，除运行时严禁打开人孔门。 **2** 查运行记录，符合要求。 **3** 现场检查记录，符合要求。 **4** 现场检查，符合要求。 **5** 查运行记录，符合要求。
31.1.6	脱硫系统试运应符合下列规定： **1** 作业人员进入脱硫系统增压风机、烟气换热器、脱硫塔、烟道前，应充分通风换气、			**1** 现场监督检查，符合要求。

续表

序号	强制性条文内容	执行情况		相关资料
		√	×	
31.1.6	排水，严禁进入空气不流通的作业场所进行工作。 **2** 脱硫系统运行时，严禁关闭出入口烟道挡板门，严禁停止增压风机、氧化风机、浆液循环泵、烟气换热器等设备的运行。 **3** 进行脱硫塔检修前，必须将脱硫塔内浆液、塔内高处有可能坠落的结垢体及腐蚀物全部清除。 **4** 所有衬胶、涂磷的防腐设备上（脱硫塔、球磨机、衬胶泵、烟道、箱罐、管道等），不得进行明火作业。确需进行作业时，应有防止火灾的专项安全技术措施。 **5** 石灰石浆液和石膏排除系统停止运行时，应严格执行顺控程序操作，尽快排放石灰石、石膏管道和容器中的浆液，并用工艺水冲洗干净。 **6** 冬季寒冷地区，停止脱硫系统运行后，必须将管道内液体及时排放干净。 **7** 吸收塔内进行动火作业时应办理工作票，同时除雾器冲洗水系统必须处于可靠备用状态。 **8** 除雾器严禁站人或堆放物料。 **9** 石灰石制浆系统斗提机运行时，严禁打开手孔进行检查。 **10** 石灰石卸料机在运行时，严禁打开手孔，伸手检查卸料机内部叶轮。			**2** 现场检查查运行记录，符合要求。 **3** 现场监督检查，符合要求。 **4** 查动火作业票，查消防器材，查监护人，符合要求。 **5** 查运行记录，符合要求。 **6** 现场检查，符合要求。 **7** 查动火作业票，查消防器材，查监护人，符合要求。 **8** 现场检查，符合要求。 **9** 现场检查，符合要求。 **10** 现场检查，符合要求。
31.1.7	脱硝系统试运应符合下列规定： **1** 脱硝剂添加作业时应佩戴防毒面具，室内通风良好，并应专人监护。 **2** 脱硝剂储存、制备区应设“严禁烟火”等明显警示标识，区内应保持清洁，不得搭建临时建筑。 **3** 脱硝装置区、脱硝剂制备区应配置氨气探测器，并在高处明显部位安装风向指示装置。 **4** 氨区卸氨时，应有专人就地检查，发现跑、冒、漏立即进行处理。严禁在雷雨天进行卸氨工作。 **5** 脱硝系统发生脱硝剂泄漏时应及时切断脱硝剂的供给，并对泄漏点用水喷淋。 **6** 氨气泄漏时，应立即组织人员撤离至安全区域，并采取阻止氨气继续泄漏的措施。 **7** 氨系统首次充氨时： 1）氨区电气设备、防爆设施、跨接线			**1** 现场检查符合要求。 **2** 检查动火作业票，现场检查符合要求。 **3** 现场检查符合要求。 **4** 现场检查符合要求，检查日常巡检记录。 **5** 现场检查符合要求，检查日常巡检记录，检查日常运行记录。 **6** 现场检查符合要求，检查措施记录。 **7** 检查施工方案，检查交底

续表

序号	强制性条文内容	执行情况		相关资料
		√	×	
31.1.7	完整、可靠。 2）系统气密性试验合格。液氨储存罐的喷淋冷却系统应试验合格具备投入使用条件。 3）系统氮气置换完成，检测氮气浓度符合要求后方可充氨。 4）氨系统氮气置换时，应告知施工区域内作业人员暂停作业。 **8** 氨系统设备运行时，不得敲击或带压检修，不得超压；严禁使用明火检漏。 **9** 脱硝系统在启动前和停运后，应对液氨卸料、储存、蒸发和输送等设备、容器和管道进行氮气吹扫。 **10** 脱硝还原剂制备区开关阀门的扳手和检修使用的工具应为铜制工具。进入脱硝还原剂制备区作业应使用防爆手电筒、防爆照明设备和防爆风机。 **11** 锅炉运行中，下列情况应停止喷氨。 1）SCR进口烟气温度超出322～420℃范围。 2）SCR反应器没有烟气流过。 **12** 在脱硝系统的运行过程中，当残氨量超标时应减小喷氨量或停止脱硝。			记录，现场检查符合要求。 1）现场检查符合要求。 2）现场检查符合要求，检查实体记录。 3）现场实体检查，符合要求。 4）现场检查合格，符合要求。 **8** 现场检查符合要求。 **9** 检查施工方案，检查交底记录，现场检查符合要求。 **10** 检查动火作业票，检查施工用具登记表。 **11** 检查日常运行记录表。 1）检查日常巡检记录表，检查日常运行记录表。 2）检查日常巡检记录表，检查日常运行记录表。 **12** 检查施工方案，检查交底记录，检查施工现场符合要求。

施工单位：	总承包单位：	监理单位：	建设单位：
年 月 日	年 月 日	年 月 日	年 月 日

注：本表1式4份，由施工项目部填报留存1份，上报监理项目部1份，上报总承包项目部1份，上报建设单位1份。

32.汽机专业

火力发电工程安全强制性条文实施指导大纲检查记录表

单位名称（项目部）：　　　　　　　　　　编号：Q/CSEPC-AG-DL5009-4-032

标段名称			专业名称		
施工单位			项目经理		
序号	强制性条文内容	执行情况		相关资料	
		√	×		
《电力建设安全工作规程　第1部分：火力发电》（DL 5009.1—2014） 32.1 汽机专业					
32.1.1	通用规定： **1** 汽轮机各疏水出口处应有必要的保护遮盖装置。 **2** 油系统注油或氢系统投氢后，应划定危险区并挂“严禁烟火”的警示牌。 **3** 燃机电厂燃气区域应设置栅栏或隔断，栅栏门关闭上锁，并悬挂“未经许可，不得进入”“禁止烟火”等明显的警示牌和相应的燃气区域安全管理制度，入口处应装设静电释放器。 **4** 燃气区内应配备足够的消防器材，并按时检查和试验。严禁将燃气系统的消防设施、安全标志移做他用。 **5** 燃气区域应制定出入制度，进出燃气区域应登记，不得携带非防爆型工器具、火种及无线通信设备，并去除人体静电，严禁穿带有铁钉的鞋子和容易产生静电火花的服装。 **6** 应有燃气泄漏、火灾与爆炸、人员窒息等专项应急预案，并定期组织预案演练、评价。			**1** 疏水出口按照图纸安装遮盖装置。 **2** 油系统注油后，划定危险区，挂牌警示。 **3** 燃气区域设置栏杆，有效隔离，并挂明显警示牌。 **4** 燃气区内配备足够的消防器材。 **5** 燃气区域按照规定进出，并对随身物品进行登记。 **6** 燃气泄漏、火灾与爆炸、人员窒息等专项应急预案，定期组织预案演练、评价。	
32.1.2	汽轮发电机组试运应符合下列规定： **1** 机组启动前应严格按汽轮机运行规程要求，检查汽轮机各项启动条件，确认主机各重要参数显示正确。 **2** 机组启动、运行、停机过程中应严格控制轴封蒸汽温度。机组停机后，凝汽器（排汽装置）真空到零，方可停止轴封供汽。 **3** 机组启动前转子连续盘车时间及转子晃动值应符合制造厂相关要求。			**1** 机组启动前，按照运行方案，进行先决条件盘点。 **2** 机组启动、运行、停机过程中严格控制轴封蒸汽温度。符合要求。 **3** 机组启动前转子符合相关规定。 **4** 转子惰走停止后立即投入	

续表

序号	强制性条文内容	执行情况		相关资料
		√	×	
32.1.2	**4** 转子惰走停止后应立即投入盘车。当发生严重动静摩擦不能投入连续盘车时，应做好转子停止盘车时的位置标记和时间记录，关闭汽缸所有疏水，控制上、下缸温差，监视转子弯曲度，定期手动盘车180°，确认摩擦消除后可投入连续盘车。严禁强行盘车。 **5** 汽轮机辅助油泵及其启动装置应进行定期试验。机组启动前应进行辅助油泵全容量启动、联锁试验，辅助油泵应处于联锁状态。汽轮发电机组冲转前检查油压、油温应正常，就地检查各瓦回油量正常。停机前应进行辅助油泵启动试验。 **6** 润滑油系统的冷油器、油泵、滤网等切换操作，应办理操作票。切换操作前应排尽投入设备内的空气，操作中应严密监视润滑油压变化，不得断油。 **7** 直流润滑油泵电源熔断器配置应合理。交流润滑油泵电源接触器低电压延时释放功能及自投装置应可靠投入。 **8** 除发电机故障和机组甩负荷试验外，严禁带负荷与系统解列。 **9** 机组运行中失去有效的转速监视手段时，应立即停止运行。 **10** 汽轮机阀门严密性试验不合格时，严禁进行超速试验。 **11** 进行汽轮机转子动平衡时： **1）**工作应统一指挥。 **2）**工作场所周围应设置警戒区。 **3）**平衡块应安装牢固。 **4）**在拆装平衡块时，应确认主汽门已关闭。盘车装置应在脱开位置，切断电源，在盘车装置控制柜上悬挂“有人工作，禁止合闸”警示牌。应有防止拆卸工具和平衡块落下或掉入设备内的措施。 **12** 汽轮机甩负荷试验。 **1）**试验前应确认调节系统静态特性符合要求。 **2）**保安系统动作可靠，危急保安器超速试验合格，手动停机装置动作正常。 **3）**主汽阀和调节汽阀严密性试验合格，主汽阀、调节汽阀及抽汽逆止门关闭时间符合要求，阀杆无卡			盘车。当发生严重动静摩擦不能投入连续盘车时，按要求做好位置标记和时间记录，符合要求。 **5** 汽轮机辅助油泵及其启动装置进行定期试验。机组启动前进行辅助油泵全容量启动、联锁试验，辅助油泵处于联锁状态。符合要求。 **6** 润滑油系统的冷油器、油泵、滤网等切换操作，办理操作票。符合要求。 **7** 直流润滑油泵电源熔断器配置合理。交流润滑油泵电源接触器低电压延时释放功能符合要求。 **8-11** 现场检查符合要求。 **12** 汽轮机甩负荷试验严格按程序运行，符合要求。

续表

序号	强制性条文内容	执行情况		相关资料
		√	×	
32.1.2	涩。 4）保安电源、柴油发电机自动投入功能正常。不间断电源可靠、正常。厂用电系统切换正常、可靠。直流电源系统正常、可靠。 5）润滑油系统动态切换试验正常，联锁开关置自动联锁位置。 6）甩负荷试验过程中，应设专人监视现场转速表转速。 7）汽轮机旁路系统应充分疏水。 8）机组甩负荷试验，转速飞升至超速保护动作值时，应立即打闸停机，若转速继续上升，则应立即停炉，降低蒸汽压力，破坏真空紧急停机。			
32.1.3	燃气轮机组试运应符合下列规定： **1** 试运前轮机间、扩压间、燃气模块仓门应关闭，严禁进入；燃气轮机各冷却、通风风机应正常投入。燃机间等高温区域不得残留任何可燃物。 **2** 启动时，危险气体检测系统应投用并工作正常，故障时严禁启动。首次启动时，运行人员应手持天然气检测仪对天然气小室以及透平间进行天然气浓度检测。危险气体浓度高报警时，严禁启动机组。 **3** 燃气轮机停机后，各风机应按程序停用，不得强制启动燃机间冷却风机或打开仓门。 **4** 轮机间发生火灾时，机组应立即停机。CO_2喷射灭火期间，应确认燃气轮机相关风机停用，必要时应强制停用风机，严禁打开燃机间和扩压间仓门。 **5** 机组运行的各个阶段应检查进口可调导叶能按照逻辑设定正确调节开度，无卡涩，若发现开度异常，应根据情况立即暂停启停操作。机组启动时，若发现防喘阀无法正常开启，应立即停机处理。 **6** 试运期间，应监视各级排气温度；应制定防止燃烧室发生燃烧故障、烧毁燃烧筒的有效措施。 **7** 机组启、停盘车时间应符合制造厂技术文件要求。进入盘车状态后，不应随意打开轮机间仓门；冷却风机应按照正常程序停用，不得手动启动轮机间冷却风机进行冷却。不得过早改为高速盘车对机组进行冷却。			**1** 现场检查，并执行相关规定，符合要求。 **2-6** 严格执行相关规定。 **7** 查资料，查现场，执行相关规定。

续表

序号	强制性条文内容	执行情况		相关资料
		√	×	
32.1.3	**8** 机组启动过程阀门泄漏试验、清吹程序应能按制造厂程序自动执行，燃机点火失败时，检查燃料排放应正常。点火失败原因未查明，严禁点火启动。 **9** 启、停过程中，泄漏试验应符合制造厂要求。停机后燃料控制阀应自动关闭，排放阀应正常打开，如有异常应关闭燃料手动隔离阀。 **10** 启动前应检查燃机进气滤网，检查过程应有人监护，滤网脱落或松动时，严禁启动机组。 **11** 燃油、燃气管道清洗、吹扫、油循环时应制定专项施工方案，应有防止吹扫介质、系统燃油或燃气进入燃烧室的措施。油循环时，应监视燃机温度低于油的燃点。 **12** 发现燃气存在泄漏时应做好以下工作： **1**）启用防爆型应急通风设施和装备。 **2**）停止附近的非防爆型设备或电气开关的操作。 **3**）停止可能产生火花的作业。 **4**）应用可燃气体检测仪或肥皂水检查泄漏点，禁止明火查漏。 **5**）根据燃气渗漏程度确定警戒区，并设立警示标志。 **6**）如遇大量高压气体泄漏，应立即隔离气源，消除着火源，同时安排周围人员迅速撤离疏散至安全区域。			**8-10** 严格执行相关规定。 **11** 现场检查，符合要求。 **12** 现场检查，符合要求。
32.1.4	附属设备及辅助系统应符合下列规定： **1** 蒸汽管道及高温水管道投入前应充分暖管。 **2** 凝汽器内工作时，应有专人在外面监护。工作完毕后，应确认无人和工具留在凝汽器内，方可关闭人孔门。 **3** 循环水系统试运： **1**）循环水系统冲水时，应待系统空气放尽后方可关闭凝汽器水侧空气门。 **2**）循环水泵首次启动出口电动蝶阀宜采取手动控制。 **3**）进水口的旋转滤网两侧应装防护罩。进入防护罩内进行人工清理时，应停止滤网运行，切断电源，挂上“有人工作，禁止合闸”警示牌，应至少两人同时进行工作，外部应设专人监护。			**1** 蒸汽管道及高温水管道投入前充分暖管。 **2** 凝汽器内工作时，有专人在外面监护。符合要求。 **3** 循环水系统试运： **1**）循环水系统冲水时，待系统空气放尽后可关闭凝汽器水侧空气门。 **2**）循环水泵首次启动出口电动蝶阀采取手动控制。 **3**）进水口的旋转滤网两侧装防护罩。符合要求，并设有专人监护。 **4**）在运行中的水池内工作时，符合要求。

续表

序号	强制性条文内容	执行情况		相关资料
		√	×	
32.1.4	**4**）在运行中的水池内工作时，严禁靠近循环水泵的进水管口。 **5**）严禁进入运行中的水沟内工作。 **6**）冬季清除水塔进风口和水池的积冰时，应至少两人同时工作，照明应良好并有防滑跌摔倒的措施。 **4** 给水泵汽轮机充油试验及机械超速保护试验应符合制造厂的要求。 **5** 汽轮机润滑油系统试运： **1**）机组试运期间应对油系统渗漏情况定期检查，机组油系统设备或管道发生漏油应停机处理。 **2**）事故排油阀应悬挂“禁止操作”警示牌，事故放油阀设有一、二次阀时，一次阀应置于常开位置，二次阀手轮应加玻璃罩，严禁加锁。 **3**）润滑油、密封油系统投运时，主油箱上的排烟风机应投入运行，应定期检查油管和主油箱中的含氢量。当含氢量大于1%时，应查明原因并及时消除。 **4**）汽轮机油系统附近明火作业时，应办理动火工作票，设专人监护并配备必要的消防设施。 **6** 密封油系统试运期间，当发电机氢系统无氢压时，应监视消泡箱油位，并确认消泡箱高液位报警信号正确。 **7** 抗燃油系统检修时，应穿着防护衣并戴防护手套，工作后应对人体裸露部分进行冲洗。 **8** 发电机氢系统试运： **1**）系统充氢气前氢系统严密性试验合格。 **2**）氢冷发电机的氢气置换操作，应使用规定的惰性气体，按操作规程进行置换。在置换过程中，各种气体取样及化验结果应按相关规定执行。 **3**）严禁在投氢或置换时向室内排放氢气或二氧化碳。 **4**）发电机氢冷系统的氢气纯度、湿度等在线检测仪表应投入正常并定期校正。 **5**）系统充氢后，在制氢室、储氢罐、氢冷发电机以及氢气管路近旁进行焊接、切割等明火作业时，应事先			**5**）现场勘查符合要求。 **6**）冬季清除水塔进风口和水池的积冰时，符合要求，并做好防滑跌摔倒措施。 **4** 给水泵汽轮机充油试验及机械超速保护试验符合制造厂的要求。 **5** 汽轮机润滑油系统试运严格按程序运行，符合要求。 **6-8** 现场检查，符合要求。

续表

序号	强制性条文内容	执行情况		相关资料
		√	×	
32.1.4	办理动火工作票，并进行氢气含量测定，工作区域内空气含氢量必须小于0.4%，且保证现场通风良好时，方可进行作业。空气中的含氢量至少每4h测定一次。 **6**）氢冷发电机内部检查时，应先关严氢系统与氢母管的连通门，然后在连通门后加装带尾的堵板，气体置换合格后，作业人员后方可进入。作业时应强制通风，通风机及电源开关应采用防爆型。 **7**）氢冷发电机的轴封必须严密，当机内充满氢气时，轴封油严禁中断，油压应高于氢压。发电机充氢时，空气侧回油密封箱上的排烟风机应连续运行。 **8**）进行充氢发电机的检修工作时，严禁使用易产生火花的工具。 **9** 辅助蒸汽管道吹扫： **1**）吹管过程中系统管道应充分疏水。 **2**）吹扫临时排汽口应避开建筑物及设备，应设警戒区，专人看守。 **3**）吹扫前应有可靠的防火措施。 **4**）吹扫期间应由专人指挥，吹扫控制阀门应专人操作。 **5**）检查辅助蒸汽系统吹扫效果时，作业人员不得站在管道的正下方和阀门、焊口的正面。 **10** 回热抽汽系统试运： **1**）退出运行的加热器时，应有防止冷蒸汽进入汽轮机的措施。加热器恢复运行时，应确认加热器汽侧压力低于相应的汽轮机侧压力后方可打开抽汽管道隔离阀。 **2**）机组停机后，应监视高压加热器、低压加热器、除氧器和主、再热蒸汽系统管道疏水罐水位。 **3**）热交换器检修前相关汽、水系统应隔离，并打开热交换器疏水门和放空气门，确认无误后方可工作。在松开法兰螺丝时，应避免正对法兰站立。 **11** 空冷系统试运。 **1**）冬季空冷机组启动初期，不宜向排			**9** 吹管过程中系统管道充分疏水，吹扫临时排汽口避开建筑物及设备，设警戒区，专人看守，吹扫前有可靠的防火措施，吹扫期间由专人指挥，吹扫控制阀门专人操作，检查辅助蒸汽系统吹扫效果时，作业人员不得站在管道的正下方和阀门、焊口的正面。 **10** 回热抽汽系统试运严格按程序运行，符合要求。 **11** 严格执行相关规定，现场检查符合要求。

序号	强制性条文内容	执行情况		相关资料
		√	×	
32.1.4	汽装置排入疏水。低旁暖管和空冷岛送汽过程应尽可能缩短，应在较短时间内使进入空冷岛的蒸汽流量升至最小防冻流量。空冷岛最小防冻流量应符合制造厂要求。 **2）**冬季空冷机组升速及带负荷过程中如汽轮机跳闸，应迅速调整高、低压旁路，使运行列进汽流量满足防冻流量要求；如锅炉灭火且短时间不能恢复，应立即排空管路内存水。 **3）**在空冷塔内工作时，应做好防止人员烫伤、高空坠落的安全技术措施，进行风机、减速箱等转动设备和电气设备检修时，应切断电源，挂上“有人工作，禁止合闸”警示牌，严禁踩踏在叶片和散热片上工作。 **12** 燃气机组辅助系统试运： **1）**燃气区域内的危险气体检测探头应灵敏、可靠，并定期检查维护。燃气浓度高报警时，应立即排查，消除泄漏点。 **2）**燃气系统管道吹扫、强度试验及中高压管道严密性试验前，应制定专项安全技术措施。吹扫和待试验管道应与无关系统可靠隔离，与已运行的燃气系统之间必须加装堵板且有明显标志。 **3）**燃气系统首次置换应在强度试验、严密性试验、吹扫清管、干燥合格后进行。置换空气时，应有保证空气与燃气不混合的安全技术措施。置换空气时，置换气体的隔离长度应保证空气与燃气不混合。 **4）**用规定气体置换燃气过程中，应有防止使人窒息的措施。 **5）**燃气系统置换过程中，混合气体应从专门管道排至放散隔离区，隔离区内不得有烟火、烟气和静电火花产生。 **6）**燃气系统应正压运行、定期查漏，发现异常立即处理。			**12** 严格执行相关规定，现场检查符合要求。

续表

施工单位：	总承包单位：	监理单位：	建设单位：
年 月 日	年 月 日	年 月 日	年 月 日

注：本表1式4份，由施工项目部填报留存1份，上报监理项目部1份，上报总承包项目部1份，上报建设单位1份。

33.电气专业

火力发电工程安全强制性条文实施指导大纲检查记录表

单位名称（项目部）：　　　　　　　　　　编号：Q/CSEPC-AG-DL5009-4-033

标段名称		专业名称		
施工单位		项目经理		
序号	强制性条文内容	执行情况		相关资料
		√	×	
《电力建设安全工作规程　第1部分：火力发电》（DL 5009.1—2014） 33.1 电气专业				
33.1.1	通用规定： **1** 电气试验过程中，试验人员不得中途离开。 **2** 在变电站户外和高压室内搬动梯子、管道等长物，应放倒后搬运，并与带电部分保持足够的安全距离。 **3** 在临近带电线路处或变电站的带电区域内，严禁使用金属梯子。 **4** 在带电的电气设备上进行作业或停电作业时，其安全技术措施应按《电力安全工作规程发电厂和变电站电气部分》（GB 26860）的规定执行。 **5** 在220kV及以上电压等级运行区域进行下列作业时，应采取防止静电感应或电击的安全技术措施： **1）**攀登构架或设备。 **2）**传递非绝缘的工具、非绝缘材料。 **3）**拉临时试验线或其他导线。 **4）**拆装导线接头。			**1** 电气试验过程中，试验人员符合要求。 **2** 在变电站户外和高压室内搬动梯子、管道等长物，符合搬运要求。 **3** 在临近带电线路处或变电站的带电区域内，符合要求。 **4** 在带电的电气设备上进行作业或停电作业时，符合规程执行。 **5** 在220kV及以上电压等级运行区域进行下列作业时，采取防止静电感应或电击的安全技术措施，符合要求。
33.1.2	高压试验应符合下列规定： **1** 试验场所地面应平整，光线充足，布置整洁。试验室门窗应严密，设施完备。 **2** 试验场所应配备专用工器具和劳动防护用品，配备事故应急照明。 **3** 试验场所应有良好的接地系统，接地电阻不大于0.5Ω，试验设备与被试设备的接地点之间应有可靠的电气连接。 **4** 试验场所内所有的金属架构及固定的金			**1** 试验场所地面平整，光线充足，布置整洁。试验室门窗应严密，设施完备。 **2** 试验场所配备专用工器具和劳动防护用品，配备事故应急照明。 **3** 试验场所应有良好的接地系统，接地电阻0.4Ω，试验设备与被试设备的接地点之

续表

<table>
<tr><th rowspan="2">序号</th><th rowspan="2">强制性条文内容</th><th colspan="2">执行情况</th><th rowspan="2">相关资料</th></tr>
<tr><th>√</th><th>×</th></tr>
<tr><td>33.1.2</td><td>
属安全屏蔽遮（围）栏与接地网应连接牢固，接地点宜有明显可见的标志。

5 试验电源应按电源类别、相别、电压等级合理布置，并设明显标志。试验台上及地面应铺设绝缘垫。

6 在同一电气连接部分进行高压试验时应停止其他工作。

7 高压试验场所的安全遮拦应按《高电压试验技术 第1部分：一般定义及试验要求》（GB/T 16927.1）的规定执行。

8 现场高压试验区域、被试系统的危险部位及端头应设临时遮栏或拉绳，向外悬挂“止步，高压危险”的警示牌，并设专人警戒。

9 试验中的高压引线及高压带电部件至遮栏（含屏蔽遮栏）的距离应按表33.1.2-1和表33.1.2-2的数值执行。

表33.1.2-1　交流和直流试验安全距离
<table>
<tr><th>试验电压(kV)</th><th>安全距离(m)</th><th>试验电压(kV)</th><th>安全距离(m)</th></tr>
<tr><td>200</td><td>1.5</td><td>1000</td><td>7.2</td></tr>
<tr><td>500</td><td>3.0</td><td>1500</td><td>13.2</td></tr>
<tr><td>750</td><td>4.5</td><td>—</td><td>—</td></tr>
</table>

表33.1.2-2　冲击试验（峰值）安全距离
<table>
<tr><th rowspan="2">试验电压(kV)</th><th colspan="2">安全距离(m)</th><th rowspan="2">试验电压(kV)</th><th colspan="2">安全距离(m)</th></tr>
<tr><th>操作冲击</th><th>雷电冲击</th><th>操作冲击</th><th>雷电冲击</th></tr>
<tr><td>500</td><td>3.0</td><td>3.0</td><td>2000</td><td>16.0</td><td>14.0</td></tr>
<tr><td>1000</td><td>7.2</td><td>7.2</td><td>3000</td><td>30.0</td><td>18.0</td></tr>
<tr><td>1500</td><td>13.2</td><td>12.5</td><td>4000</td><td>—</td><td>22.0</td></tr>
</table>

10 高压试验设备的外壳必须接地，接地应满足：
1） 接地线应使用截面积不小于$4mm^2$的多股软铜线。
2） 接地点应与现场接地装置直接连接，且接地应良好可靠。
3） 严禁将自来水管、暖气管、易燃气体管道及铁轨等作为接地体使用。

11 被试高压设备的金属外壳应可靠接地。高压引线的接线应牢固，高压引线较长时，使用绝缘物支撑固定。

12 电气设备耐压试验前，应先测定绝缘电阻。测定绝缘电阻时，被试设备应与电源断
</td><td></td><td></td><td>
间有可靠的电气连接。

4 试验场所内所有的金属架构及固定的金属安全屏蔽围栏与接地网连接牢固，接地点有明显可见的标志。

5 现场检查符合要求。

6 现场检查符合要求。

7 已按《高电压试验技术 第1部分：一般定义及试验要求》（GB/T 16927.1）的规定执行。

8 悬挂“止步，高压危险”的警示牌，设专人警戒。

9 符合要求。

10 现场检查符合要求。

11 被试高压设备的金属外壳可靠接地。高压引线的接线牢固，高压引线较长时，使用绝缘物支撑固定。

12 电气设备耐压试验前，先测定绝缘电阻。测定绝缘电阻时，被试设备与电源断开，测试后被对试设备进行放电。

13 高压试验前先检查试验接线，将调压器调至零位，通知现场人员离开高压试验区域。经试验负责人得许可后方可加压，操作人站在绝缘物上。

14 高压实验设专人监护。

15 试验用电源使用有明显断开点的开关，更改接线及试验结束时，先断开试验电源后放电，升压设备的高压侧短路接地。
</td></tr>
</table>

续表

序号	强制性条文内容	执行情况		相关资料
		√	×	
33.1.2	开，测试后被试设备应放电。 **13** 高压试验前必须先检查试验接线，将调压器调至零位，并通知现场人员离开高压试验区域。取得试验负责人的许可后方可加压，操作人应站在绝缘物上。 **14** 高压试验时应设监护人。 **15** 试验用电源应使用有明显断开点的开关，更改接线或试验结束时，应先断开试验电源后放电，并将升压设备的高压侧短路接地。 **16** 对高压试验设备和被试设备放电应使用接地棒，绝缘长度按电压等级选择。 **17** 使用接地棒放电时： **1**）接地棒应可靠接地。 **2**）使用接地棒时，手不得超过握柄部分的护环。 **3**）接地线与人体的距离应大于接地棒的有效绝缘长度。 **4**）先用带电阻的接地棒或临时代用的放电电阻放电，然后再直接接地放电。 **5**）放电时间应不小于3min，大容量试品应不小于5min。 **18** 高压试验设备的高压电极，除试验时外均应用接地棒接地，被试设备做完耐压试验后应接地放电。 **19** 高压设备接地线或短路线拆除后即应认为已有电压，严禁接近。 **20** 未接地的大电容被试设备，应先进行放电再做试验，高压直流试验间断或结束时，应将设备对地放电数次并短路接地。 **21** 试验过程中发现异常情况，应立即断开电源，经放电接地后方可进行检查。 **22** 试验工作结束后，应将试验用工具和导线等物件清理干净，拆除临时遮栏或拉绳，并将被试验设备恢复原状。 **23** 因平行或邻近带电设备导致检修设备可能产生感应电压时，应加装接地线或工作人员使用个人保安线，工作结束应将接地线或个人保安线拆除。 **24** 雷雨和六级以上大风天气时，严禁高压试验。 **25** 有系统接地故障时，不应进行接地网接地电阻的测量。			**16** 接地棒绝缘长度符合电压等级要求。 **17** 现场检查符合要求。 **18** 现场检查符合要求。 **19** 高压设备接地线或短路线拆除后，按已有电压处理，严禁接近。 **20** 现场检查符合要求。 **21** 试验过程中发现异常情况，立即断开电源，放电接地后进行检查。 **22** 试验工作结束后，将试验用工具和导线等物件清理干净，拆除临时遮栏或拉绳，将被试验设备恢复原状。 **23** 加装接地线或工作人员使用个人保安线，工作结束将接地线或个人保安线拆除。 **24** 雷雨和六级以上大风天气时，停止高压试验工作。 **25** 现场检查符合要求。 **26** 被试物及仪器周围温度低于5℃或空气相对湿度高于80%时，停止进行高压试验。

续表

<table>
<tr><th rowspan="2">序号</th><th rowspan="2">强制性条文内容</th><th colspan="2">执行情况</th><th rowspan="2">相关资料</th></tr>
<tr><th>√</th><th>×</th></tr>
<tr><td>33.1.2</td><td>26 被试物及仪器周围温度低于5℃或空气相对湿度高于80%时，不宜进行高压试验。</td><td></td><td></td><td></td></tr>
<tr><td>33.1.3</td><td>传动及其他试验应符合下列规定：
1 工作中应确保电流和电压互感器的二次绕组应仅有一点保护接地。
2 二次回路变动时，无用的接线应隔离清楚。
3 不得在二次系统的保护回路上接取试验电源。
4 对电压互感器二次回路做通电试验时，高压侧隔离开关应断开，二次回路必须与电压互感器二次绕组断开。
5 二次回路通电或耐压试验前，应通知有关人员，检查回路上确无人工作后，方可进行试验。
6 对电磁式电流互感器进行一次通电试验时，二次回路应确认无开路。
7 在带电的电磁式电流互感器二次回路上工作时，应防止二次侧开路。
8 在带电的电磁式或电容式电压互感器 二次回路上工作时，应防止二次侧短路或接地。
9 二次回路试验工作结束后，应拆除临时接线，将压板及切换开关恢复到原有状态。
10 做传动试验时，开关处应设专人监视，应有通信联络和就地可停措施。
11 转动着的发电机、调相机及励磁机未加励磁也应视为有电压，在其主回路（一次回路）上进行测试工作，应有可靠的绝缘防护措施。
12 测量轴电压或在转动中的发电机滑环上进行测量作业时，应使用专用的带绝缘柄的电刷，绝缘柄的长度不得小于300mm。
13 使用钳形电流表时，其电压等级应与被测电压相符。测量时应戴绝缘手套。测量高压电缆线的电流时，钳形电流表与高压裸露部分的距离不小于表33.1.3所列数值。观测表计时，应注意保持头部与带电部分的安全距离。
表33.1.3　钳型电流表与高压裸露部分的最小允许距离
<table><tr><td>额定电压(kV)</td><td>1</td><td>6</td><td>10</td><td>35</td><td>110</td></tr><tr><td>最小允许距离(mm)</td><td>500</td><td>500</td><td>500</td><td>800</td><td>1300</td></tr></table>14 交、直流电源在同一盘柜中应保证安全距离、隔离措施到位，避免交流串入直流。
15 在低压配电装置和低压导线上工作时，应采取措施防止相间或接地短路。</td><td></td><td></td><td>1 工作中确保电流和电压互感器的二次绕组仅有一点保护接地。
2 采用绝缘胶布隔离无用的接线。
3 试验电源采用专用电源。
4 现场检查符合要求。
5 通知有关人员，回路上确无人工作。
6 二次回路确认无开路。
7 现场检查符合要求。
8 现场检查符合要求。
9 二次回路试验工作结束后，拆除临时接线，将压板及切换开关恢复到原有状态。
10 设有专人监视，通信联络和就地可停。
11 有可靠的绝缘防护。
12 使用专用的带绝缘柄的电刷，绝缘柄的长度300mm。
13 符合表33.1.3所列数值。
14 按要求执行，并符合要求。
15 在低压配电装置和低压导线上工作时，采用绝缘材料进行隔离。</td></tr>
</table>

续表

序号	强制性条文内容	执行情况		相关资料
		√	×	
33.1.4	受电及带电试运行应符合下列规定： **1** 受电应统一指挥。 **2** 首次送电前应确认所有开关设备均处于断开位置。 **3** 受电时，所有人员应远离将要带电的设备及系统。 **4** 电气设备首次带电时，就地应派专人监视，监视人员应与设备保持足够的安全距离。 **5** 具有双回路同频电源的系统并列运行前应核对相位、相序、压差。 **6** 发电机同期电压回路应经过相同的一 次电源检测同期电压的相位、幅值，验证同期电压系数、转角值，并网前应进行假同期试验。 **7** 对中性点接地系统的电力变压器充电时，中性点应接地。 **8** 停电作业时： **1）** 执行操作票制度，严禁带负荷拉合隔离开关。 **2）** 运行中的星形接线设备的中性点应视为带电设备。 **3）** 电气设备停电时应将各路电源完全断开。 **4）** 严禁在只经开关断开电源的设备上作业，作业时应至少有一个明显的断开点。 **5）** 与停电设备有关的变压器和电压互感器，应将高、低压两侧断开，有防止向停电设备倒送电的安全技术措施。 **6）** 断开电源开关后应将其动力、控制、储能电源断开，并挂警示牌。 **7）** 高压开关柜的手车开关应拉至“试验”或“检修”位置。 **8）** 在靠近带电部分作业时，作业人员应戴静电报警安全帽，作业时的正常活动范围与带电设备的安全距离应不小于表33.1.4的规定。			受电及带电试运行符合下列规定： **1** 受电统一指挥。 **2** 所有开关设备均处于断开位置。 **3** 受电设备进行隔离，所有人员远离将要带电的设备及系统。 **4** 专人监视，监视人员应与设备保持足够的安全距离。 **5** 已按要求执行，并符合要求。 **6** 符合要求。 **7** 中性点已接地。 **8** 符合要求。

表33.1.4　交流和直流试验安全距离

试验电压 (kV)	安全距离 (m)	试验电压 (kV)	安全距离 (m)
200	1.5	1000	7.2
500	3.0	1500	13.2
750	4.5	—	—

续表

序号	强制性条文内容	执行情况		相关资料
		√	×	
33.1.4	**9** 悬挂警示牌： 1）在室内高压设备上或配电装置中的某一间隔内作业时，在作业地点两旁及对面的间隔上均应设遮栏并挂“止步，高压危险”的警示牌。 2）在室外高压设备上工作时，应在工作地点的四周设围栏或拉绳，并挂“止步，高压危险”的警示牌，警示牌应朝向围栏外侧。 3）在室外构架上作业时，应在作业地点邻近带电部分的横梁上悬挂“止步，高压危险”的警示牌。在邻近可能误登的构架上应悬挂“禁止攀登，高压危险”的警示牌。 4）在作业地点悬挂“在此工作”的警示牌。 5）在一经合闸即可送电到停电设备的开关和闸的操作把手上均应悬挂“禁止合闸，有人工作”的警示牌。 **10** 验电： 1）在停电的设备或停电的线路上作业前，应验电确认无电压后方可装设接地线。装好接地线后方可进行作业。 2）验电时，应使用电压等级合适且合格的验电器。验电前，应先在确知的带电体上试验，在确认验电器良好后方可使用。验电应在已停电设备的进出线两侧各相分别进行。 3）进行高压验电应戴绝缘手套，穿绝缘靴。 4）表示设备断开和允许进入间隔的信号及电压表的指示等，均不得作为设备有无电压的根据，应验电。 **11** 接地： 1）对停电设备验明确无电压后，应立即进行三相短路接地。 2）凡是可能送至停电设备的各处均应装设接地线。 3）在停电母线上作业时，接地线宜装在靠近电源进线处的母线上。 4）接地应使用可携型软裸铜接地线。装拆接地线应使用绝缘棒，戴绝缘			**9** 现场检查，符合要求。 **10** 现场检查，符合要求。 **11** 现场检查，符合要求。

续表

序号	强制性条文内容	执行情况		相关资料
		√	×	
33.1.4	手套。挂接地线时，应先接接地端，再接设备端。拆接地线时，顺序应相反。 **5**）可携型软裸铜接地线的截面应符合短路电流的要求，但不得小于25mm²。严禁使用不符合规定的导线作短路线或接地线，严禁用缠绕的方法进行接地或短路。 **6**）已装接地线摆动时与带电部分的距离不符合安全距离的要求时，应采取相应措施。 **12** 恢复送电： **1**）停电设备恢复送电前，应将工器具、材料清理干净，拆除全部接地线，收回全部工作票，撤离全部作业人员，向运行值班人员交办工作票等手续。 **2**）接地线一经拆除，设备即应视为有电，严禁再去接触或进行作业。 **3**）严禁采用预约停送电时间的方式在线路或设备上进行作业。			**12** 已按送电流程执行，并符合要求。

施工单位：	总承包单位：	监理单位：	建设单位：
年　月　日	年　月　日	年　月　日	年　月　日

注：本表1式4份，由施工项目部填报留存1份，上报监理项目部1份，上报总承包项目部1份，上报建设单位1份。

34.热控专业

火力发电工程安全强制性条文实施指导大纲检查记录表

单位名称（项目部）：　　　　　　　　　　编号：Q/CSEPC-AG-DL5009-4-034

标段名称		专业名称	
施工单位		项目经理	

序号	强制性条文内容	执行情况		相关资料
		√	×	
《电力建设安全工作规程　第1部分：火力发电》（DL 5009.1—2014） 34.1 热控专业				
34.1.1	通用规定： **1** 调试前调试人员应熟悉被试系统、设备及其状态，与运行设备有联系的系统应采取隔离措施。 **2** 工作场所应有充足的照明，在电子间、工程师站、控制室等地点，应设有事故照明。 **3** 运行中处理热控设备缺陷应按规定程序进行，并做好相应的安全技术措施。 **4** 在带电的盘、台、柜进行工作时，应先验明带电部位，做好安全技术措施，并设专人监护。 **5** 严禁在带压设备或管道上增加或更换取源部件或敏感元件。			**1** 调试人员熟悉被试系统、设备及其状态，与运行设备有联系的系统采取隔离。 **2** 工作场所有充足的照明，在电子间、工程师站、控制室等地点，设有事故照明。 **3** 按规定程序进行，并做好了相应的安全技术措施。 **4** 做好了安全技术措施，有专人监护。 **5** 符合要求。
34.1.2	热控电源、气源和接地应符合下列规定： **1** 分散控制系统供电电源： **1**）分散控制系统受电前，应确认供电电源容量和电源开关容量、保护与报警功能、供电电源快速切换时间、AO和DO供电方式及电压等级应满足设计要求。 **2**）试运行中如发现电源开关跳闸或电源熔断器熔断，应查明原因并消除后，方可恢复供电。 **2** 仪用压缩空气： **1**）系统管道冲洗干净，无泄漏，过滤器或减压阀的减压及排水功能正常。 **2**）确认气源压力满足控制要求，参数显示、压力控制、联锁保护报警功能正常。 **3** 热控装置接地： **1**）热控系统及设备接地系统的连接，			**1** 分散控制系统受电前，确认供电电源容量和电源开关容量、等功能电压等级满足设计要求。 **2** 试运行中发现电源开关跳闸或电源熔断器熔断时，符合要求。 **1**）系统管道冲洗干净，无泄漏，等排水功能正常。 **2**）气源压力满足控制要求，参数显示、压力控制、联锁保护报警功能正常。 **3** 热控装置接地。 **1**）热控系统及设备接地系统的连接，符合设计和制造厂的相关要求。机柜接地符合要求。 **2**）热控仪表及设备的外

续表

序号	强制性条文内容	执行情况		相关资料
		√	×	
34.1.2	应符合设计和制造厂的相关要求。机柜接地系统应连接可靠。 2）热控仪表及设备的外壳、仪表的盘台、箱柜等应可靠接地。 3）除设备厂家有特殊要求外，热控系统的接地（机柜外壳、电源地、屏蔽地、逻辑地）应可靠连接至热控接地母排，与设计要求的接地极相连。 4）除设备厂家有特殊要求外，机柜屏蔽电缆、屏蔽导线、屏蔽补偿导线的总屏蔽层以及对绞线的屏蔽层均应保证单端可靠接地，并保持电气连接的全程连续性。 5）屏蔽接地与热控保护接地系统应单独设置，严禁混用。			壳、仪表的盘台、箱柜等符合要求。 3）除设备厂家有特殊要求外，热控系统的接地（机柜外壳、电源地、屏蔽地、逻辑地）等符合要求。 4）除设备厂家有特殊要求外，机柜屏蔽电缆、屏蔽导线、屏蔽补偿导线的总屏蔽层等符合要求。 5）屏蔽接地与热控保护接地单独设置，符合要求。
34.1.3	测量及控制仪表应符合下列规定： 1 冲洗仪表管前应与运行人员取得联系，冲洗的管道应固定好。初次冲管压力一般应不大于0.49MPa。冲管时管道两端均应有人并相互联系。初次冲洗时，操作一次门应有人监护，并先做一次短暂的试开。 2 操作酸、碱管路的仪表、阀门时，应做好防护措施，不得将面部正对法兰等连接件。 3 校验氢纯度表时，应确保场地通风良好，不得将氢气瓶搬入室内，排气管应接到室外，作业地点严禁烟火。氢盘投入运行后应挂“氢气运行，严禁烟火”的警示牌。 4 氧气表严禁沾染油脂。 5 试运行中的表计如因更换或修理而退出运行时，仪表阀门和电源开关的操作均应遵照规定的顺序进行。泄压、停电之后，在一次阀门和电源开关处应挂“有人工作，严禁操作”的警示牌。			1 冲洗仪表管前与运行人员取得联系，冲洗的管道固定好，符合要求。 2 操作酸、碱管路的仪表、阀门时，做好防护措施，符合要求。 3 校验氢纯度表时，确保场地通风良好，不得将氢气瓶搬入室内，排气管接到室外，作业地点严禁烟火，并设置警示牌。 4 氧气表符合要求。 5 试运行中的表计如因更换或修理而退出运行时，仪表阀门和电源开关的操作均遵照规定的顺序进行。挂有相应的警示牌。
34.1.4	控制系统应符合下列规定： 1 分散控制系统受电前应制定相应的方案或措施。 2 在控制系统首次通电时，应测试每路电源电缆的绝缘电阻，符合要求后方可送电。 3 DCS与电厂电气系统共用一个接地网时，控制系统接地线与电气接地网只允许有一个连接点，且接地电阻应小于0.5Ω。 4 严禁在控制系统中使用非本系统的软			1 分散控制系统受电前制定相应的方案或措施。 2 在控制系统首次通电时，测试每路电源电缆的绝缘电阻，符合要求。 3 在控制系统首次通电时，测试每路电源电缆的绝缘电阻，符合要求。 4 在控制系统中使用非本系

续表

序号	强制性条文内容	执行情况		相关资料
		√	×	
34.1.4	件，未经测试确认的各种软件禁止下载到控制系统中，应建立有针对性的控制系统防病毒措施，严禁外来储存设备与DCS系统驳接。 **5** 控制系统的逻辑组态及参数修改、软件的更新与升级、保护联锁信号的临时强制与解除均应按程序流程进行，且只能由调试专职工程师进行操作，并有人监护记录。 **6** 应制定分散控制系统全部操作员站出现故障和通信总线故障（上位机“黑屏”或“死机”）保证机组安全的应急预案，并模拟演练、评价。 **7** 热工保护联锁试验应实际传动，条件不具备时应在现场信号源点处模拟试验条件进行试验。			统的软件，符合要求。 **5** 控制系统的逻辑组态及参数修改、软件的更新与升级、保护联锁信号的临时强制与解除均应按程序流程进行，由专业的工程师操作并监护记录。 **6** 制定分散控制系统全部操作员站出现故障和通信总线故障定制应急预案。并模拟演示、评估。 **7** 热工保护联锁试验实际传动，条件不具备时在现场有信号源试验。
34.1.5	就地设备应符合下列规定： **1** 远方操作设备及调节系统执行器的调整试验，应在有关的热力设备、管路充压前进行，充压后进行调整试验时，应采取防止误排汽、排水伤人的措施。 **2** 被控设备、操作设备、执行器的机械部分、限位装置和闭锁装置等，未经就地手动操作调整并证明工作可靠时，不得进行远方操作。进行就地手动操作调整时，应有防止他人远方操作的措施。 **3** 电动、气动阀门与执行机构进行远方操作时，远方操作人员与就地工作人员应保持联系，及时处理异常情况。 **4** 在进行油角阀、吹扫阀、雾化阀的调整试验工作前，应由运行人员关闭相应的手动隔离门，并设置“有人工作，禁止操作”警示牌后，方可进行工作。			**1** 远方操作设备及调节系统执行器的调整试验，在有关的热力设备、管路充压前进行，充压后进行调整试验时采取了防止误伤人措施。 **2** 被控设备、操作设备、执行器的机械部分、限位装置和闭锁装置等符合条件。并设有相应的操作措施。 **3** 电动、气动阀门与执行机构进行远方操作时，远方操作人员与就地工作人员保持联系并及时处理异常情况。 **4** 进行油角阀、吹扫阀、雾化阀的调整试验工作前，由运行人员关闭相应的手动隔离门，设置有警示牌。

施工单位： 年 月 日	总承包单位： 年 月 日	监理单位： 年 月 日	建设单位： 年 月 日

注：本表1式4份，由施工项目部填报留存1份，上报监理项目部1份，上报总承包项目部1份，上报建设单位1份。

35.化学专业

火力发电工程安全强制性条文实施指导大纲检查记录表

单位名称（项目部）：　　　　　　　　　　　　编号：Q/CSEPC-AG-DL5009-4-035

标段名称		专业名称	
施工单位		项目经理	

序号	强制性条文内容	执行情况		相关资料
		√	×	
《电力建设安全工作规程　第1部分：火力发电》（DL 5009.1—2014） 35.1 化学专业				
35.1.1	通用规定： **1** 调整试验前，排水沟道应畅通，栏杆、沟盖板等齐全，道路畅通。 **2** 与化学药品直接接触的工作人员应熟悉药品的性质，掌握操作方法和安全注意事项，辨识不明药品时，严禁用口尝或正对瓶口鼻嗅。 **3** 露天装卸化学药品时，应站在上风的位置。 **4** 进行加氯作业应佩戴防毒面具，并应有监护人，室内通风应良好。 **5** 在进行酸、碱类工作的地点，应备有清水、喷淋器及洗眼器、毛巾、药棉及急救时中和用的物品。 **6** 在有毒、有害和腐蚀性系统附近工作时，应有必要的遮挡和隔绝措施。 **7** 冬季用蒸汽加热槽车内的碱液时，应开启空气门。 **8** 用压缩空气卸槽车内的酸、碱时，压力不得超过槽车的允许压力。 **9** 进行人力装填、清出离子交换器内树脂工作时，应及时清扫脚手架和地面洒落的树脂。 **10** 电解氯车间内应设置“严禁烟火”“当心中毒”“当心腐蚀”等警示标识。 **11** 不得用手碰触电解槽，严禁用两只手分别接触两个不同的电极。 **12** 对储氯设备进行渗漏检查时，应使用10%的氨水，渗漏处不可与水接触。 **13** 采用电解海水或食盐水制取次氯酸钠的系统，应保证车间内通风良好，次氯酸钠储罐			**1** 调整试验前，检查安全设施及作业环境，符合要求。 **2** 严格执行相关规程。 **3-15** 现场检查，符合要求。

续表

序号	强制性条文内容	执行情况		相关资料
		√	×	
35.1.1	应设置必要的排氢装置。 **14** 反渗透压力容器端板松动时，禁止设备运行。 **15** 中压凝结水处理装置调试运行中应有防止中压系统和低压系统串水损坏设备和伤人的措施。 **16** 各种储酸设备应装设溢流管和排气管，盐酸储存应有酸雾吸收设备，靠近通道的酸管道应有防护设施。			**16** 现场检查设备及防护设施，符合要求。
35.1.2	化学药品使用与管理应符合下列规定： **1** 化学品保存应符合出厂说明书的要求，无要求时应保持存储环境干燥、阴凉，防止阳光直晒。 **2** 化学品应根据性质分类放置，不可混放，并有明显的名称标识。存放地点应有化学药品的材料安全数据单（MSDS）。 **3** 使用化学药品时，应严格按操作规程执行。 **4** 搬运、使用强腐蚀性及有毒药品时，应轻搬轻放，放置稳固。严禁肩扛、手抱，并根据工作需要戴口罩、橡胶手套及防护眼镜或防毒面具，穿橡胶围裙及长筒胶靴，裤脚须放在靴外。 **5** 存放剧毒药品的库房应使用双锁，钥匙由两人分别保管。 **6** 严禁使用没有标签的药品，标签损坏的应及时补贴新标签。 **7** 当凝聚剂、助凝剂、水质稳定剂、缓蚀剂等溶液溅到眼睛内时，应立即用大量清水冲洗。 **8** 氨水、联氨在搬运和使用时，应放在密封的容器内，不得与人体直接接触。漏落在地上时，应立即用水冲刷干净。 **9** 氨水、联氨及其容器的存放地点，应安全可靠，严禁无关人员靠近。氨瓶应涂有明显标志，严禁将氨瓶放在烈日下曝晒。溶氨时应缓慢开启氨瓶出口阀，同时应开启吸气器。 **10** 氨水、联氨管道系统应有“剧毒、危险、易燃易爆”警示标志。 **11** 开启强碱容器及溶解强碱时，应戴橡胶手套、口罩和眼镜并使用专用工具。配制热浓碱液时，应在通风良好的地点或在通风柜内进行，溶解速度应缓慢，并以木棒搅拌。			**1-3** 查资料，查现场，符合要求。 **4-6** 现场检查，符合要求。 **7-9** 现场检查，执行相关规定，符合要求。 **10** 现场检查，符合要求。 **11** 现场检查，执行相关规定，符合要求。

序号	强制性条文内容	执行情况		相关资料
		√	×	
35.1.2	**12** 使用浓酸的操作，应在室外或宽阔和通风良好的室内通风柜内进行。室内无通风柜时，应装设通风设备。 **13** 配制稀硫酸时，禁止将水倒入浓硫酸内，应将浓硫酸少量、缓慢地滴入水内，并不断进行搅拌。 **14** 当浓酸、浓碱液溅到眼睛内或皮肤上时，应按下列规定处理： **1）** 浓酸溅到眼睛内或皮肤上时，应迅速用大量的清水冲洗，再用0.5%的碳酸氢钠溶液清洗。 **2）** 强碱溅到眼睛内或皮肤上时，应迅速用大量的清水冲洗，再用2%的稀硼酸溶液清洗眼睛或用1%的醋酸清洗皮肤。 **3）** 经过上述紧急处理后，立即送医急救。 **4）** 当浓酸溅到衣服上时，应先用水冲洗然后用2%稀碱液中和，最后用水清洗。 **15** 浓硫酸应用无缝钢管输送；浓盐酸应用耐压、耐酸的橡胶管输送。 **16** 氯瓶严禁放在烈日下曝晒，应用淋水法增加氯气挥发量，水温不宜过高，严禁用沸水浇氯瓶安全阀，严禁用明火烤。 **17** 进行加氯作业时，必须佩戴防毒面具，应有监护人，室内通风应良好。 **18** 应定期对储氯设备进行渗漏检查，发现渗漏应即时处理，渗漏处不得与水接触。当有大量氯气泄漏时，应组织人员迅速离开现场，并启动应急预案。			**12** 现场检查，符合要求。 **13-17** 现场检查，执行相关规定，符合要求。 **18** 严格执行相关规定，符合要求。
35.1.3	取样及化验应符合下列规定： **1** 汽、水取样地点道路应畅通，照明良好。 **2** 取样时，应先开启冷却水门，再缓慢开启取样管的汽水门并调整水样温度为25～30℃，调整阀门开度时，应避免有蒸汽冒出。取样时应戴手套。 **3** 应用滴定管或吸取器吸取酸碱性、毒性及有挥发性或刺激性的液体，严禁用口含玻璃管吸取。 **4** 在运行设备上取油样，应取得运行人员的同意，并在其协助下操作。 **5** 取煤样应采用机械自动取样机，严禁在			**1** 现场检查，执行相关规定，符合要求。 **2-6** 执行相关规定，符合要求。

序号	强制性条文内容	执行情况		相关资料
		√	×	
35.1.3	运行的皮带上人工取样；上煤车取煤样时，应事先经燃料值班人员同意，严禁在煤车移动期间取样。 **6** 在制氢系统和发电机氢冷系统上取样时，应事先取得值班运行人员的同意。 **7** 化验室应有自来水、通风设备、消防器材、急救箱、急救药品、毛巾、肥皂等物品。 **8** 有毒、易燃、易爆药品应放在盛装容器中，储放在隔离房间或储存柜内，专人负责保管。严禁随意放在化验室的其他位置。 **9** 加热试管时，试管口不得朝向任何人员，刚加热过的玻璃器皿不得接触皮肤及冷水。 **10** 严禁使用破碎的或不完整的试验器具。 **11** 用烧杯加热液体时，液体的高度不得超过烧杯的2/3。 **12** 从事磷酸酯抗燃油工作的人员应熟悉抗燃油的特性，工作时应穿工作服，戴手套及口罩。			**7-8** 现场检查，符合要求。 **9** 执行相关规定，符合要求。 **10-11** 现场检查，符合要求。 **12** 严格执行相关规定，符合要求。
35.1.4	化学清洗应符合下列规定： **1** 化学清洗前的条件应符合下列要求： **1**）与化学清洗无关的仪表及管道已完全隔离。 **2**）临时管道应与清洗系统图相符，清洗系统图应在现场悬挂。 **3**）现场通道、照明、扶梯、孔洞盖板、脚手架已符合作业要求。 **4**）清洗系统管道焊接可靠，阀门、法兰、水泵盘根严密无渗漏。 **5**）高温介质管道保温完毕并做明显标识。 **2** 化学清洗区域应设置警示标识，无关人员不得进入。 **3** 化学清洗临时管道应用无缝钢管，系统应经水压试验合格。 **4** 化学清洗系统阀门在安装前应研磨，更换法兰填料，并进行水压试验。直接与浓盐酸接触的阀门应用耐酸衬胶阀门，与稀盐酸或碱液接触的阀门应用铁芯阀门，阀门本身不应带有铜部件，阀门及法兰填料应采用耐酸、碱的防蚀材料。 **5** 清洗系统阀门压力等级应高于清洗泵相应的压力，临时加热蒸汽阀门的压力等级应高			**1-8** 现场检查，符合要求。

序号	强制性条文内容	执行情况		相关资料
		√	×	
35.1.4	于所连接汽源阀门一个压力等级，并采用铸钢阀门。 **6** 酸泵、取样点、化验站和监视管附近应设专用水源和石灰粉。 **7** 锅炉顶部及清洗箱顶部，应设有排氢管，其高度应高出炉内清洗液高液位2m 以上，并应有足够的通流截面。 **8** 酸洗现场应有医护人员值班并备有下列物品： **1）** 带橡胶软管的冲洗水龙头。 **2）** 中和用石灰。 **3）** 浓度为0.5%和0.2%的碳酸氢钠、2%的硼酸、2%～3%碳酸钠以及医用凡士林油等。 **9** 化学清洗前，应按酸洗方案进行安全技术交底，交底人和作业人员应签字。 **10** 加酸、氨水、联氨等药品时，应佩戴防毒面具，并应有监护人，室内通风应良好。 **11** 清洗时，禁止在清洗系统上进行明火作业和其他工作。清洗过程中，应有专人值班，定期巡回检查。 **12** 化学清洗液配制应缓慢、均匀进行。 EDTA清洗或煮炉时，应确认炉内无压力后方可向炉内注入清洗液。 **13** 酸液漏到地面上时应用石灰中和。 **14** 锅炉化学清洗的废液排放应按《污水综合排放标准》（GB 8978）的规定执行。未处理的酸、碱液严禁排放。			**9** 查资料，符合要求。 **10-11** 现场检查，符合要求。 **12** 执行相关程序，符合要求。 **13** 现场检查，符合要求。 **14** 按《污水综合排放标准》（GB 8978）的规定执行。
35.1.5	制氢与供氢应符合下列规定： **1** 氢气站、发电机氢系统和其他装有氢气的设备附近，应严禁烟火，严禁放置易爆易燃物品，并应设“严禁烟火”的警示牌。 **2** 氢气站周围应设有不低于2m的实体围墙，进出大门应关闭，并悬挂“未经许可，不得进入”“严禁烟火”等明显的警示标识牌和相应管理制度，入口处应装设静电释放器。 **3** 进入氢气站的人员实行登记准入制度，不得携带无线通信设备、不得穿带铁钉的鞋，严禁携带火种。进入氢气站前应先消除静电。严禁无关人员进入制氢室和氢罐区。 **4** 氢气站内应设置氢气检漏装置。 **5** 氢气站应装防雷装置，防雷装置接地电阻值不大于4Ω。			**1-2** 现场检查，符合要求。 **3** 查资料，查现场，符合要求。 **4-8** 现场检查，符合要求。

续表

序号	强制性条文内容	执行情况 √	执行情况 ×	相关资料
35.1.5	**6** 氢气站内应通风良好，有爆炸危险的房间内通风换气不少于4次/h，事故通风换气不少于12次/h。 **7** 氢气站、发电机附近，应有二氧化碳灭火器、砂子、石棉布等消防器材。扑灭氢气火灾时，应先切断气源。 **8** 氢气站应采用木制或不产生静电火花材质的门窗，门应向外开。氢气站室内屋顶内表面应平整。采用的电气设备、照明设备、通风设备应选用防爆型。氢气站室内通风孔应设在屋顶高处，孔径不小于200mm，屋顶如有隔梁或有两个以上隔间时，每个隔间均设通风孔。 **9** 制氢装置调试前，氢站防雷设施、设备及系统接地应验收合格。 **10** 制氢站内的操作人员应穿防静电服装，站内配置电解液（碱液）时，必须备好清洗用水和2%～3%的硼酸液，穿戴好防护用具（胶手套、防护眼镜、口罩和服装）。 **11** 严禁在制氢室与储氢罐旁进行明火作业或可能产生火花的工作。确需明火作业时，应事先进行氢气含量测定，工作区域内空气含氢量应小于0.4%，工作中应保证现场通风良好，并至少每4h测定一次空气中的含氢量。 **12** 氢气瓶应直立地固定在支架上，不得受热，并避免直接受日光照射。储氢罐上应涂以白色。储氢罐上的安全门应定期校验合格。 **13** 制氢站应设置专用电话和报警惊鸣装置，通信应畅通。 **14** 制氢装置在调试运行前，系统充氮气密性试验应合格；制氢装置开机前应对系统进行氮气吹扫置换。 **15** 开机前，应检查确认电解槽体清洁干燥，无金属异物，无短路和绝缘不良现象。 **16** 氢、氧气系统的管路、阀门应进行清洗，除掉油污。 **17** 在置换过程中应按要求取样与化验。 **18** 制氢站内的仪表取样气体应用管道引至室外放空。 **19** 在电解槽槽体前的地面上应放置绝缘胶板，严禁将金属导体放在电解槽上。 **20** 操作、维护设备时，应保持整洁干净，手、衣物和设备表面不得沾有油脂。 **21** 排出带有压力的氢气、氧气或向储氢罐、发电机输送氢气时，应均匀缓慢地打开设			**9** 查验收资料，查现场，符合要求。 **10-11** 现场检查，符合要求。 **12** 查资料，查现场，符合要求。 **13-20** 现场检查，符合要求。 **21-25** 现场检查，执行相关

序号	强制性条文内容	执行情况		相关资料
		√	×	
35.1.5	备上的阀门和节气门，使气体缓慢地放出或输送。严禁剧烈排送。 **22** 制氢设备中的氢气纯度、湿度和含氧量应在线检测，并定期进行校正分析化验。氢纯度和含氧量应符合标准规定要求，其中氢气纯度不应低于99.5%，含氧量不应超过0.5%，氢气湿度（露点温度）应不大于－50℃。 **23** 氢气站着火时，应立即停止电气设备运行，切断电源，排除系统压力，采取断绝气源的措施，并用二氧化碳灭火器灭火。 **24** 在发电机内充有氢气或在电解装置上进行工作，宜使用铜制的工具，必须使用钢制工具时，应有防止产生火花的措施。 **25** 室外架空敷设的氢气管道，应设防雷接地装置。架空敷设氢气管道，每隔20～25m处，应安装防雷接地线；法兰、阀门的连接处应有可靠的电气连接；对有振动、位移的设备和管道，其连接处应加挠性连接线过渡。			规定，符合要求。

施工单位：	总承包单位：	监理单位：	建设单位：
年　月　日	年　月　日	年　月　日	年　月　日

注：本表1式4份，由施工项目部填报留存1份，上报监理项目部1份，上报总承包项目部1份，上报建设单位1份。

一、执行情况相关资料说明：

1.√已执行，×未执行。

2.针对强制性条文每项内容，执行情况必须填写相关支持性文件的编号。

3.填写时结合本工程项目的实际情况，有针对性的编写，但必须执行管理痕迹。

二、组织实施：

1.根据本工程项目进度实际情况，有选择组织学习相关的强制性条文。

2.要求各施工单位进行学习交底，并且按照相关内容组织实施。

附录1：火力发电工程安全强制性条文执行计划与实施

×××工程项目

火力发电工程安全强制性条文执行计划与实施

×××工程项目部（章）

××××年×月×日

审　核：项目负责人

编写人：相关专业负责人

火力发电工程安全强制性条文执行计划与实施

1.工程概况

1.1 工程概况；

1.1.1 工程规模；

1.1.2 总工期要求；

1.1.3 工程主要参建单位

工程建设单位：

工程设计单位：

工程监理单位：

总承包单位：

承包单位：

1.2 工程特点

2．编制目的

为贯彻中华人民共和国电力行业标准《电力建设安全工作规程》（DL 5009—2014），为确保×××项目工程安全管理目标的实现，特制定本安全强制性条文执行计划与实施。

3．编制依据

3.1 本工程签定的《施工合同》，已批准的《施工进度计划》；

3.2 ×××项目工程《安全健康与环境管理工作规定》；

3.3 相关单位企业标准《质量、环境和职业健康安全管理体系》（Q/CSEPC-303—2018）；

3.4 与监理内容有关的国家和行业法律、法规、标准、规范：

1）国务院《建设工程安全生产管理条例》；

2）住建部《危险性较大分部分项工程安全管理规定》；

3）《电力建设安全工作规程（火力发电厂部分）》（DL 5009.1—2014）；

4）《建设工程施工现场供用电安全规范》（GB 50194—2014）；

5）《起重设备安装工程施工及验收规范》（GB 50278—2010）；

6）《建设工程监理规范》（GB 50319—2013）；

7）《电力建设工程监理规范》（DL/T 5434—2009）；

8）《建筑工程施工现场消防安全技术规范》（GB 50720—2011）；

9）《塔式起重机安全规程》（GB 5144—2006）；

10）《建筑机械使用安全技术规程》（JGJ 33—2012）；

11）《施工现场临时用电安全技术规范》（JGJ 46—2005）；

12）《建筑施工安全检查标准》（JGJ 59—2011）；

13）《建筑施工高处作业安全技术规范》（JGJ 80—2016）；

14）《龙门架及井架物料提升机安全技术规范》（JGJ 88—2010）；

15）《建筑基坑支护技术规程》（JGJ 120—2012）；

16）《建筑施工门式钢管脚手架安全技术规范》(JGJ 128—2010);

17）《建筑施工扣件式钢管脚手架安全技术规范》（JGJ 130—2011）；

18）《建筑施工现场环境与卫生标准》（JGJ 146—2013）；

19）《建筑施工模板安全技术规范》（JGJ 162—2008）；

20）《建筑施工塔式起重机安装、使用、拆卸安全技术规程》（JGJ 196—2010）；

21）《建筑施工工具式脚手架安全技术规范》（JGJ 202—2010）；

22）《建筑施工升降机安装、使用拆卸安全技术规程》（JGJ 215—2010）；

23）《建筑施工起重吊装工程安全技术规范》（JGJ 276—2012）；

24）《建筑施工升降设备设施检验标准》（JGJ 305—2013）；

25）《建筑深基坑工程施工安全技术规范》（JGJ 311—2013）；

26）《建筑塔式起重机安全监控系统应用技术规程》（JGJ 332—2014）；

27）《手持式电动工具的管理、使用、检查和维修安全技术规程》（CD 3787—2017）；

28）其它安全管理法律、法规、制度、规范、标准等。

4. 组织实施措施

4.1 组织机构

组　　长：项目负责人

常务组长：安全总监

副 组 长：相关专业副总

成　　员：各专业安全、技术负责人

4.2 相关人员职责

4.2.1 组长

安排有关人员进行强制性条文的管理工作和安全活动。全面负责本工程的强条的贯彻与实施，并为强制险条文的顺利实施提供资源保障。

审批安全专业强制性条文执行检查方案（或强条执行检查计划），并下发相关方执行。

组织开展安全专业强制性条文执行检查方案（或强条执行检查计划）培训及交底。

与工程进度（整体、季度、月、周计划）同步，审批承包单位安全专业强制性条文执行计划（整体、季度、月、周计划）。

每周检查安全专业强制性条文执行计划（整体、季度、月、周计划）的落实。

每月核查一次安全专业强制性条文执行检查记录档案。

4.2.2 常务组长

协助、配合组长对强条的贯彻与实施。

组织或参与安全监理专业强制性条文执行检查方案（或强条执行检查计划）的编制。

与工程进度（整体、季度、月、周计划）同步，审查承包单位安全专业强制性条文执行计划（整体、季度、月、周计划），并向组长反馈相关建议。

与工程建设同步，实时督查承包单位安全专业强制性条文执行计划的实施，并向组长反馈相关情况。

每周检查安全专业强制性条文执行检查记录档案。

4.2.3 副组长

负责本工程强条的工作策划与学习培训，及时掌握工程安全动态，分析问题出现的原因，提出纠正和预防措施。

组织编制本专业安全强制性条文检查监理方案（或强条执行检查计划）。

审查承包单位安全专业强制性条文执行计划（整体、季度、月、周计划），填写监理审查意见。

组织或安排专业强制性条文执行过程实时监督。

每周检查安全专业强制性条文执行检查记录档案。

4.2.4 成员

负责施工过程的控制，及时向组长、常务组长和副组长反馈施工动态，必要时采取纠正和预防措施；依据《强制险条文执行检查记录表》的内容，加强学习、监督与奖罚力度；同时协助常务组长、副组长做好全员强制险条文的交底与技术培训工作。

编制本专业安全强制性条文检查方案（或强条执行检查计划）。

审查承包单位安全专业强制性条文执行计划（整体、季度、月、周计划），提出监理审查意见。

实时对专业强制性条文执行进行全过程监督；

在安全专业强制性条文执行检查表签署监理意见；

认真开展安全专业强制性条文执行检查档案归档工作。

5.实施措施

5.1 检查控制与记录

严格按强制性条文有关规定进行监督控制，要求承包单位做好检查和工序交接检验工作，并做好施工安全原始记录。

建设标准强制性条文要求执行的全部条文，作为本工程建设中执行、检查、监督的依据。

5.2 强制性条文培训

检查敦促承建单位加强强制性条文执行的交底、培训工作，对每个分部工程开工前，组织进行一次培训，培训由各项目总工组织，安全副总监进行监督，宣讲贯彻《强制性条文》的重要性和必要性、提出贯彻执行强条的部署和开展方法。培训通过各种讲座、报告会等形式开展，各专业班组要结合工作实际，深入、系统学习《强制性条文》。

5.3 强制性标准的管理

5.3.1 各施工单位项目部质安科、技术科负责收集齐全与本工程相关的强制性条文标准。形成强制险条文标准清单，随着工程的进展，清单要不断的进行更新。并且，及时报送工程项目部备案。

5.3.2 做好标准的及时发放，并做好领用台账。

5.3.3 标准清单要进行动态跟踪管理，随时掌握新标准发布和老标准修订的信息，有新标准时要做到及时更新，作废的及时删除，以保证现行有效；随新标准发布及时更新清单；每个分部工程开工前要做一次评审确认。

5.3.4 标准更新的信息要及时传递，在没有收回原来的旧标准之前严禁发放新的标准。

5.3.5 新标准发布后，要组织进行培训学习并贯彻实施，学习记录和执行记录要体现在有关的工程技术文件资料中。

5.3.6 在有效标准清单的标准中收集整理与本专业相关的国家现行有效的工程建设标准强制件条文及要求执行的全部条文，作为工程监督控制的依据。

5.3.7 要求各施工单位，根据工程进度、节点、环境因素编制本工程项目的强制性条文执行计划，对计划开工项目，因其他原因未能开工的，及时更新强制性条文，按时上报工程项目部。

5.3.8 若本工程项目与《电力建设安全工作规程（火力发电厂部分）》（DL 5009.1—2014）不相符的，可参照安全技术强制性相关条文编制与执行。

×××工程项目部

××××年×月×日

附录2：火力发电工程安全强制性条文执行计划

火力发电工程安全强制性条文执行计划

单位名称（项目部）：　　　　　　　　　　　　　　编号： Q/CSEPC-AG-00*

序号		强制性条文内容	责任人			执行标准
目次	分项	《电力建设安全工作规程 第1部分：火力发电》（DL 5009.1—2014）	总工	安全总监	经理	
4综管理	4.2	安全防护设施和劳动防护用品				4.2.2～4.2.3
	4.3	文明施工				4.3.1～4.3.7
	4.4	环境影响与节能减排				4.4.1～4.4.3
	4.5	施工用电				4.5.1～4.5.6
	4.6	特种设备				4.6.1～4.6.6
	4.7	小型施工机械及工具				4.7.1～4.7.5
	4.8	脚手架及承重平台				4.8.1～4.8.11
	4.9	梯子				4.9.1～4.9.5
	4.10	高风险作业				4.10.1～4.10.4
	4.11	季节性与特殊环境施工				4.11.1～4.11.3
	4.12	起重与运输				4.12.1～4.12.7
	4.13	焊接、切割与热处理				4.13.1～4.13.4
	4.14	防腐、防火与防爆				4.14.1～4.14.20
	4.15	拆除工程				4.15.1～4.15.20
5土建	5.1	一般规定				5.1.1～5.1.6
	5.2	建筑机械				5.2.2～5.2.7
	5.3	土石方				5.3.1～5.3.5
	5.4	爆破				5.4.1～5.4.15
	5.5	桩基及地基处理				5.5.1～5.5.7
	5.6	混凝土结构				5.6.1～5.5.6
	5.7	特殊构筑物				5.7.1～5.7.9
	5.8	砖石砌体				5.8.1～5.8.15

续表

序号		强制性条文内容	责任人			执行标准
目次	分项	《电力建设安全工作规程 第1部分：火力发电》（DL 5009.1—2014）	总工	安全总监	经理	
	5.9	装饰装修				5.9.1～5.9.6
	5.10	其他				5.10.1～5.10.4
6 安装	6.1	一般规定				6.1.1～6.1.17
	6.2	热机安装				6.2.1～6.2.7
	6.3	电气和热控安装				6.3.1～6.3.12
	6.4	金属检验				6.4.1～6.4.7
	6.5	修配加工				6.5.1～6.5.4
7 调试试验及试运	7.1	一般规定				7.1.1～7.1.4
	7.2	锅炉专业				7.2.1～7.2.7
	7.3	汽机专业				7.3.1～7.3.4
	7.4	电气专业				7.4.1～7.4.4
	7.5	热控专业				7.5.1～7.5.4
	7.6	化学专业				7.6.1～7.6.5
说明	●为该项强制性条文执行的责任人，根据本工程项目自行确定。 ○为该项强制性条文相关责任人，并负责填写相应的表格。					

注：本表1式2份，由总承包项目部填报，监理项目部1份，建设单位1份。